科学出版社“十四五”普通高等教育本科规划教材

# 工业机器人精度补偿技术与应用

## （第二版）

**Error Compensation for Industrial Robot and Its Applications**

**（Second Edition）**

田 威 李 波 廖文和 赵喜东 编著

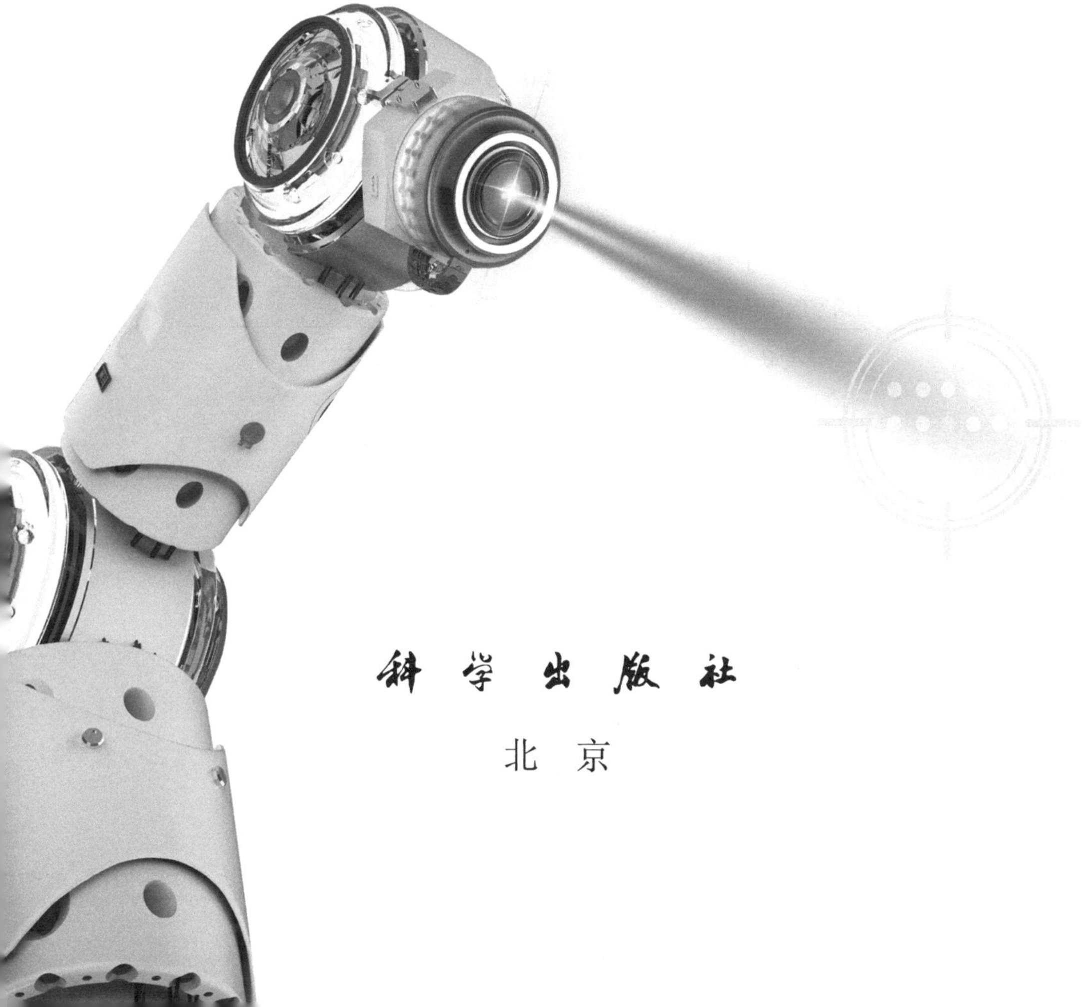

科 学 出 版 社

北 京

## 内 容 简 介

本书详细介绍了工业机器人精度补偿的基础理论和关键技术，阐述了机器人精度及精度补偿的基本概念，主要内容包括：机器人运动学建模、机器人采样点规划方法、基于定位误差模型的机器人精度补偿技术、基于误差相似度的机器人精度补偿技术、基于神经网络的机器人精度补偿技术、基于关节空间闭环反馈的机器人精度补偿技术以及基于笛卡儿空间闭环反馈的机器人精度补偿技术。

本书坚持理论紧密联系实践，在选材及撰写过程中努力保持科学性、先进性和实用性，可作为机器人工程、机械工程、智能制造工程、飞行器制造工程、自动化等相关专业的高年级本科生、研究生的基础课程教材，也可供大学教师、科研人员以及相关工程技术人员参考。

**图书在版编目（CIP）数据**

工业机器人精度补偿技术与应用 / 田威等编著. —2 版. —北京：科学出版社，2023.10

科学出版社“十四五”普通高等教育本科规划教材

ISBN 978-7-03-076292-4

Ⅰ. ①工… Ⅱ. ①田… Ⅲ. ①工业机器人－程序设计－高等学校－教材 Ⅳ. ①TP242.2

中国国家版本馆 CIP 数据核字（2023）第 169579 号

责任编辑：李涪汁 高慧元 / 责任校对：王萌萌
责任印制：张 伟 / 封面设计：许 瑞

科学出版社 出版
北京东黄城根北街 16 号
邮政编码：100717
http://www.sciencep.com

涿州市般润文化传播有限公司印刷
科学出版社发行 各地新华书店经销
*
2023 年 10 月第 一 版 开本：720 × 1000 1/16
2023 年 10 月第一次印刷 印张：16 1/4
字数：327 000

**定价：99.00 元**

（如有印装质量问题，我社负责调换）

# 第 2 版前言

本书第 1 版自出版以来，承蒙厚爱，被诸多院校选为教材，编者在此表示深深的谢意。感激之余，编者深知责任重大。随着编者团队在工业机器人精度补偿领域的不断探索，一些新的、高效的补偿方法不断被提出与应用，需要逐步丰富教材内容，完善知识体系，为广大读者奉上一本经得起时间检验的好教材。

编者根据教学过程中的深切体会和读者在使用本书过程中提出的宝贵意见和建议，对本书第 1 版进行修订，以更好地服务教学。本次修订在保留第 1 版基本内容和框架的基础上，主要做了如下改动。

（1）新增一章内容，详细介绍基于神经网络的定位误差补偿方法，将第 1 版 4.5 节“基于粒子群优化神经网络的机器人综合精度补偿方法”的内容进行细化与扩充并移入此章。

（2）新增在线精度补偿方法。新增内容介绍利用光栅尺进行关节半闭环反馈的在线补偿方法，另新增一部分内容介绍利用视觉伺服进行笛卡儿空间闭环反馈的在线补偿方法。

（3）删减第 1 版离线标定部分（包括运动学标定与非运动学标定）的内容，将第 1 版第 4 章“机器人非运动学标定”剩余部分基于误差相似度的精度补偿技术单独成章。

（4）考虑到在实施运动学和非运动学精度补偿技术前都要对机器人定位空间进行采样，将第 1 版第 5 章“机器人最优采样点”提前到第 3 章，并改为“机器人采样点规划方法”。

（5）删去第 1 版第 6 章“机器人自动制孔系统应用”，将机器人精度补偿技术应用内容分别放到各章“应用实例”部分，以增加全书的逻辑性。

（6）全书各章增加例题和习题，力求让读者更方便地使用教材。

（7）新增国标《工业机器人 性能规范及其试验方法》（GB/T 12642—2013）中关于机器人精度检测与评估内容，力求规范严谨，学生可以通过该标准自主设计机器人精度补偿试验。

（8）订正第 1 版的印刷错误。

全书共分八章。第 1 章简要介绍工业机器人精度的基本概念和精度补偿技术的发展现状。第 2 章介绍机器人的正、逆向运动学模型基础知识，为后面内容建立机器人定位误差模型奠定基础。第 3 章介绍三种机器人采样点规划方法，为机器人精度补偿技术的实施做好铺垫。第 4 章介绍考虑诸多误差因素的机器人定位误差建模与精度补偿方法。与基于模型的精度补偿技术不同，第 5 章通过构建误差映射关系介绍一种基于误差相似度分析的机器人非运动学精度补偿技术。第 6 章介绍另外一种非运动学精度补偿方法——机器人神经网络精度补偿技术。第 7 章介绍一种考虑关节回差影响的前馈补偿与反馈控制的机器人精度补偿策略，该方法属于关节空间闭环反馈的精度补偿策略。第 8 章介绍一种基于笛卡儿空间闭环反馈的精度补偿方法——双目视觉在线反馈的机器人精度补偿技术。

本书由田威、李波、廖文和、赵喜东主编，田威负责第 2 章、第 5 章的修订工作，李波负责第 3 章、第 4 章、第 7 章的修订工作，廖文和负责第 1 章、第 6 章的修订工作，赵喜东负责第 8 章的修订工作。

由于编者水平有限，书中疏漏之处在所难免，恳请读者批评指正。

编　者

2023 年 1 月

# 第 1 版前言

随着工业机器人技术的发展，中国已连续六年成为工业机器人第一消费大国，国际机器人联盟（IFR）统计数据显示，中国工业机器人市场规模在 2017 年为 42 亿美元，全球占比 27%，2020 年将扩大到 59 亿美元。2018～2020 年国内工业机器人销量分别为 16 万台、19.5 万台（预计）、23.8 万台（预计），未来 3 年中国工业机器人年均复合增长率（CAGR）达到 22%。除了汽车、电子电气等行业需求之外，工业机器人已逐步应用于航空航天等高端制造领域。

航空制造业体现着一个国家的综合国力，是关系国民经济建设和国防安全的战略性产业。随着“中国制造 2025”战略的提出与推进，智能制造已经成为我国当前航空制造业发展的必然趋势。随着我国的大飞机和四代机等新型飞机型号的研制进入新的阶段，航空制造业对于飞机制造的高质量、高效率、长寿命等方面的要求越来越高，实现飞机制造的数字化、柔性化和智能化已经成为当前航空制造业发展的必然趋势。飞机装配是飞机制造过程中极为重要的一个步骤。由于航空部件外形复杂、尺寸较大、连接件数量较多，飞机制造总工作量中有 40%～50%处于飞机装配阶段，因此飞机装配是飞机制造中至关重要的环节，提高飞机装配的质量和效率已成为当今航空制造业的研究重点之一。

在飞机装配的过程中，制孔和铆接占据了较大的工作量比重。统计数据表明，飞机机体疲劳失效引发的事故中，有 70%是由连接部位失效引起的，其中 80%的疲劳裂纹发生在连接孔处，因此飞机的安全使用寿命极大程度上依赖制孔和铆接的质量。当前在我国的航空制造业中，制孔和铆接仍以人工作业为主，不仅工作效率低下，而且工人个体操作技术水平参差不齐，导致装配质量不稳定。尤其对于四代机等高端机型而言，人工作业已经无法满足其对连接孔的位置精度、法向精度等技术指标的要求。使用自动钻铆技术已经成为当今飞机装配的必然选择，其中，基于工业机器人的自动钻铆系统是当前的研究热点。

由于我国在基于工业机器人的自动钻铆系统领域的研究起步较晚，加之国外企业对我国的技术封锁，我国在机器人自动钻铆系统的研究与应用方面，与国外还存在一定的差距。因此，研发具有自主知识产权的机器人自动钻铆系统，研究并解决其中的关键技术和问题，对提升我国航空制造技术水平具有重要的意义。通常情况下，工业机器人仅具有较高的重复定位精度，并不具备足够高的绝对定位精度，导致机器人自动钻铆系统无法满足飞机装配的精度要求，因此，探索可行可靠的机器人定位误差补偿方法，提升工业机器人绝对定位精度已成为亟待解决的问题，开展工业机器人精度补偿相关理论及方法的研究与应用对于推动我国航空制造技术发展与创新具有重要意义和实用价值。

本书包含 6 章内容，大致内容如下：第 1 章为绪论，简要介绍机器人精度以及工业机器人精度补偿技术研究现状；第 2 章为机器人运动学模型与误差分析，介绍机器人的正、逆向运动学模型建立与误差分析方法；第 3 章为机器人运动学标定，通过建模、测量、参数识别和误差补偿等过程，建立机器人运动学误差模型；第 4 章为机器人非运动学标定，不同于复杂的运动学模型建立过程，通过构建误差映射关系来实现目标点定位误差估计与补偿；第 5 章为机器人最优采样点，介绍基于能观性指数的随机采样点选择方法、空间网格化的均匀采样点规划方法和基于遗传算法的最优采样点多目标优化方法；第 6 章为机器人自动制孔系统应用，详细阐述机器人自动制孔系统的组成部分和工作原理，以及坐标系建立与统一方法，并在此基础上进行自动制孔协调准确度综合补偿方法的试验验证。

本书由江苏省青蓝工程优秀教学团队资助，积累了作者团队近十年在工业机器人精度补偿方向上的科研成果，能够为机器人应用领域的研究提供一定的借鉴。由于作者团队研究领域局限和水平有限，书中疏漏在所难免，恳请同行和读者批评、指正。

作　者

2019 年 7 月

# 目 录

# 第1章 绪　论

## 1.1 背　景

当前，随着生产资源对市场环境变化快速反应能力要求的不断提高，各工业工厂对高精度、柔性制造设备的需求逐年攀升。工业机器人融合了计算机科学、机械工程、电子工程、人工智能、信息传感技术、控制理论等多种技术，是多学科交叉的产物。工业机器人已经成为被工业自动化行业广泛应用的标准设备，其技术发展水平也成为一个国家工业自动化水平的重要标志。机器人技术与现代制造技术的深度融合，将给现有产品和技术带来新的活力，提升企业综合竞争力，缓解用工荒危机。

近年来，工业机器人基于自动化程度高、灵活性好和适应性强的特点，在许多传统的加工制造领域得到了广泛的应用。例如，在电子和汽车行业，由于产品的种类和数量众多，机器人凭借柔性化程度高的特点已经成为生产加工的必要工具。机器人在工业国家被广泛使用的原因有三个：一是降低劳动力生产成本；二是提高劳动生产率；三是适应工业化转型。随着机器人技术水平的提高，工业机器人开始进入航天制造、微加工、生物医药等高精度制造领域。20 世纪 90 年代以来，机器人主要生产国已经针对某一工业领域开发了机器人柔性集成系统。以工业机器人为主体，配合外围制造设备及相关软件，形成符合一定高科技制造业标准的机器人集成系统，如机器人制孔/铆接、机器人焊接、机器人纤维铺设等设备，必将成为制造业和机器人产业的发展方向。

航空制造业作为制造业领域的主导产业，一直是国民经济和国防建设的战略性产业。近年来，飞机制造行业对飞机装配技术提出了高质量、高效率、低成本、适应小批量和多型号产品的要求。飞机装配是将飞机各部件按照设计要求进行组合连接，形成更高层次的总成或整架飞机的过程，它是飞机制造过程中极其重要的一个环节。到目前为止，飞机装配技术经历了从手工装配、半自动装配、自动化装配到柔性装配的发展历程。在飞机装配过程中，由于产品尺寸大、形状复杂、零部件和连接数量多，其工作量占总工作量的 40%～50%。提高飞机装配质量和效率仍是当今航空制造业的重要发展方向之一。目前，在航空制造业中，钻孔、铆接仍以人工操作为主，工作效率低、装配质量不稳定。尤其对于先进飞机，人工操作已无法满足连接孔定位精度、法向精度等技术指标要求。采用自动钻铆技术已成为当今飞机装配的必然选择，其中基于工业机器人的自动钻铆装备是当前的研究热点。

工业机器人作为一种融合了先进技术的自动化设备，非常适合于飞机的自动化装配，如钻铆、铣削、磨削、复材铺丝等，如图 1.1 所示。航空航天领域的一些巨头也开发了诸多机器人飞机装配系统，如 KUKA 和波音公司的波音 777 机身装配线（图 1.2）以及德国 BROETJE 公司早期研发的 RACe（Robot Assembly Cell）机器人钻铆系统和后期研发的 Power RACe 机器人钻铆系统（图 1.3）。由此可见，基于工业机器人的自动钻铆系统已经逐渐成为航空航天工业不可或缺的助手。

(a) 机器人钻铆

(b) 机器人铣削

(c) 机器人磨削

(d) 机器人复材铺丝

图 1.1　工业机器人的典型应用

图 1.2　波音 777 机身机器人自动化装配线

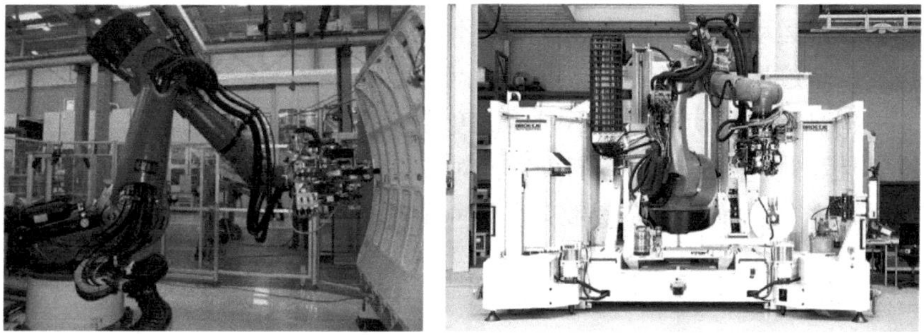

(a) RACe 机器人钻铆系统　　(b) Power RACe 机器人钻铆系统

图 1.3　BROETJE 公司的机器人自动钻铆系统

在我国大力发展航空航天的时代背景下，以工业机器人为基础构建柔性制造单元或柔性生产线，实现产品快速化、柔性化、自动化生产，对航空航天制造业生产模式转型升级、提升装备制造能力和产品性能具有重要意义和价值。与传统制造行业不同，航空制造业中的飞机大部件加工与装配，尤其是针对新一代航空器长寿命、高安全、超高机动等要求的跨代性能，对复杂部件的加工精度和效率提出了更高的要求，亟须高精度工业机器人。然而，目前工业机器人的重复定位精度较高而绝对定位精度较低，严重限制了其在航空制造业的应用进程。例如，对于传统的重载工业机器人系统，其重复定位精度为±0.1 mm，绝对定位精度通常只能达到±1 mm，无法满足飞机制造领域规定的精度要求。

## 1.2　机器人精度基本概念

本节简要介绍工业机器人领域中两个重要的性能指标——精度（通常又称为绝对精度）和重复性（通常又称为重复精度），可以通过图 1.4 生动地理解机器人精度和重复性的概念。机器人的运动通常包含点运动和轨迹运动两种类型，前者

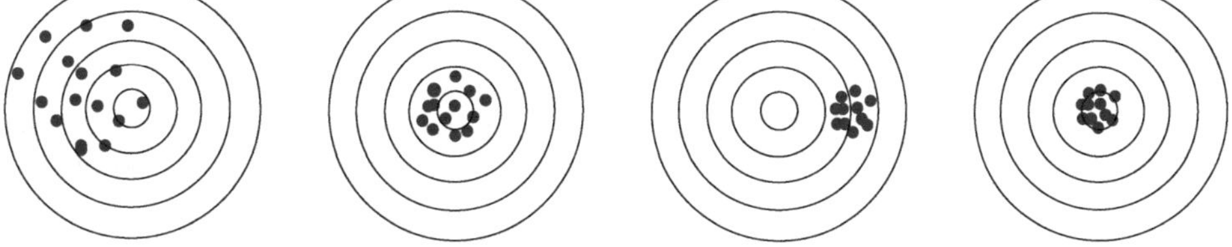

(a) 低绝对精度、低重复精度　　(b) 高绝对精度、低重复精度　　(c) 低绝对精度、高重复精度　　(d) 高绝对精度、高重复精度

图 1.4　机器人的绝对精度和重复精度

只关心机器人运动的起点和终点位姿，不关心起点和终点之间具体的路径实现形式。相反，轨迹运动不仅关注起点和终点的运动特性，还需关注两点之间的轨迹特性。根据机器人运动类型的不同，精度分为位姿精度和轨迹精度，重复性分为位姿重复性和轨迹重复性，它们分别为对应点运动和轨迹运动的精度指标。除非另有说明，本书所阐述的精度都遵循上述规定。

**1. 位姿精度**

位姿精度是指期望位置或姿态与实到位置或姿态的平均值之间的差值，包括位置精度和姿态精度。位置精度又称为绝对定位精度，表示实到位置集群中心与期望位置之差。姿态精度表示实到姿态集群中心与期望姿态之差。

**2. 位姿重复性**

位姿重复性是指机器人反复接近相同的期望位置或姿态时，实到位置或姿态离散的不一致程度，包括位置重复性和姿态重复性。位置重复性又称为重复定位精度，指实到位置集群中心与各实到位置之间的偏差。姿态重复性是指围绕实到姿态平均值的角度偏差。

**3. 轨迹精度**

轨迹精度表示机器人末端 TCP 在同一方向上沿期望轨迹运动的准确程度，包括位置轨迹精度和姿态轨迹精度。位置轨迹精度是指期望轨迹上的位置与实到轨迹位置集群中心之间的偏差，姿态轨迹精度是指期望轨迹上的姿态与实到轨迹姿态平均值之间的偏差。

**4. 轨迹重复性**

轨迹重复性表示机器人对同一期望轨迹响应多次时实到轨迹之间的一致程度，包括位置轨迹重复性和姿态轨迹重复性，分别指机器人对同一期望轨迹响应多次时实到轨迹位置集群中心之间的偏差以及实到轨迹姿态平均值之间的偏差。

由于工业机器人的高精密加工应用主要涉及绝对精度，本书只考虑机器人的绝对精度，忽略重复精度。此外，在实际应用中，目前主要通过安装在机器人末端执行器上的法向对准传感器而非机器人本身的姿态来保证被加工产品的法向精度，因此本书重点讨论机器人绝对定位精度的补偿。在不引起歧义的情况下，本书所指的定位精度包括定位轨迹精度。由于定位精度在机器人领域通常也被称为定位误差，这个概念在本书中也适用。

# 1.3　机器人精度评估与检测

## 1.3.1　位姿精度评估

国家标准《工业机器人 性能规范及其试验方法》（GB/T 12642—2013）将位姿精度（pose accuracy，AP）定义为从相同的方向接近指令位姿时机器人末端实际到达位姿的平均值与指令位姿之间偏差的大小。

机器人末端 TCP 位置精度计算如下：

$$\mathrm{AP}_p = \sqrt{\mathrm{AP}_x^2 + \mathrm{AP}_y^2 + \mathrm{AP}_z^2} \tag{1.1}$$

式中

$$\begin{cases} \mathrm{AP}_x = \overline{x} - x_{\mathrm{c}} \\ \mathrm{AP}_y = \overline{y} - y_{\mathrm{c}} \\ \mathrm{AP}_z = \overline{z} - z_{\mathrm{c}} \end{cases} \tag{1.2}$$

$$\begin{cases} \overline{x} = \dfrac{1}{n}\sum\limits_{j=1}^{n} x_j \\ \overline{y} = \dfrac{1}{n}\sum\limits_{j=1}^{n} y_j \\ \overline{z} = \dfrac{1}{n}\sum\limits_{j=1}^{n} z_j \end{cases} \tag{1.3}$$

式中，$\overline{x}$、$\overline{y}$、$\overline{z}$ 指对同一指令位姿重复响应 $n$ 次后，机器人末端 TCP 所到达位置的集群中心在坐标系三个方向上的坐标；$x_{\mathrm{c}}$、$y_{\mathrm{c}}$、$z_{\mathrm{c}}$ 是指令位姿中的位置坐标；$x_j$、$y_j$、$z_j$ 则是机器人末端 TCP 第 $j$ 次响应指令位姿时所实际到达位置的坐标。机器人的位置精度示意图如图 1.5 所示。

由于通常采用欧拉角的形式表示机器人末端 TCP 姿态，这种姿态表示并不是一个连续且唯一的结果，所以对姿态精度的表述并不采用上述类似位置精度的方法，而仅讨论单独绕某一坐标轴的欧拉角的准确度。机器人末端 TCP 姿态精度的计算方法如下：

$$\begin{cases} \mathrm{AP}_a = \overline{a} - a_{\mathrm{c}} \\ \mathrm{AP}_b = \overline{b} - b_{\mathrm{c}} \\ \mathrm{AP}_c = \overline{c} - c_{\mathrm{c}} \end{cases} \tag{1.4}$$

及

$$\begin{cases} \bar{a} = \dfrac{1}{n}\sum_{j=1}^{n} a_j \\ \bar{b} = \dfrac{1}{n}\sum_{j=1}^{n} b_j \\ \bar{c} = \dfrac{1}{n}\sum_{j=1}^{n} c_j \end{cases} \tag{1.5}$$

式中，$\bar{a}$、$\bar{b}$、$\bar{c}$ 指对同一指令位姿重复响应 $n$ 次后，机器人末端 TCP 所获得的姿态角的平均值；$a_c$、$b_c$、$c_c$ 是指令位姿中机器人末端 TCP 期望到达的姿态角；$a_j$、$b_j$、$c_j$ 则是机器人末端 TCP 第 $j$ 次响应指令位姿时实际到达的姿态角。以姿态角 $c$ 为例，机器人的姿态精度示意图如图 1.6 所示。

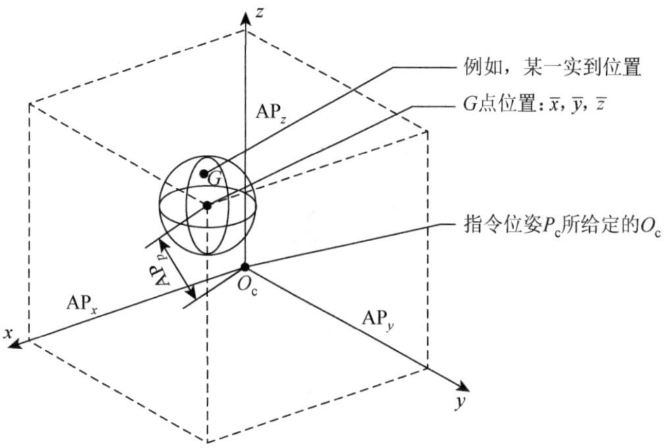


图 1.5　机器人位置精度示意图

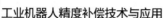

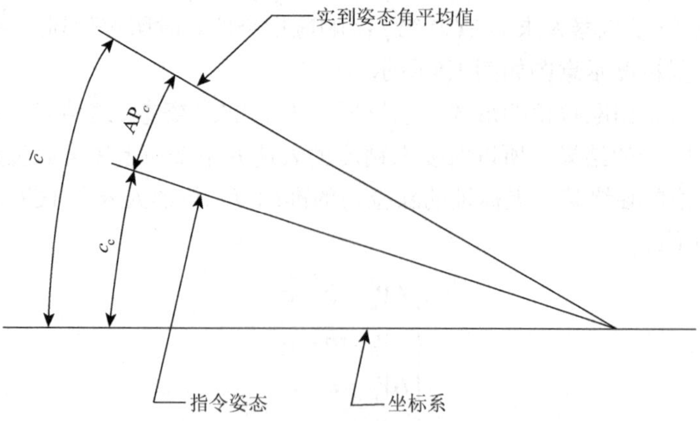


图 1.6　机器人姿态精度示意图

### 1.3.2 多方向位姿精度变动评估

在关节空间中，机器人关节可以从正反两个方向运动到指定关节位置，从而在笛卡儿空间中机器人末端就可以从任意方向运动到指定位姿。关节反向误差通过关节传递和连杆放大作用，导致末端位置具有不确定性。这种在笛卡儿空间中由运动方向不同引起的位置不确定性称为机器人多方向位姿精度变动（multi-directional pose accuracy variation，vAP）。

国家标准《工业机器人 性能规范及其试验方法》（GB/T 12642—2013）将机器人多方向位姿精度变动定义为从三个相互垂直的方向对相同指令位姿响应 $n$ 次时各平均实到位姿间的最大偏差，如图 1.7 所示。具体的计算公式为

$$\mathrm{vAP}_p = \max\sqrt{(\bar{x}_h - \bar{x}_k)^2 + (\bar{y}_h - \bar{y}_k)^2 + (\bar{z}_h - \bar{z}_k)^2},\quad h,\ k = 1,2,3 \tag{1.6}$$

式中，$\bar{x}_h$、$\bar{y}_h$、$\bar{z}_h$ 为从同一方向运动到指令位姿时实到位姿集群中心的坐标值。

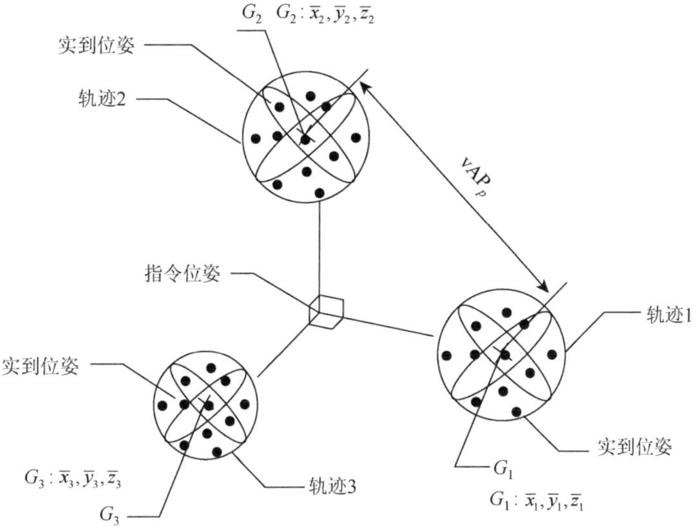


图 1.7 机器人多方向位姿精度变动示意图

### 1.3.3 轨迹精度评估

国家标准《工业机器人 性能规范及其试验方法》（GB/T 12642—2013）指出，机器人轨迹精度（trajectory accuracy，AT）是指在位置和姿态上沿所得轨迹的最大轨迹偏差。

位置轨迹精度 $\mathrm{AT}_p$：指令轨迹上若干（$m$）个计算点的位置与 $n$ 次测量的集群中心 $G_i$ 间的距离的最大值。其计算公式为

$$\mathrm{AT}_p = \max\sqrt{(\overline{x}_i - x_{ci})^2 + (\overline{y}_i - y_{ci})^2 + (\overline{z}_i - z_{ci})^2}, \quad i = 1, 2, \cdots, m \tag{1.7}$$

式中

$$\begin{cases} \overline{x}_i = \dfrac{1}{n}\sum\limits_{j=1}^{n} x_{ij} \\ \overline{y}_i = \dfrac{1}{n}\sum\limits_{j=1}^{n} y_{ij} \\ \overline{z}_i = \dfrac{1}{n}\sum\limits_{j=1}^{n} z_{ij} \end{cases} \tag{1.8}$$

式中，$x_{ci}$、$y_{ci}$、$z_{ci}$ 为指令轨迹上第 $i$ 点的位置坐标；$x_{ij}$、$y_{ij}$、$z_{ij}$ 为第 $j$ 条实到轨迹与第 $i$ 个正交平面交点的坐标。

姿态轨迹精度 $\mathrm{AT}_a$、$\mathrm{AT}_b$、$\mathrm{AT}_c$ 定义为沿轨迹上实到姿态与指令姿态的最大偏差，即

$$\begin{cases} \mathrm{AT}_a = \max\left|\overline{a}_i - a_{ci}\right| \\ \mathrm{AT}_b = \max\left|\overline{b}_i - b_{ci}\right|, \quad i = 1, 2, \cdots, m \\ \mathrm{AT}_c = \max\left|\overline{c}_i - c_{ci}\right| \end{cases} \tag{1.9}$$

及

$$\begin{cases} \overline{a}_i = \dfrac{1}{n}\sum\limits_{j=1}^{n} a_{ij} \\ \overline{b}_i = \dfrac{1}{n}\sum\limits_{j=1}^{n} b_{ij} \\ \overline{c}_i = \dfrac{1}{n}\sum\limits_{j=1}^{n} c_{ij} \end{cases} \tag{1.10}$$

式中，$a_{ci}$、$b_{ci}$、$c_{ci}$ 为点（$x_{ci}$、$y_{ci}$、$z_{ci}$）处的指令姿态；$a_{ij}$、$b_{ij}$、$c_{ij}$ 为点（$x_{ij}$、$y_{ij}$、$z_{ij}$）处的实到姿态。

### 1.3.4 机器人精度检测标准

国家标准《工业机器人 性能规范及其试验方法》（GB/T 12642—2013）规定了位姿精度和位姿轨迹精度测量试验中空间位姿测试点的选取方法。选定位于机器人工作空间内的单个立方体（图 1.8），其顶点为 $C_1$～$C_8$，对此空间立方体的要求如下所述。

（1）立方体应是机器人工作空间内预期使用最多的那一部分。

（2）立方体应具有最大的体积，且其各边应与机器人基坐标系平行。

对于立方体内平面位置的选择，标准规定位姿试验待选用的平面有四个，分别为 $C_1$-$C_2$-$C_7$-$C_8$、$C_2$-$C_3$-$C_8$-$C_5$、$C_3$-$C_4$-$C_5$-$C_6$ 和 $C_4$-$C_1$-$C_6$-$C_7$。标准还规定要测量的五个点 $P_1$～$P_5$ 位于测量平面的对角线上，其中 $P_1$ 为所选平面对角线的交点，也是立方体的中心，$P_2$～$P_5$ 离对角线端点的距离为对角线长度的（10±2）%，如图 1.9 所示。

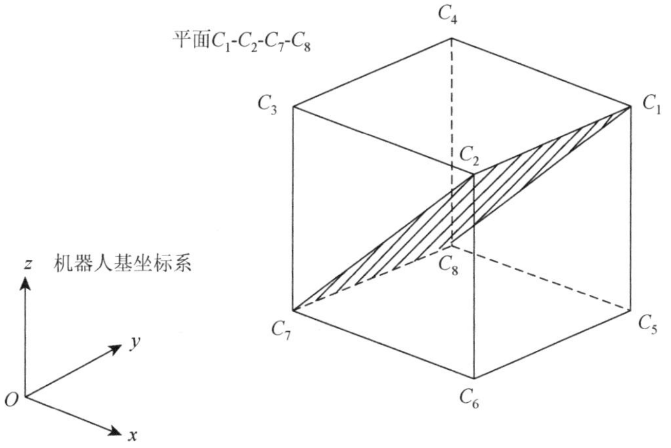


图 1.8 工作空间中的立方体及测量平面

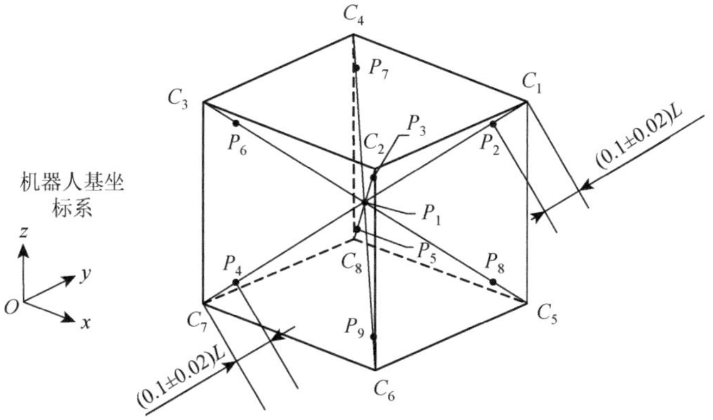


图 1.9 试验位姿点

*L* 为立方体网格对角线长度

标准还规定：机器人在各位姿间运动时，机器人的各个关节都应该产生运动。机器人从 $P_1$ 点开始循环 30 次，依次将机械接口移动到 $P_5$、$P_4$、$P_3$、$P_2$、$P_1$。采用如图 1.10 所示的循环之一，以保证机器人从单一方向接近每个位姿，依次计算每个位姿的位置精度（$AP_p$）和姿态精度（$AP_a$、$AP_b$、$AP_c$）。

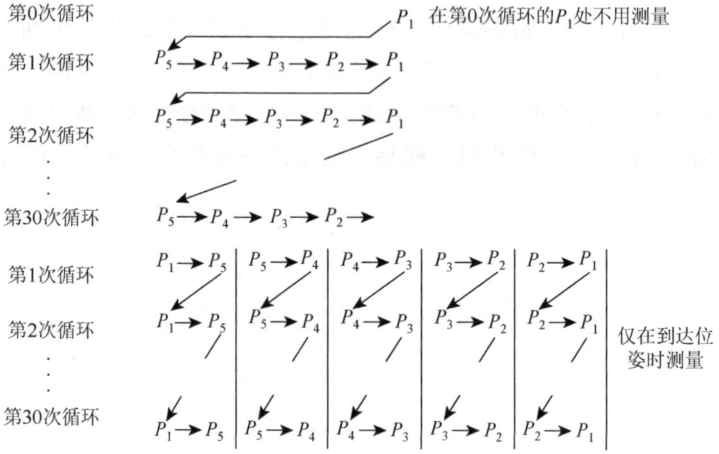


图 1.10　可用循环测量顺序实例

## 1.4　机器人精度的影响因素及分类

工业机器人的定位误差是由多种误差源引起的，主要受运动学建模精度和关节控制精度影响。依据不同的划分标准，工业机器人定位误差的影响因素可以分为不同种类。

### 1. 根据误差的表现形式划分

根据误差的表现形式，机器人的定位误差源分为几何误差、非几何误差及系统误差，具体分类与误差产生原因如表 1.1 所示。几何误差是可以用几何量表示的误差源，主要指机器人运动学模型的参数误差，包括机器人各连杆杆长、连杆偏置以及各关节转角、关节扭角等参数误差。机器人在加工制造、装配时关节减速器的安装位置偏差及关节零位在出厂标定时的误差等，均会导致机器人运动学几何参数产生相应的误差，进而影响机器人的定位精度。非几何误差是难以用几何量表示的误差源，主要包括机器人关节的柔度、相对运动产生的关节摩擦、关节间隙、动力学参数误差以及热效应等。系统误差指在机器人运行时所产生的控制误差、数值截断误差以及测量误差等。

**表 1.1　误差分类总结**

| 误差类型 | 误差来源 | 误差产生原因 |
|---|---|---|
| 几何误差 | 连杆杆长误差 | 由机器人生产、装配过程中连杆装配特征的加工精度以及减速器的安装误差导致 |
| | 连杆偏置误差 | |
| | 关节扭角误差 | |
| | 关节转角误差 | 由机器人关节零位的标定误差和关节减速器传动误差导致 |
| | 坐标系建立误差 | 由测量时基坐标系、工具坐标系的建立偏差导致 |

续表

| 误差类型 | 误差来源 | 误差产生原因 |
|---|---|---|
| 非几何误差 | 关节或连杆变形 | 由机器人连杆自重、末端受载导致 |
| | 关节间隙 | 由减速器中的齿轮传动和皮带传动的间隙导致 |
| | 关节摩擦 | 由减速器中的齿轮传动和皮带传动的摩擦导致 |
| | 动力学参数误差 | 由连杆、电机等主要结构件的实际质量属性与理论值不符导致 |
| | 热效应 | 由环境温度、电机发热以及运动摩擦生热导致 |
| 系统误差 | 控制误差 | 由电机转角控制不精确以及插补运算误差导致 |
| | 数值截断误差 | 由机器人控制系统在进行运动学、控制信号运算时的数值截断误差导致 |
| | 测量误差 | 由电机编码器分辨率受限导致 |

### 2. 根据误差的来源划分

根据误差的来源，机器人定位误差的影响因素可以分为环境误差、参数误差、测量误差、计算误差和应用误差。环境误差包括环境温度造成的影响以及机器人预热过程造成的影响。参数误差包括零部件制造装配误差引起的运动学参数变化、动力学参数变化、关节摩擦、关节间隙和迟滞等非线性误差。测量误差主要为关节位置传感器的非线性特性引起的误差。计算误差主要为计算圆整误差和稳态控制误差。应用误差主要为实际应用过程中所产生的误差。

### 3. 根据误差的时变特性划分

根据误差的时变特性，影响机器人定位误差的因素可以分为静态误差和动态误差。静态误差指与机构环相关的，在机器人运动过程中随时间不变或变化比较缓慢的因素，主要包括机器人结构参数和运动变量误差、工作环境温度变化引起的定位误差以及关节磨损等造成的误差。动态误差指在机器人运动过程中随时间变化相对较快的因素，主要包括由外力、惯性力、自重等引起的连杆和关节的弹性变形及振动所引起的机器人定位误差。

### 4. 根据误差的性质划分

根据误差的性质，机器人定位误差源分为系统误差和随机误差两类。其中，系统误差包括装配引起的运动学参数误差、刚度模型不确定引起的柔性误差、热膨胀模型不确定引起的未补偿热失真、热梯度变化引起的未建模热失真。随机误差包括齿轮啮合间隙误差、编码器导致的控制误差、装配引起的随机误差、摩擦引起的齿轮扭转变形、轴承引起的关节轴线的偏移、零位误差等。

虽然采用的分类标准不同，但是机器人定位精度的影响因素大致相同。机器人几何误差是造成机器人位置误差的主要影响因素，但是非几何误差和系统误差是机器人定位精度无法进一步提高的主要原因。可以看出，众多不确定误差源导致机器人定位误差模型异常复杂，需要考虑更加全面的不确定因素的影响，深入挖掘引起机器人定位精度低下的误差影响机制，研究适合工业机器人的误差补偿模型，提升机器人的定位精度。

## 1.5 机器人精度补偿的重要性

绝对定位精度和重复定位精度是工业机器人两项重要的精度指标，前者反映了机器人实际到达位置与理论到达位置的偏差程度，后者则体现了机器人到达同一位置的准确程度。一般来说，工业机器人的重复定位精度较高，因此通过传统示教编程的方式引导机器人末端执行器执行相应功能能够达到较好的精度。然而，与传统制造行业不同，航空制造业中的飞机大部件加工与装配需要更高的质量和精度，对机器人装备的结构、可靠性、开放性、运动精度和动态特性等核心性能提出了更高的要求。飞机部件往往具有较大的尺寸，因此相应的连接孔及连接件的数量多，编程工作量大导致工作效率低，进而引发碰撞干涉等问题。更为重要的是，人工示教的定位精度取决于工人的技术水平，很难保证飞机装配所需的孔位精度要求（如飞机自动钻孔系统对孔的位置精度要求为±0.5 mm，法向精度要求为±0.5°）。为解决上述难题，飞机装配过程中普遍采用离线编程，节省工作量并提升装配效率。然而离线编程的作业方式极大地依赖于工业机器人的绝对定位精度，而工业机器人绝对定位精度仅为±（1～2）mm。此外，外部因素，如在机器人部署过程中的安装误差和末端执行器的运动误差本身可能进一步降低整个机器人系统的定位精度，导致机器人自动加工系统无法满足飞机装配的精度要求。因此，工业机器人的绝对定位精度低成为制约其被应用于航空航天等高端制造业的技术瓶颈。尤其随着新一代大飞机和高性能军机等高端产品对加工制造精度要求的不断提高，其瓶颈影响越来越明显，对高精度和高性能工业机器人的需求日益迫切。因此，如何提高机器人的定位精度已成为机器人学术界和航空制造部门无法回避且必须解决的问题。

总而言之，工业机器人在航空制造业具有广泛的应用前景和显著的应用价值。但是，航空产品高质量和高精度的迫切需求，与目前我国工业机器人作业系统运动精度低之间的矛盾日益突出，已成为制约其在我国乃至全世界航空制造业中应用的主要瓶颈。

## 1.6 机器人精度补偿技术发展现状

机器人精度补偿技术是指运用测量工具并结合数值算法消除机器人误差，进而调整预设参数直到机器人精度满足规定要求的方法。针对机器人加工制造过程中精度低的问题，出现了很多机器人精度补偿方法。根据精度补偿原理和思路的差异，主要分为离线补偿和在线补偿两类。前者是指运用测量工具预先获取机器人的定位误差，进而在机器人工作时仅通过补偿算法提升机器人的定位精度。后者则需要在工作时依靠外部测量工具如光栅尺、激光跟踪仪等在线检测机器人关节或末端的实际到达位置，形成闭环反馈进而实时补偿定位误差。

### 1.6.1 离线补偿技术

机器人离线补偿方法的基本原理是在机器人工作空间内测量若干关节构型的末端定位误差，建立机器人运动学误差模型，辨识机器人运动学参数误差（或者建立机器人笛卡儿空间或关节空间下的误差映射），进而将得到的误差模型或者误差映射预置到机器人补偿算法中，实现目标点定位误差的估计与补偿，提高机器人的定位精度。经过离线补偿的机器人在实际作业中不需要借助外部测量工具，是目前研究最广泛、应用最普遍的方法。机器人离线补偿方法根据其补偿原理或误差测量方法的不同，分为运动学补偿、非运动学补偿、物理约束补偿三种。

**1. 运动学补偿技术**

运动学补偿法首先对机器人进行运动学误差建模，并采用离线补偿的方式获取真实的模型参数，从而提高机器人的精度。这类方法现在比较成熟，主要思想为建立描述机器人几何特性和运动性能的数学模型；随后测量机器人末端执行器在世界坐标系下的多点位置，继而识别机器人关节运动学参数误差，代入机器人运动学模型以最小化机器人定位误差的估计值与实际值之间的残差；最后修改机器人控制器参数，使得控制器内部的机器人运动学模型与实际运动学模型近似，完成误差补偿。机器人的运动学补偿过程通常按照 4 个步骤进行，分别是运动学建模、误差测量与采样点规划、参数误差识别和误差补偿。

1）运动学建模

目前机器人运动学建模主要包括 D-H（Denavit-Hartenberg）模型、MD-H（modified D-H）模型、S 模型、CPC（complete and parametrically continuous）模型、零位基准模型（zero reference position model）以及指数积（product of exponentials，POE）模型等。D-H 模型描述的是机器人的理论运动学模型，不能完全满足机器人运动学补偿的需求。这是由于机器人运动学误差模型基于微小位移假设，当机器人存在轴线相互平行或近似平行的两个相邻关节时，若使用 D-H 模型定义关节运动学参数将出现奇异，某些运动学参数将随着其他参数的微小变化而发生突变，所以该模型无法满足微小位移假设。随后出现了 MD-H 模型，通过在相邻的平行关节之间增加一个绕 $y$ 轴旋转的运动学参数，避免了参数的突变，解决了 D-H 模型的奇异性问题。S 模型中每个连杆通过 6 个参数进行描述，包括 3 个平移参数和 3 个旋转参数。运动学模型只有同时满足“完整性”和“参数连续性”才能适用于机器人运动学补偿，因此，基于该思想出现了 CPC 模型。零位基准模型的连杆参数去除了相邻关节的公法线方向，取而代之的是各关节轴线在以零位为基准时的位置与方向，解决了模型的奇异性问题。指数积模型描述的机器人运动学由一系列指数矩阵的乘积进行表示，可以实现各关节的运动学参数的平稳变化，从而避免了参数的突变。

针对 D-H 模型的奇异性问题先后涌现出诸多建模方法，但 D-H 模型凭借其物理意义明确、建模过程简单、通用性较强的优势，在机器人工程及学术领域仍被广泛使用。

2）误差测量与采样点规划

误差测量是机器人精度补偿技术中的关键步骤，也是最烦琐和最耗时的步骤之一。机器人精度补偿的效果直接取决于误差测量的准确度，因为通过高精度测量设备获取的机器人实际定位误差数据是参数识别和误差估计的原始依据。误差测量的精度与所使用的测量工具和测量方法密切相关。实际应用中，可以通过零点标定工具、球杆仪、自动经纬仪、坐标测量机和激光跟踪仪等对工业机器人的定位误差进行测量，这些测量仪器的对比如表 1.2 所示。在众多测量设备中，激光跟踪仪由于其易携带、可实时跟踪、操作简便、精度高等优点而成为机器人补偿中应用最广泛的测量设备之一。

**表 1.2　机器人常用测量仪器性能比较**

| 仪器类别 | 工作原理 | 特点 |
|---|---|---|
| 零点标定工具 | 使用 EMT（electronic measuring tool）进行零点校正，机器人各轴会自动移动到机械零点 | 无须手动移动各轴至机械零点，但无法测量机器人末端 TCP 位置 |
| 球杆仪 | 通过线性传感器测量机器人实际到达位置与测量范围内某一点的距离 | 测量精度高，操作简便，成本较低 |
| 自动经纬仪 | 根据角度测量原理测量水平和竖直角 | 测量精度高，操作须由专业人员进行，受环境影响大，成本较高 |
| 坐标测量机 | 通过测量几何型面上各测点的坐标信息，求出被测零件几何形状尺寸及不确定度 | 测量准确，效率高，但属于接触式测量，携带不方便 |
| 激光跟踪仪 | 利用光学干涉原理测量水平角、垂直角及斜距，按极坐标原理确定被测点坐标 | 自动跟踪，实时测量，携带方便，但手持靶球光束易中断，对操作人员技能要求高 |

采样点的选取对精度补偿的最终效果也具有显著的影响。一方面，机器人误差模型的拟合精度与采样点的数量和位置有关，如果采样点数量过少或者采样点的位置在机器人工作空间中过于集中就会影响精度补偿的效果。另一方面，采样

点的测量是机器人精度补偿技术中耗时最长的一个步骤，如果采样点数量过多，将导致测量时间过长，而精度补偿的最终精度却又无法随采样点数量的增多而无限提高；此外，在测量过程中会存在环境温度变化和测量设备零位漂移等随机误差，反而可能对精度补偿的最终精度造成不良的影响。因此，如何确定合适的采样点数量和采样点位姿以平衡采样效率与最终补偿精度之间的矛盾，是机器人精度补偿技术中需要解决的关键问题。

3）参数误差识别

运动学参数误差识别是在运动学模型建立完成后，利用采集到的误差原始数据通过辨识算法得到相关参数，使各项机器人运动误差达到最优解，并使采集得到的数据点误差和拟合误差之间达到数值最小化。最小二乘法由于求解简单被广泛应用于运动学误差辨识，然而在辨识矩阵接近奇异时，会极大地影响最小二乘法的辨识精度，因此，许多学者对优化算法进行研究。在最小二乘法的改进算法中，L-M（Levenberg-Marquardt）算法在机器人运动学补偿领域应用最广。其他应用于机器人运动学参数识别的方法还包括模拟退火算法、极大似然估计算法、卡尔曼滤波算法、神经网络算法等。其中，最大似然估计算法计算过程较为简单，但全局精度较低；卡尔曼滤波算法在收敛速度、可靠性和对辨识结果的评估上都有着一定的优势；神经网络算法进行机器人运动学参数识别的缺点在于其求得的最优解往往是局部极值，导致识别精度较低。

4）误差补偿

误差补偿是机器人运动学补偿的最后也是决定性的步骤，其基本原理是在识别待补偿点的位姿误差之后，通过修正机器人的控制参数或者改变机器人的控制方法，使机器人根据相应的补偿量进行定位，以提高机器人的定位精度。关节空间补偿法和微分误差补偿法是现阶段较为常用的误差补偿方法。关节空间补偿法是将辨识得到的运动学参数误差代入机器人运动学模型得到修正后的运动学模型，然后将机器人待补偿点在笛卡儿坐标系下的位姿通过运动学逆解转化到机器人关节空间中，直接将新模型计算得到的关节运动值作为控制量在控制系统中进行控制。微分误差补偿法是基于微分变换的思想，将机器人定位误差看作微小位移，并用各关节参数的微分变换表示出来。与关节空间补偿法不同的是，微分误差补偿法是计算各关节轴的补偿量，在控制机器人进行定位时对各轴关节角进行相应的偏移以实现机器人位姿误差的补偿。关节空间补偿法的缺点在于要求机器人控制系统具有较高的开放性以修改控制参数，但多数情况下技术人员难以获得较高的修改权限；另外，若需要对机器人本体和控制器进行改造，对于大多数商用机器人成本也较高。

### 2. 非运动学补偿技术

除了运动学因素外，还有许多其他影响机器人定位误差的因素，这些因素相互耦合，难以构建一个包含所有误差源的精确模型，也就无法进行运动学补偿。此时出现了一种数据驱动的补偿方法，与运动学参数补偿技术相对应，该方法称为非运动学补偿技术。其主要原理是建立机器人末端 TCP 定位误差与关节转角或空间位姿之间的映射关系形成相应的误差数据库，无须参数建模和误差识别，利用神经网络、空间插值等方法实现对局部空间内位姿误差的估计与补偿。

1）神经网络法

神经网络是近几年发展起来的一门新兴技术，具有自学习能力强、自适应范围广、容错率高等优点，能够完成自适应推理，在工作过程中也可以通过多次自适应学习提高识别效率。通过模拟人脑的神经网络能够较好地构造机器人末端定位误差与关节转角或空间位姿的关系，因而被广泛地运用在非运动学模型补偿中。

这类方法以多组不同关节角度及对应末端执行器的空间位姿为输入，利用这些信息来训练生成基于神经网络的控制网，对关节角进行对应的补偿，以此达到提高定位精度的目的。此类方法克服了参数不足以及运动学建模复杂的缺点，有效地提高了机器人的定位精度，但是存在补偿过程计算量大、研究不够成熟、耗费时间过长等缺点，导致其仍然无法被广泛地应用在实际场合中。

2）空间插值法

除神经网络法外，空间插值法也能较好地补偿机器人定位误差，该方法通常分为以下几步：网格划分、误差测量、空间插值。主要包括模糊插值方法、双线性插值方法、反距离加权法、无偏最优估计法等。

机器人非运动学补偿方法是一种综合性的精度补偿方法，避免了复杂的机器人误差建模过程，克服了机器人运动学补偿参数识别不准确的问题。因此，该方法从原理上可以视为一种数值估计方法，数值估计所使用的数据越多，补偿精度就越高。但是该方法直接将位姿误差归结为关节角误差，不考虑关节型机器人的结构特点与运动特性，无法更好地分析机器人的位姿误差分布特点与规律。

### 3. 物理约束补偿技术

通常情况下，机器人运动学补偿和非运动学补偿需要配备高精度的外部检测设备对机器人末端定位误差进行测量，且需要相关技能人员来操作测量软件，在某些场合下限制了它的应用。机器人物理约束补偿方法，无须任何测量设备即可完成机器人精度补偿。其主要思想是通过机器人末端 TCP 与球、平面、点、距离等物理约束接触来构建约束方程，然后基于约束方程建立机器人误差模型，根据该模型完成机器人参数补偿。该方法的补偿精度很大程度上依赖于末端传感器的灵敏度，且对物理约束的加工精度要求很高。另外，该方法还存在一个缺点，即在物理约束区域附近补偿效果良好，在机器人工作空间的其他区域补偿效果欠佳。

### 1.6.2 在线补偿技术

上述的机器人离线补偿方法通过辨识机器人运动学参数误差、构建定位误差映射或者建立物理约束方程，实现机器人末端 TCP 定位误差的补偿，具有较强的通用性与实用性。但是机器人离线补偿方法高度依赖于机器人的重复定位精度，实际上机器人单向重复定位精度较高，但是多方向重复定位精度较差。也就是说，由于机器人多方向位姿精度较差，在上述机器人离线补偿方法的误差测量环节中，机器人从不同方向运动到同一采样点的误差不同，即采样点误差本身具有不确定性。因此，离线补偿方法无法进一步提高机器人精度补偿效果。另外，以上几类精度补偿方法都是离线方案，无法在机器人实际工作中对动态误差进行补偿，精度提升性能有限。

在线补偿法是指利用外界高精度的测量设备对工业机器人的运动进行实时反馈，使机器人在工作过程中可以不断调整末端 TCP 位姿直至期望值。根据误差反馈所采用的装置，机器人在线补偿通常包括关节编码器反馈技术、激光跟踪仪反馈技术以及视觉伺服反馈技术三种方式。关节编码器反馈技术是一种半闭环的补偿方法，将待补偿的点位误差由笛卡儿坐标系转化为关节修正值。采用视觉伺服仪或激光跟踪仪等设备进行末端 TCP 位姿反馈是一种全闭环补偿方法，即直接测量笛卡儿空间的误差从而实现机器人末端 TCP 位姿的修正。

目前国外一些机器人公司已经将关节编码器反馈技术应用在机器人精度补偿上，但是需要修改机器人内部的控制系统。结合关节编码器反馈和数控系统来提高工业机器人的精度在工业中具有应用案例，但由于改造机器人控制器比较困难，很多研究通过内部控制器与外部控制器相结合的方式进行关节控制。值得一提的是，关节编码器反馈技术可以更好地修正机器人多方向位姿精度。

基于末端伺服的机器人补偿技术能够大幅度提高机器人的定位精度，其主要思想为使用视觉测量设备或激光跟踪仪在线获得机器人末端 TCP 的实际位姿，计算与期望位姿的偏差，由控制系统根据偏差对机器人进行位姿调整，从而使其达到规定的精度要求。基于激光跟踪仪的补偿技术精度最高，加工时位姿保持能力强，同时也存在成本高、对工业现场要求高、末端执行器设计复杂以及通用性差等缺点。

基于视觉引导的机器人控制，也称为视觉伺服。视觉伺服的在线补偿架构一般由视觉系统、控制策略和机器人系统组成。要实现全位姿动态测量需求，视觉是一种有效的测量方法，常见的视觉伺服方法有基于图像的视觉伺服（image-base visual servoing，IBVS）、基于位置的视觉伺服（position-based visual servoing，PBVS）和混合视觉伺服（hybrid visual servoing，HVS）三种。IBVS 采用图像特征参数直接描述机器人末端执行器与目标位置之间的误差；PBVS 需要将视觉信息与机器人运动学模型、几何目标模型和相机模型等知识结合使用，通过提取、解释和变换图像特征来获取目标相对于视觉系统的位姿信息，控制机器人减小当前位姿与期望位姿的误差；HVS 也称为 2.5D 视觉伺服，将以上两种视觉伺服方法综合，利用三维信息减小机器人位置误差，利用二维信息减小机器人姿态误差。IBVS 控制方法采用的是二维图像，缺乏深度方向的信息，对机器人全位姿精度的控制能力有限；HVS 控制方法需要对单应性矩阵分解计算，计算困难、计算量大，难以用于高频率的实时位姿控制；PBVS 则更加适用于引导机器人移动。

## 1.7 机器人精度补偿技术发展趋势

近年来，随着机器人在高端制造领域的应用逐渐深入，一些精度补偿技术的不足也开始呈现。例如，精度补偿实时性较差、效率低下、动态精度不稳定、补偿成本高、补偿技术通用性差以及无法从根本上提升机器人精度等。

为了推动机器人在高精度制造领域的发展，使得机器人更好地适应单件、小批量生产模式下多变的任务需求、复杂的场地环境，机器人精度补偿技术当前呈现以下几个发展趋势。

### 1. 高实时性机器人精度补偿技术

随着机器人应用的增加和对自主性要求的提高，机器人精度补偿的实时性的要求逐渐变高。神经网络作为一种智能方法，不仅能以任意精度逼近任意连续非线性函数，而且具有较强的独立学习能力，为网络自适应重构提供了方便。视觉作为一种简单的测量方式，可以很容易地实现机器人运动时末端 TCP 位姿的测量，同时也体现了机器人的高度自治性。随着神经网络收敛效率和视觉测量系统精度的提高，该组合在自主性和实时性方面显示出相当大的优势，将成为未来机器人精度补偿方向的研究热点。

### 2. 灵巧性与智能化机器人精度补偿技术

机器人通常在复杂、隐蔽的产品空间内部进行作业，如飞机壁板内部监测，标准件紧固及密封，以及进气道的测量、安装、喷涂、检验等。场地的限制往往影响到传统精度补偿方法的实施，研制灵活适应于各种复杂环境的精度补偿方法具有良好的应用前景。为进一步降低精度补偿过程对人工的依赖，体现机器人的高度自治性，研究环境感知、信息获取、智能软件与人机交互等技术，采用可以动态实时感知、测量、捕获和传递信息及反馈控制的新技术、新方法和新流程，使机器人精度补偿各个层面的工作协同得更密切，对环境、目标等信息的获取和处理更智能，在多传感器信息融合的基础上实现补偿过程的智能化。

#### 3. 多机协同机器人精度补偿技术

多机器人的操作精度决定了其执行协同作业任务的能力，也直接影响其应用的深度和广度，然而多机器人操作系统中灵活多变的协作形式，制约了其向自主化、智能化和高精度化方向发展。对比单个机器人，多机系统具有典型的分布特性，机器人之间相互取长补短，增加了功能的冗余性、系统的容错性以及组织结构的灵活性，具有单机器人无法比拟的优势。因此，机器人精度补偿向着多机协同方向发展是未来精度补偿领域的一大趋势。

#### 4. 高鲁棒性机器人精度补偿技术

工业机器人在作业过程中通常面临不确定性扰动，如制孔、铣削过程的切削力，装配过程的干涉碰撞等，均会使其负载产生不确定性变化，最终导致机器人定位精度与轨迹精度下降。现有精度补偿技术仅对机器人受确定性载荷下的误差进行分析并施加前馈补偿，或依赖外部测量设备对机器人误差进行实时补偿，对不确定性扰动缺乏鲁棒性。深入研究复杂多体动力学的控制问题，提出可以补偿机器人系统非线性和不确定性因素综合影响的精确鲁棒控制策略，对实现机器人高性能和高精度运动至关重要，是进一步提高工业机器人在航空航天高端制造业应用前景的重要方向。

## 习 题

1-1 请分别阐述绝对定位精度、重复定位精度、位姿精度、位置轨迹精度的概念。

1-2 结合自己的认识谈谈你对工业机器人的理解。

1-3 为什么需要对机器人进行精度补偿？

1-4 影响机器人精度的因素有哪些？如何分类？

1-5 简述机器人精度补偿技术分类及其对应概念。

1-6 机器人运动学补偿技术包括哪些步骤？

1-7 机器人运动学有哪些建模方法，请分别阐述。

1-8 简述机器人精度补偿技术的发展趋势。

1-9 机器人的运行速度对机器人精度有很大影响，试解释其中可能存在的原因。

1-10 分别列出依赖机器人重复定位精度以及绝对定位精度的加工场景。

1-11 简述激光跟踪仪的测量原理以及在机器人精度补偿中的应用方法。

# 第 2 章 机器人运动学建模

通常情况下，工业机器人是由一系列连杆和旋转关节串联连接而成的链式机构，其底座一般固定在平台上，末端通常与执行机构相连，用于完成相关作业任务。机器人定位精度由多种误差源共同影响，这些误差通过关节传递至机器人末端 TCP，从而产生定位误差。研究机器人位姿描述与运动学建模方法，是机器人运动规律及机器人误差分析的理论基础，也是机器人运动学精度补偿的前提条件。

严格意义上来说，机器人运动学的研究内容应当包含机器人各连杆之间的位姿关系、速度关系和加速度关系，但对于机器人精度补偿技术的研究，本书更加关心的是机器人各连杆之间的位姿关系，尤其是机器人逆运动学的封闭解的问题。本章主要以典型的 KUKA 工业机器人为研究对象，讨论其正向运动学模型和逆向运动学模型，为后续机器人运动学精度补偿提供理论基础。

## 2.1 位姿描述与齐次变换

机器人运动学通常将机器人各个连杆当成刚体来描述它们之间的位姿关系，刚体参考点的位置与姿态称为刚体的位姿。描述刚体位姿的方法很多，包括齐次变换法、矢量法、旋量法和四元素法。齐次变换法能将运动、变换、映射与矩阵运算联系起来，本节主要介绍齐次变换法。

### 2.1.1 位置与姿态的描述

对于运动的刚体上的任何参考点 $p$，其位置可以用笛卡儿坐标系$\{A\}$中的 3×1 列矩阵表示为

$$^{A}\boldsymbol{p}=[p_x \quad p_y \quad p_z]^{\mathrm{T}} \tag{2.1}$$

式中，$p_x$、$p_y$、$p_z$ 分别表示点 $p$ 在坐标系$\{A\}$中的 $x$、$y$、$z$ 三个方向上的坐标分量。

为了规定空间某刚体 $B$ 的姿态，假设一直角坐标系$\{B\}$与该刚体固连，则刚体 $B$ 相对于坐标系$\{A\}$的姿态可以用坐标系$\{B\}$相对于坐标系$\{A\}$的三个单位主矢量 $^{A}\boldsymbol{x}_B$、$^{A}\boldsymbol{y}_B$、$^{A}\boldsymbol{z}_B$ 所组成的矩阵表示为

$$^{A}\boldsymbol{R}_B=[{}^{A}\boldsymbol{x}_B \quad {}^{A}\boldsymbol{y}_B \quad {}^{A}\boldsymbol{z}_B]=\begin{bmatrix} \boldsymbol{x}_B\cdot\boldsymbol{x}_A & \boldsymbol{y}_B\cdot\boldsymbol{x}_A & \boldsymbol{z}_B\cdot\boldsymbol{x}_A \\ \boldsymbol{x}_B\cdot\boldsymbol{y}_A & \boldsymbol{y}_B\cdot\boldsymbol{y}_A & \boldsymbol{z}_B\cdot\boldsymbol{y}_A \\ \boldsymbol{x}_B\cdot\boldsymbol{z}_A & \boldsymbol{y}_B\cdot\boldsymbol{z}_A & \boldsymbol{z}_B\cdot\boldsymbol{z}_A \end{bmatrix} \tag{2.2}$$

式中，$\boldsymbol{x}_B$、$\boldsymbol{y}_B$、$\boldsymbol{z}_B$为坐标系$\{B\}$的主轴方向上的单位矢量；$\boldsymbol{x}_A$、$\boldsymbol{y}_A$、$\boldsymbol{z}_A$为坐标系$\{A\}$的主轴方向上的单位矢量；$^{A}\boldsymbol{R}_B$为坐标系$\{B\}$相对于坐标系$\{A\}$的旋转矩阵，有的书中也称为方向余弦矩阵。

### 2.1.2　平移与旋转

平移使空间中的一点沿着给定的矢量方向移动有限的距离。这种在空间中平移点的解释，只涉及一个坐标系。图 2.1 形象地表示了矢量$^{A}\boldsymbol{P}_1$如何被矢量$^{A}\boldsymbol{Q}$平移。经过平移变换后，得到一个新的矢量$^{A}\boldsymbol{P}_2$，即

$$^{A}\boldsymbol{P}_2={}^{A}\boldsymbol{P}_1+{}^{A}\boldsymbol{Q} \tag{2.3}$$

式中，$^{A}\boldsymbol{Q}$称为平移算子。

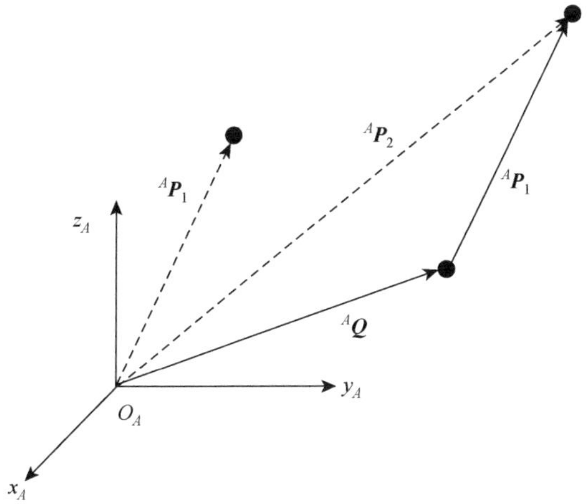


图 2.1　平移变换

绕任一坐标系的 $x$ 轴、$y$ 轴和 $z$ 轴分别旋转角度 $\theta$ 的旋转算子（或旋转矩阵）可以表示为

$$\boldsymbol{R}(x,\theta)=\begin{bmatrix} 1 & 0 & 0 \\ 0 & \cos\theta & -\sin\theta \\ 0 & \sin\theta & \cos\theta \end{bmatrix} \tag{2.4}$$

$$\boldsymbol{R}(y,\theta)=\begin{bmatrix} \cos\theta & 0 & \sin\theta \\ 0 & 1 & 0 \\ -\sin\theta & 0 & \cos\theta \end{bmatrix} \tag{2.5}$$

$$\boldsymbol{R}(z,\theta)=\begin{bmatrix}\cos\theta & -\sin\theta & 0\\ \sin\theta & \cos\theta & 0\\ 0 & 0 & 1\end{bmatrix} \tag{2.6}$$

由以上分析可知，可用位置矢量描述刚体上任意一点的位置，用旋转矩阵描述与该点固连的坐标系（刚体）的姿态。为了完全描述刚体 $B$ 在空间中的位姿，通常情况下，将刚体 $B$ 与某一坐标系固连。坐标系$\{B\}$的原点一般选在刚体 $B$ 的特征点上，如质心、对称中心等。相对于参考坐标系$\{A\}$，可以由位置矢量 ${}^A\boldsymbol{p}$ 和旋转矩阵 ${}^A\boldsymbol{R}_B$ 组成的齐次变换矩阵 ${}^A\boldsymbol{T}_B$ 来描述坐标系$\{B\}$的位置和方位，即

$$ {}^A\boldsymbol{T}_B=\begin{bmatrix}{}^A\boldsymbol{R}_B & {}^A\boldsymbol{p}\\ \boldsymbol{0}_{1\times3} & 1\end{bmatrix}=\begin{bmatrix}r_{11} & r_{12} & r_{13} & p_x\\ r_{21} & r_{22} & r_{23} & p_y\\ r_{31} & r_{32} & r_{33} & p_z\\ 0 & 0 & 0 & 1\end{bmatrix} \tag{2.7}$$

式中，$\boldsymbol{0}_{1\times3}$ 为 1×3 全零行矩阵。

## 2.2 RPY 角与欧拉角

在某些情况下，以上采用旋转矩阵来描述刚体姿态的方法既不方便也不直观。例如，用旋转矩阵描述机器人末端 TCP 姿态时，无法清晰表述末端 TCP 姿态的具体形态。本节介绍 RPY 角和欧拉角方法来讨论刚体姿态的描述方法。

### 2.2.1 RPY 角

RPY 角的定义如下：绕固定坐标系 $x$ 轴的第一次旋转称为偏航角（Yaw）；绕固定坐标系 $y$ 轴的第二次旋转称为俯仰角（Pitch）；绕固定坐标系 $z$ 轴的第三次旋转称为滚转角（Roll）。通过 RPY 角描述坐标系 $Ox'''y'''z'''$ 相对于坐标系 $Oxyz$ 的姿态的示意图如图 2.2 所示。

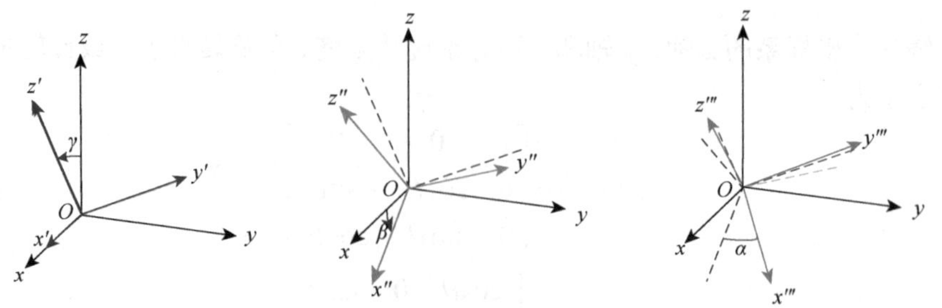


(a) 绕$x$轴旋转角度$\gamma$　(b) 绕$y$轴旋转角度$\beta$　(c) 绕$z$轴旋转角度$\alpha$

图 2.2　RPY 角示意图

从与坐标系 $Oxyz$ 重合的坐标系出发，首先围绕坐标系 $Oxyz$ 的 $x$ 轴旋转一个角度 $\gamma$，得到坐标系 $Ox'y'z'$；然后绕坐标系 $Oxyz$ 的 $y$ 轴旋转一个角度 $\beta$，得到坐标系 $Ox''y''z''$；最后绕坐标系 $Oxyz$ 的 $z$ 轴旋转一个角度 $\alpha$，得到坐标系 $Ox'''y'''z'''$。这里的参考坐标系 $Oxyz$ 为$\{A\}$系，坐标系 $Ox'''y'''z'''$ 是$\{B\}$系。由式（2.4）～式（2.6）可得，坐标系$\{B\}$相对于坐标系$\{A\}$的旋转矩阵可以通过绕参考坐标系$\{A\}$的三次旋转获得。由于三次转动都是相对于固定参考坐标系，根据“从右向左”的原则，得到 RPY 欧拉角对应的旋转矩阵为

$$
\begin{aligned}
{}^{A}\boldsymbol{R}_{B}(\gamma,\beta,\alpha) &= \boldsymbol{R}(z,\alpha)\boldsymbol{R}(y,\beta)\boldsymbol{R}(x,\gamma) \\
&= \begin{bmatrix} \cos\alpha & -\sin\alpha & 0 \\ \sin\alpha & \cos\alpha & 0 \\ 0 & 0 & 1 \end{bmatrix} \begin{bmatrix} \cos\beta & 0 & \sin\beta \\ 0 & 1 & 0 \\ -\sin\beta & 0 & \cos\beta \end{bmatrix} \begin{bmatrix} 1 & 0 & 0 \\ 0 & \cos\gamma & -\sin\gamma \\ 0 & \sin\gamma & \cos\gamma \end{bmatrix} \\
&= \begin{bmatrix} n_x & o_x & a_x \\ n_y & o_y & a_y \\ n_z & o_z & a_z \end{bmatrix}
\end{aligned} \tag{2.8}
$$

假如旋转矩阵已知，根据式（2.8）可以求解 RPY 角，即

$$
\begin{cases} \beta = \arctan 2(-n_z, \sqrt{n_x^2 + n_y^2}) \\ \alpha = \arctan 2(n_y, n_x) \\ \gamma = \arctan 2(o_z, a_z) \end{cases} \tag{2.9}
$$

式中，arctan2 为双变量反正切函数。为保证旋转矩阵与 RPY 角一一对应，一般取$-90°\leqslant\beta\leqslant 90°$的解。但当$\beta = \pm 90°$时，式（2.9）发生退化，此时通常选择令$\alpha = 0°$，求解公式为

$$
\begin{cases} \beta = 90° \\ \alpha = 0° \\ \gamma = \arctan 2(o_x, o_y) \end{cases} \tag{2.10}
$$

$$
\begin{cases} \beta = -90° \\ \alpha = 0° \\ \gamma = -\arctan 2(o_x, o_y) \end{cases} \tag{2.11}
$$

### 2.2.2　*z-y-x* 欧拉角

用 *z-y-x* 欧拉角描述刚体姿态的原理解释如下：从与参考坐标系$\{A\}$重合的坐标系开始，首先围绕$\{A\}$系的 $z$ 轴旋转 $\alpha$ 角，得到一个坐标系$\{A'\}$；然后绕$\{A'\}$系的 $y$ 轴旋转 $\beta$ 角，得到坐标系$\{A''\}$；最后绕$\{A''\}$系的 $x$ 轴旋转 $\gamma$ 角，得到坐标系$\{A'''\}$，即坐标系$\{B\}$。

因为三次转动都是相对于运动坐标系，根据“从左向右”的原则，得到 $z$-$y$-$x$ 欧拉角对应的旋转矩阵为

$$
\begin{aligned}
{}^{A}\boldsymbol{R}_{B}(\alpha,\beta,\gamma) &= \boldsymbol{R}(z,\alpha)\boldsymbol{R}(y,\beta)\boldsymbol{R}(x,\gamma) \\
&= \begin{bmatrix} \cos\alpha & -\sin\alpha & 0 \\ \sin\alpha & \cos\alpha & 0 \\ 0 & 0 & 1 \end{bmatrix} \begin{bmatrix} \cos\beta & 0 & \sin\beta \\ 0 & 1 & 0 \\ -\sin\beta & 0 & \cos\beta \end{bmatrix} \begin{bmatrix} 1 & 0 & 0 \\ 0 & \cos\gamma & -\sin\gamma \\ 0 & \sin\gamma & \cos\gamma \end{bmatrix} \\
&= \begin{bmatrix} n_x & o_x & a_x \\ n_y & o_y & a_y \\ n_z & o_z & a_z \end{bmatrix}
\end{aligned} \tag{2.12}
$$

## 2.2.3 $z$-$y$-$z$ 欧拉角

与 $z$-$y$-$x$ 欧拉角表示法类似，用 $z$-$y$-$z$ 欧拉角描述刚体姿态的原理为：从与参考坐标系$\{A\}$重合的坐标系开始，首先绕$\{A\}$系的 $z$ 轴旋转 $\alpha$ 角，得到一个坐标系$\{A'\}$；然后绕$\{A'\}$系的 $y$ 轴旋转 $\beta$ 角，得到坐标系$\{A''\}$；最后，绕$\{A''\}$系的 $z$ 轴旋转 $\gamma$ 角，获得坐标系$\{A'''\}$，即坐标系$\{B\}$。

因为转动都是相对于运动坐标系，根据“从左向右”的原则，得到 $z$-$y$-$z$ 欧拉角对应的旋转矩阵为

$$
\begin{aligned}
{}^{A}\boldsymbol{R}_{B}(\alpha,\beta,\gamma) &= \boldsymbol{R}(z,\alpha)\boldsymbol{R}(y,\beta)\boldsymbol{R}(z,\gamma) \\
&= \begin{bmatrix} \cos\alpha & -\sin\alpha & 0 \\ \sin\alpha & \cos\alpha & 0 \\ 0 & 0 & 1 \end{bmatrix} \begin{bmatrix} \cos\beta & 0 & \sin\beta \\ 0 & 1 & 0 \\ -\sin\beta & 0 & \cos\beta \end{bmatrix} \begin{bmatrix} \cos\gamma & -\sin\gamma & 0 \\ \sin\gamma & \cos\gamma & 0 \\ 0 & 0 & 1 \end{bmatrix} \\
&= \begin{bmatrix} n_x & o_x & a_x \\ n_y & o_y & a_y \\ n_z & o_z & a_z \end{bmatrix}
\end{aligned} \tag{2.13}
$$

由 $z$-$y$-$x$ 欧拉角和 $z$-$y$-$z$ 欧拉角获取 $\alpha$、$\beta$、$\gamma$ 的方法与 RPY 角表示法相同，这里仅给出 $z$-$y$-$z$ 欧拉角的解作为说明。

如果 $\sin\beta \neq 0$，有

$$
\begin{cases} \beta = \arctan 2\left(\sqrt{n_z^2 + o_z^2}, a_z\right) \\ \alpha = \arctan 2(a_y, a_x) \\ \gamma = \arctan 2(o_z, -n_z) \end{cases} \tag{2.14}
$$

为保证旋转矩阵与 $z$-$y$-$z$ 欧拉角一一对应，一般取 $0° \leqslant \beta \leqslant 180°$ 的解，但当 $\beta = 0°$ 或 $180°$ 时，式（2.14）发生退化，此时通常令 $\alpha = 0°$，有

$$\begin{cases}\beta = 0^\circ \\ \alpha = 0^\circ \\ \gamma = \arctan 2(-o_x, n_x)\end{cases} \tag{2.15}$$

$$\begin{cases}\beta = 180^\circ \\ \alpha = 0^\circ \\ \gamma = \arctan 2(o_x, -n_x)\end{cases} \tag{2.16}$$

需要注意的是，RPY 角的定义是相对于固定坐标系旋转的，而欧拉角的定义是相对于运动坐标系旋转的，二者都是以一定的顺序绕坐标轴旋转三次得到姿态的描述。以上两种描述刚体姿态的方法在机器人学中应用最为广泛。

## 2.3　机器人正向运动学

机器人正向运动学是指通过对机器人连杆之间的几何关系进行参数化描述，以根据机器人的关节输入获得末端 TCP 的位姿。本节介绍 D-H 和 MD-H 机器人领域常用的两种建模方法，以建立工业机器人的正向运动学方程。

### 2.3.1　机器人 D-H 模型

Denavit 和 Hartenberg 于 1955 年提出了一种对机器人的空间位姿进行表示和建模的方法，并且推出了机器人的运动学方程，称为 Denavit-Hartenberg 模型（简称 D-H 模型）。D-H 模型对机器人本身的结构特征没有要求，是一种经典的机器人运动学建模方法。

在建立机器人运动学模型之前，需要为每个连杆指定一个参考坐标系，称为连杆坐标系。图 2.3 表示了三个连杆，连杆 $i-1$ 位于关节 $i-1$ 和 $i$ 之间，连杆 $i$ 位于关节 $i$ 和 $i+1$ 之间。建立各连杆坐标系的步骤如下所述。

#### 1. 确定各连杆的 $z$ 轴

所有关节都用 $z$ 轴表示。对于转动关节，$z$ 轴正方向为按右手法则的顺时针方向；对于移动关节，$z$ 轴为沿直线运动的方向。每种情况下，关节 $i$ 处的 $z$ 轴（以及该连杆坐标系）的下标为 $i$。通过这个简单的规则可以很快地确定所有关节的 $z$ 轴。对于转动关节，绕 $z$ 轴的旋转角度是关节变量；对于移动关节，沿 $z$ 轴的连杆长度是关节变量。

#### 2. 确定各连杆的 $x$ 轴和连杆坐标系原点

通常相邻两关节不一定平行或相交，因此它们之间总存在一条距离最短的公垂线，将该公垂线从 $z_{i-1}$ 指向 $z_i$ 的方向定义为 $x_i$ 的正方向，公垂线与 $z_i$ 的交点即

为连杆坐标系原点 $o_i$。

当相邻两关节的 $z$ 轴平行时，$z_{i-1}$ 和 $z_i$ 之间存在无数条公垂线，此时可选择与前一关节的公垂线共线的一条公垂线为 $x_i$ 轴以简化模型。

当相邻两关节的 $z$ 轴相交时，$z_{i-1}$ 和 $z_i$ 之间不存在公垂线，此时可将垂直于两条轴线构成的平面的直线定义为 $x_i$ 轴，并且将交点定为原点 $o_i$。

**3. 确定各连杆的 $y$ 轴**

根据以上步骤得到的 $z$ 轴和 $x$ 轴，利用右手法则即可确定出各连杆对应的 $y$ 轴。

值得一提的是，利用 D-H 方法建立各连杆坐标系时，如果某步骤不能按照基本原则进行唯一确定，总是选择使得更多的参数为零的方式来建立坐标轴，以简化机器人运动学模型，特别是当建立首、末两个连杆坐标系时。

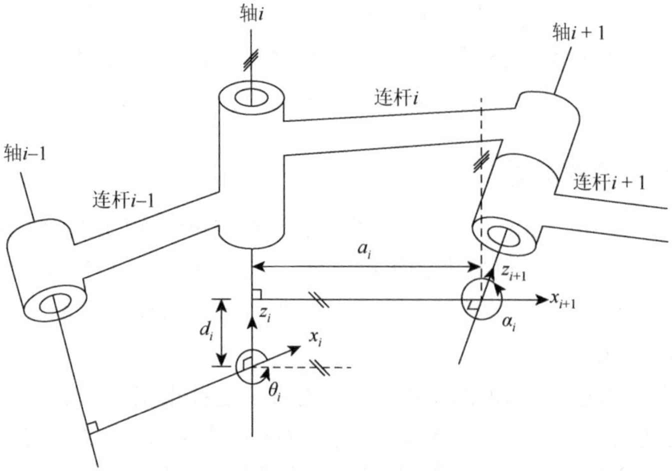


图 2.3　连杆坐标系与运动学参数

按照上述方法建立各连杆坐标系后，就可以确定用于描述相邻连杆坐标系间位姿关系的 4 个参数。由上述连杆坐标系$\{i\}$可将机器人运动学参数描述如下。

（1）关节转角 $\theta_i$：从 $x_{i-1}$ 到 $x_i$ 绕着 $z_i$ 轴旋转的角度，按照右手法则逆时针方向为正。

（2）连杆偏置 $d_i$：从 $x_{i-1}$ 到 $x_i$ 沿着 $z_i$ 轴移动的距离，沿着 $z_i$ 轴正方向移动为正。

（3）关节扭角 $\alpha_i$：从 $z_i$ 到 $z_{i+1}$ 绕着 $x_{i+1}$ 轴旋转的角度，按照右手法则逆时针为正。

（4）连杆长度 $a_i$：从 $z_i$ 到 $z_{i+1}$ 沿着 $x_{i+1}$ 轴移动的距离，沿着 $x_{i+1}$ 轴正方向移动为正。

由以上分析可知，D-H 模型包含的 4 个参数中的 $a_i$ 和 $\alpha_i$ 用来描述连杆的形状；另外两个参数 $\theta_i$ 和 $d_i$ 用来描述相邻连杆间的相对位置，并且这两个参数与关节的类型密切相关：当关节为转动关节时，$d_i$ 为常量，而 $\theta_i$ 为变量；当关节为移动关节时，$\theta_i$ 为常量，而 $d_i$ 为变量。

在建立起机器人各连杆坐标系后，按照如下的步骤就可以将一个连杆坐标系转换到下一个连杆坐标系。以从坐标系 $\{i\}$ 到坐标系 $\{i+1\}$ 为例，其转换过程如下所述。

（1）连杆坐标系 $\{i\}$ 绕 $z_i$ 轴旋转 $\theta_i$ 角，使得轴 $x_i$ 与 $x_{i+1}$ 相互平行。

（2）沿着 $z_i$ 轴移动距离 $d_i$，使得轴 $x_i$ 与 $x_{i+1}$ 共线。因为此时 $x_i$ 与 $x_{i+1}$ 已经平行且垂直于 $z_i$，所以沿着 $z_i$ 移动可以使这两轴相互重叠在一起。

（3）沿着 $x_i$ 轴平移距离 $a_i$，使得两个坐标系 $i$ 和 $i+1$ 的原点重合。

（4）将 $z_i$ 轴绕 $x_i$ 轴转动 $\alpha_i$，使得 $z_i$ 与 $z_{i+1}$ 轴重合。此时两个坐标系 $i$ 和 $i+1$ 完全重合在一起。

上述四个变换都是相对于运动坐标系进行描述的，根据“从左向右”的原则，描述连杆坐标系 $\{i+1\}$ 相对于连杆坐标系 $\{i\}$ 的空间位姿变换 ${}^{i}\boldsymbol{T}_{i+1}$ 可以表示为

$$\begin{aligned}{}^{i}\boldsymbol{T}_{i+1} &= \boldsymbol{T}_{\text{rot}}(z,\theta_i)\ \boldsymbol{T}_{\text{trans}}(z,d_i)\ \boldsymbol{T}_{\text{trans}}(x,a_i)\ \boldsymbol{T}_{\text{rot}}(x,\alpha_i) \\ &= \begin{bmatrix} \cos\theta_i & -\sin\theta_i\cos\alpha_i & \sin\theta_i\sin\alpha_i & a_i\cos\theta_i \\ \sin\theta_i & \cos\theta_i\cos\alpha_i & -\cos\theta_i\sin\alpha_i & a_i\sin\theta_i \\ 0 & \sin\alpha_i & \cos\alpha_i & d_i \\ 0 & 0 & 0 & 1 \end{bmatrix}\end{aligned} \tag{2.17}$$

式中，$\boldsymbol{T}_{\text{rot}}$ 和 $\boldsymbol{T}_{\text{trans}}$ 分别表示齐次旋转和齐次平移变换矩阵，分别为

$$\boldsymbol{T}_{\text{rot}}(\ell,\theta) = \begin{bmatrix} \boldsymbol{R}(\ell,\theta) & \boldsymbol{0}_{3\times1} \\ \boldsymbol{0}_{1\times3} & 1 \end{bmatrix},\quad \ell = x, y, z \tag{2.18}$$

$$\boldsymbol{T}_{\text{trans}}(z,d) = \begin{bmatrix} 0&0&0&0 \\ 0&0&0&0 \\ 0&0&0&d \\ 0&0&0&1 \end{bmatrix},\quad \boldsymbol{T}_{\text{trans}}(y,d) = \begin{bmatrix} 0&0&0&0 \\ 0&0&0&d \\ 0&0&0&0 \\ 0&0&0&1 \end{bmatrix},\quad \boldsymbol{T}_{\text{trans}}(x,d) = \begin{bmatrix} 0&0&0&d \\ 0&0&0&0 \\ 0&0&0&0 \\ 0&0&0&1 \end{bmatrix} \tag{2.19}$$

将形如式（2.17）的各连杆变换矩阵依次相乘，可得到机器人正向运动学模型，即末端 TCP 相对于机器人基坐标系的位姿变换矩阵为

$${}^{0}\boldsymbol{T}_n = {}^{0}\boldsymbol{T}_1\,{}^{1}\boldsymbol{T}_2\cdots{}^{n-1}\boldsymbol{T}_n = \begin{bmatrix} {}^{0}\boldsymbol{n}_n & {}^{0}\boldsymbol{o}_n & {}^{0}\boldsymbol{a}_n & {}^{0}\boldsymbol{p}_n \\ 0 & 0 & 0 & 1 \end{bmatrix} = \begin{bmatrix} {}^{0}\boldsymbol{R}_n & {}^{0}\boldsymbol{p}_n \\ \boldsymbol{0}_{1\times3} & 1 \end{bmatrix} \tag{2.20}$$

式中，${}^{0}\boldsymbol{R}_n = \begin{bmatrix} {}^{0}\boldsymbol{n}_n & {}^{0}\boldsymbol{o}_n & {}^{0}\boldsymbol{a}_n \end{bmatrix}$ 称为机器人末端 TCP 的姿态旋转矩阵，其每一列元素分别为连杆坐标系 $\{n\}$ 的 $x$ 轴、$y$ 轴和 $z$ 轴在连杆坐标系 $\{0\}$ 下的投影；${}^{0}\boldsymbol{p}_n$ 为机器人末端 TCP 的位置矢量，即连杆坐标系 $\{n\}$ 的原点 $o_n$ 在连杆坐标系 $\{0\}$ 中的位置坐标；$n$ 为机器人的自由度数。

## 2.3.2 机器人 MD-H 模型

应当指出，当相邻两关节轴线平行时，若存在平行度误差，理论 D-H 模型将出现奇异现象，如图 2.4 所示。当实际的关节 $i+1$ 的轴线与其理论轴线存在一个绕 $y_{i+1}$ 轴的微小转角 $\beta_i$ 时，根据 D-H 模型的定义，坐标系{$i+1$}的原点将突变至关节 $i+1$ 的实际轴线与关节 $i$ 的轴线的交点，此时理论的连杆长度 $a_i$ 将突变为 0；同时，关节偏置 $d_i$ 也将由理论上的 0 突变为 $a_i/\tan\beta_i$，由于 $\beta_i$ 是微小转角，$\tan\beta_i \approx \beta_i \approx 0$，$d_i$ 将趋于∞。因此，D-H 模型无法使运动学参数满足微分变换的微小位移假设。

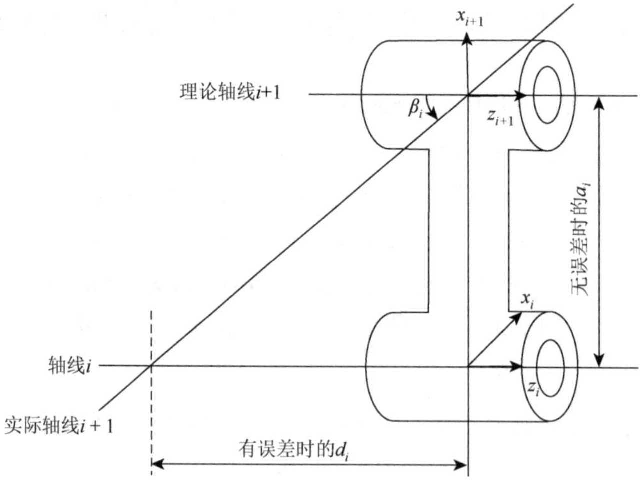


图 2.4 相邻关节轴线平行时 D-H 模型的奇异现象

为解决这一问题，出现了修正的 D-H 模型，即 MD-H 模型，在 D-H 模型的基础上引入一个绕坐标系{$i+1$}的 $y$ 轴的转角 $\beta_i$。当相邻关节轴线间平行时参数 $d_i$ 为零，当相邻关节轴线间不平行时参数 $\beta_i$ 为零。此时式（2.17）变为

$$
\begin{aligned}
{}^{i}\boldsymbol{T}_{i+1} &= \boldsymbol{T}_{\text{rot}}(z,\theta_i)\ \boldsymbol{T}_{\text{trans}}(z,d_i)\ \boldsymbol{T}_{\text{trans}}(x,a_i)\ \boldsymbol{T}_{\text{rot}}(x,\alpha_i)\ \boldsymbol{T}_{\text{rot}}(y,\beta_i) \\
&= \begin{bmatrix} c\theta_i c\beta_i - s\theta_i s\alpha_i s\beta_i & -s\theta_i c\alpha_i & c\theta_i s\beta_i + s\theta_i s\alpha_i c\beta_i & a_i c\theta_i \\ s\theta_i c\beta_i + s\alpha_i c\theta_i s\beta_i & c\theta_i c\alpha_i & s\theta_i s\beta_i - s\alpha_i c\theta_i c\beta_i & a_i s\theta_i \\ -c\alpha_i s\beta_i & s\alpha_i & c\alpha_i c\beta_i & d_i \\ 0 & 0 & 0 & 1 \end{bmatrix}
\end{aligned} \tag{2.21}
$$

式中，$c$ 表示余弦函数 cos；$s$ 表示正弦函数 sin。

转角 $\beta_i$ 的理论值为 0，当出现误差时，两关节的平行度误差可以通过 $\beta_i$ 的微小转角进行数学描述，不会出现连杆坐标系原点和运动学参数发生突变的情况，因此 MD-H 模型能够满足微小位移假设。

【例 2-1】　如图 2.5 所示为 KUKA　KR210 工业机器人示意图，A2 与 A3 关节轴线平行，A4、A5 和 A6 关节轴线交于一点，称为腕部点，腕部点与 A1 关节轴构成的平面与 A2、A3 关节轴线垂直。该工业机器人的结构尺寸与运动包络线如图 2.6（a）所示，其连杆坐标系如图 2.6（b）所示。值得注意的是，在图 2.6（b）中，机器人首末两端的坐标系并不是连杆坐标系，因此这两个坐标系按照 KUKA 工业机器人系统的约定进行定义。坐标系{0}代表机器人的基坐标系，原点在机器人底面中心，$z_0$ 轴竖直向上，$x_0$ 轴在机器人默认 HOME 位姿，即各关节角度为（0°, −90°, 90°, 0°, 0°, 0°）时，与 $x_1$ 轴平行且方向一致。坐标系{$f$}代表机器人的法兰盘，原点在法兰盘平面中心，$z_f$ 轴垂直于法兰盘平面且指向机器人外部，$x_f$ 轴在机器人默认 HOME 位姿时竖直向下。试利用 D-H 方法建立 KUKA KR210 工业机器人的正向运动学模型。

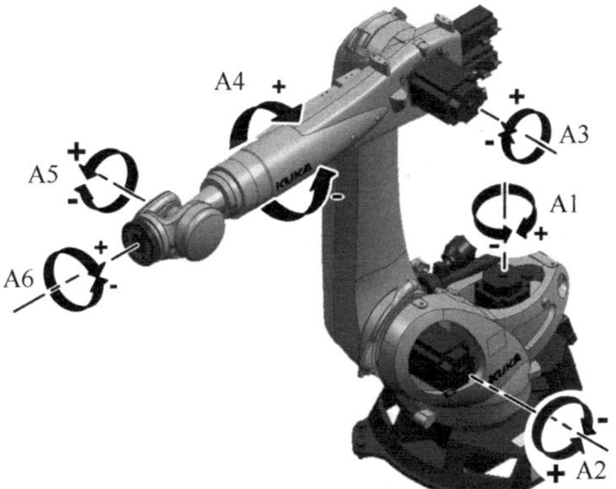


图 2.5　典型 KUKA KR210 工业机器人及其各关节转角

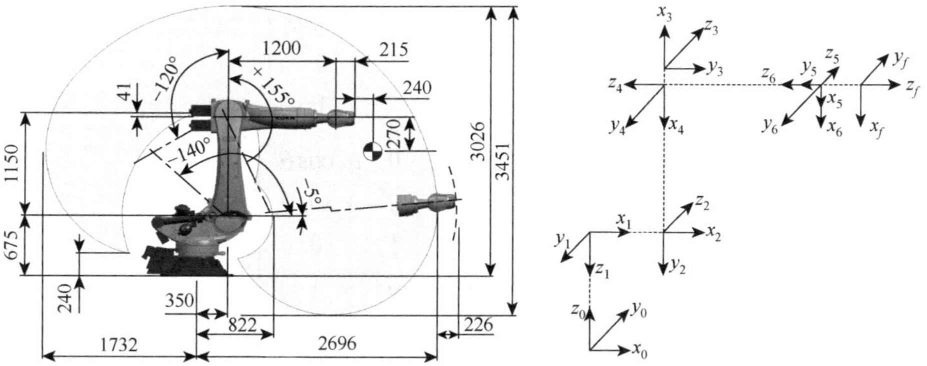


(a) KUKA KR210工业机器人尺寸图　　(b) 机器人连杆坐标系

图 2.6　机器人尺寸与关节坐标系示意图

单位：mm

**解** 由图 2.6 可以得到该型 KUKA 工业机器人的连杆参数，如表 2.1 所示，其中 $\theta_3$ 附加的 90°是由于 KUKA 工业机器人所设定的 A3 轴 0 位与 D-H 运动学参数定义相差 90°。

**表 2.1 KUKA KR210 工业机器人运动学参数**

| 序号 | 连杆扭角 $\alpha_i$/(°) | 连杆偏置 $d_i$/mm | 关节转角 $\theta_i$/(°) | 连杆长度 $a_i$/mm |
|---|---|---|---|---|
| 0 | 180 | 675 | 0 | 0 |
| 1 | 90 | 0 | $\theta_1$ | 350 |
| 2 | 0 | 0 | $\theta_2$ | 1150 |
| 3 | −90 | 0 | $\theta_3$ +90 | 41 |
| 4 | 90 | −1200 | $\theta_4$ | 0 |
| 5 | −90 | 0 | $\theta_5$ | 0 |
| 6 | 180 | −215 | $\theta_6$ | 0 |

将表 2.1 所示的机器人运动学参数代入式（2.17），得到相邻连杆坐标系之间的齐次变换矩阵为

$$ {}^{0}\boldsymbol{T}_1=\begin{bmatrix} 1 & 0 & 0 & 0 \\ 0 & -1 & 0 & 0 \\ 0 & 0 & -1 & d_0 \\ 0 & 0 & 0 & 1 \end{bmatrix} \tag{2.22} $$

$$ {}^{1}\boldsymbol{T}_2=\begin{bmatrix} \cos\theta_1 & 0 & \sin\theta_1 & a_1\cos\theta_1 \\ \sin\theta_1 & 0 & -\cos\theta_1 & a_1\sin\theta_1 \\ 0 & 1 & 0 & 0 \\ 0 & 0 & 0 & 1 \end{bmatrix} \tag{2.23} $$

$$ {}^{2}\boldsymbol{T}_3=\begin{bmatrix} \cos\theta_2 & -\sin\theta_2 & 0 & a_2\cos\theta_2 \\ \sin\theta_2 & \cos\theta_2 & 0 & a_2\sin\theta_2 \\ 0 & 0 & 1 & 0 \\ 0 & 0 & 0 & 1 \end{bmatrix} \tag{2.24} $$

$$ {}^{3}\boldsymbol{T}_4=\begin{bmatrix} -\sin\theta_3 & 0 & \cos\theta_3 & -a_3\sin\theta_3 \\ \cos\theta_3 & 0 & \sin\theta_3 & a_3\cos\theta_3 \\ 0 & 1 & 0 & 0 \\ 0 & 0 & 0 & 1 \end{bmatrix} \tag{2.25} $$

$$
{}^{4}\boldsymbol{T}_5=\begin{bmatrix}\cos\theta_4 & 0 & \sin\theta_4 & 0\\ \sin\theta_4 & 0 & -\cos\theta_4 & 0\\ 0 & 1 & 0 & d_4\\ 0 & 0 & 0 & 1\end{bmatrix} \tag{2.26}
$$

$$
{}^{5}\boldsymbol{T}_6=\begin{bmatrix}\cos\theta_5 & 0 & -\sin\theta_5 & 0\\ \sin\theta_5 & 0 & \cos\theta_5 & 0\\ 0 & -1 & 0 & 0\\ 0 & 0 & 0 & 1\end{bmatrix} \tag{2.27}
$$

$$
{}^{6}\boldsymbol{T}_f=\begin{bmatrix}\cos\theta_6 & \sin\theta_6 & 0 & 0\\ \sin\theta_6 & -\cos\theta_6 & 0 & 0\\ 0 & 0 & -1 & d_6\\ 0 & 0 & 0 & 1\end{bmatrix} \tag{2.28}
$$

将式（2.22）～式（2.28）代入式（2.20），得到 KUKA KR210 工业机器人的正向运动学模型为

$$
{}^{0}\boldsymbol{T}_f={}^{0}\boldsymbol{T}_1{}^{1}\boldsymbol{T}_2\cdots{}^{6}\boldsymbol{T}_f=\begin{bmatrix}n_x & o_x & a_x & p_x\\ n_y & o_y & a_y & p_y\\ n_z & o_z & a_z & p_z\\ 0 & 0 & 0 & 1\end{bmatrix} \tag{2.29}
$$

式中

$$
\begin{cases}
n_x=c_1s_{23}(s_4s_6-c_4c_5c_6)+s_1(s_4c_5c_6+c_4s_6)+c_1c_{23}s_5c_6\\
n_y=s_1s_{23}(c_4c_5c_6-s_4s_6)+c_1(s_4c_5c_6+c_4s_6)-s_1c_{23}s_5c_6\\
n_z=c_{23}(s_4s_6-c_4c_5c_6)-s_{23}s_5c_6\\
o_x=s_1(s_4c_5s_6-c_4c_6)-c_1s_{23}(c_4c_5s_6+s_4c_6)+c_1c_{23}s_5s_6\\
o_y=s_1s_{23}(c_4c_5s_6+s_4c_6)+c_1(s_4c_5s_6-c_4c_6)-s_1c_{23}s_5s_6\\
o_z=-c_{23}(c_4c_5s_6+s_4c_6)-s_{23}s_5s_6\\
a_x=s_1s_4s_5-c_1s_{23}c_4s_5-c_1c_{23}c_5\\
a_y=s_1s_{23}c_4s_5+c_1s_4s_5+s_1c_{23}c_5\\
a_z=s_{23}c_5-c_{23}c_4s_5\\
p_x=c_1(a_1+a_2c_2-a_3s_{23})-c_1c_{23}(d_4+d_6c_5)+d_6c_1s_{23}c_4s_5+d_6s_1s_4s_5\\
p_y=s_1c_{23}(d_4+d_6c_5)-s_1(a_1+a_2c_2-a_3s_{23})-d_6s_1s_{23}c_4s_5+d_6c_1s_4s_5\\
p_z=s_{23}(d_4+d_6c_5)+d_6c_{23}c_4s_5-a_3c_{23}-a_2s_2+d_0
\end{cases} \tag{2.30}
$$

式中，$c_i$ 表示 $\cos\theta_i$；$s_i$ 表示 $\sin\theta_i$；$c_{23}$ 表示 $\cos(\theta_2+\theta_3)$；$s_{23}$ 表示 $\sin(\theta_2+\theta_3)$。机器人末端 TCP 位置向量由 $[p_x \quad p_y \quad p_z]^{\mathrm{T}}$ 表示，姿态向量由式（2.30）求解得到。

## 2.4 机器人逆向运动学

机器人的逆向运动学又称为机器人的运动学逆解，即根据给定的机器人末端TCP相对于基坐标系的位姿求解各个关节相应的转动角度（相对于转动关节）和移动的长度（相对于移动关节）。从工程实际应用的角度而言，机器人的逆向运动学求解比正向运动学求解往往更具实际意义，但是逆向运动学求解比正向运动学求解更为复杂。对于正向运动学求解，只存在一组解；而逆向运动学求解往往存在多组解，即给定机器人末端的位姿后，往往存在多组关节变量值。本节主要以典型KUKA工业机器人为研究对象，讨论六自由度旋转关节串联工业机器人的逆向运动学求解方法。

### 2.4.1 含有关节约束的唯一封闭解求解方法

机器人逆向运动学求解的方法有很多，大致可以分为几何法、反变换法、数值法和代数法等。一般而言，大多数六自由度串联机器人的运动学逆解没有封闭的代数解，只有满足如下两个充分条件之一的工业机器人才有封闭解：

（1）三个相邻关节轴交于一点；

（2）三个相邻关节轴相互平行。

上述条件被称为Pieper准则。只要满足两个条件中的一个，就可以用代数法求得该机器人的解析解。典型KUKA工业机器人的A4、A5和A6轴交于一点，满足条件（1）的要求，因此可以通过代数法进行逆向求解。

满足第一个条件的六自由度机器人的逆向运动学模型求解思路如下所述。

（1）根据机器人末端TCP的位置和姿态逆解出机器人腕部点的位置，继而求解得到A1轴的转角 $\theta_1$。

（2）由于A2轴与A3轴平行，连杆2和连杆3可以视为平面双连杆机构，根据平面双连杆机构的求解方法求解得到 $\theta_2$ 和 $\theta_3$。

（3）由于机器人末端TCP的姿态是由交于腕部点的三个相邻轴的旋转得到的，该姿态的旋转矩阵可以视为这三轴转角的 $z$-$y$-$z$ 欧拉角所对应的旋转矩阵，进而可以根据 $z$-$y$-$z$ 欧拉角的求解方法计算 $\theta_4$、$\theta_5$ 和 $\theta_6$。

然而，根据上述求解方法求得的机器人运动学逆解往往有多个，有时需要根据机器人末端位姿确定唯一的运动学逆解。该问题可以通过耦合关节约束的方法进行解决。对于六自由度转动关节串联机器人，最多可能有8种运动学逆解，因此可定义一个3位二进制状态量 $s(s_2s_1s_0)$ 约束机器人的关节转角，实现唯一封闭解的确定。

机器人关节约束状态量 $s$ 各位所代表的含义如表2.2所示。其中，$s_0$ 确定了 $\theta_1$

的符号；$s_1$确定了$\theta_3$的符号，同时确定了$\theta_2$的大小；$s_2$确定了$\theta_5$的符号，随即确定了$\theta_4$和$\theta_6$的大小；$\phi$的大小随机器人结构的不同而有所区别，定义为腕部点与A3轴原点的连线和腕部点与A4轴原点的连线的夹角，其具体大小与A3轴和A4轴在竖直方向上的偏置距离有关。

**表 2.2　关节约束状态量的定义**

| 值 | $s_2$ | $s_1$ | $s_0$ |
|---|---|---|---|
| 0 | $0° \leqslant \theta_5 < 180°$ 或 $\theta_5 < -180°$ | $\theta_3 < \phi$ | 腕部点在连杆坐标系{1}的$x$轴的正方向 |
| 1 | $-180° \leqslant \theta_5 < 0°$ 或 $\theta_5 \geqslant 180°$ | $\theta_3 \geqslant \phi$ | 腕部点在连杆坐标系{1}的$x$轴的负方向 |

## 2.4.2　典型KUKA工业机器人的逆向运动学模型

通过关节约束状态量，可以把机器人某一末端位姿所对应的全部封闭逆解求解出来，同时能够根据定义不同的状态量，获取希望得到的唯一封闭解。下面通过建立典型KUKA工业机器人的运动学逆解，以实例讨论耦合关节约束的唯一封闭解求解方法。不失一般性，假设关节约束状态量为$s(s_2s_1s_0)$，机器人法兰坐标系$\{f\}$相对于基坐标系{0}的位姿变换矩阵为

$$
{}^{0}\boldsymbol{T}_f = \begin{bmatrix} n_x & o_x & a_x & p_x \\ n_y & o_y & a_y & p_y \\ n_z & o_z & a_z & p_z \\ 0 & 0 & 0 & 1 \end{bmatrix} \tag{2.31}
$$

### 1. 求解$\theta_1$

由于腕部点是A4轴、A5轴和A6轴的交点，因此$\theta_4$、$\theta_5$和$\theta_6$对腕部点相对于机器人基坐标系的位置没有影响。由图2.6（b）可知，典型KUKA工业机器人的腕部点为连杆坐标系{5}和连杆坐标系{6}的原点，因此可以通过计算这两个坐标系的位姿，确定腕部点的位置。连杆坐标系{6}相对于机器人基坐标系{0}的位姿为

$$
\begin{aligned}
{}^{0}\boldsymbol{T}_6 &= {}^{0}\boldsymbol{T}_f \, {}^{6}\boldsymbol{T}_f^{-1} \\
&= \begin{bmatrix} n'_x & o'_x & a'_x & p'_x \\ n'_y & o'_y & a'_y & p'_y \\ n'_z & o'_z & a'_z & p'_z \\ 0 & 0 & 0 & 1 \end{bmatrix}
\end{aligned} \tag{2.32}
$$

将式（2.28）代入式（2.32），即可计算得到腕部点相对于机器人基坐标系{0}

的位置为

$$
{}^{0}\boldsymbol{p}_6=\begin{bmatrix} p'_x \\ p'_y \\ p'_z \end{bmatrix}=\begin{bmatrix} a_x d_6+p_x \\ a_y d_6+p_y \\ a_z d_6+p_z \end{bmatrix} \tag{2.33}
$$

由于腕部点在机器人基坐标系{0}的 $xy$ 平面上的投影仅与 A1 轴的转动有关，可以计算出 $\theta_1$ 的值。

当 $s_0=0$ 时，有

$$
\theta_1=-\arctan2(p'_y,p'_x) \tag{2.34}
$$

当 $s_0=1$ 时，有

$$
\theta_1=\begin{cases} -\arctan2(p'_y,p'_x)-\pi, & \arctan2(p'_y,p'_x)>0 \\ -\arctan2(p'_y,p'_x)+\pi, & \arctan2(p'_y,p'_x)\leqslant 0 \end{cases} \tag{2.35}
$$

**2. 求解 $\theta_2$ 和 $\theta_3$**

根据求得的 $\theta_1$，可以得到腕部点相对于连杆坐标系{2}的位置坐标为

$$
\begin{aligned}
{}^{2}\boldsymbol{p}_6&=({}^{0}\boldsymbol{T}_1{}^{1}\boldsymbol{T}_2)^{-1}\,{}^{0}\boldsymbol{p}_6 \\
&=\begin{bmatrix} p'_x c_1-p'_y s_1-a_1 \\ -p'_z+d_0 \\ p'_x s_1+p'_y c_1 \end{bmatrix}
\end{aligned} \tag{2.36}
$$

进一步地，通过计算可得连杆坐标系{5}相对于连杆坐标系{2}的位姿为

$$
{}^{2}\boldsymbol{T}_5={}^{2}\boldsymbol{T}_3{}^{3}\boldsymbol{T}_4{}^{4}\boldsymbol{T}_5=\begin{bmatrix} -c_4 s_{23} & -c_{23} & -s_{23}s_4 & a_2c_2-c_{23}d_4-a_3s_{23} \\ c_{23}c_4 & -s_{23} & s_4c_{23} & a_3c_{23}+a_2s_2-d_4s_{23} \\ -s_4 & 0 & c_4 & 0 \\ 0 & 0 & 0 & 1 \end{bmatrix} \tag{2.37}
$$

由于 ${}^{2}\boldsymbol{p}_5={}^{2}\boldsymbol{p}_6$，有

$$
\begin{bmatrix} a_2c_2-c_{23}d_4-a_3s_{23} \\ a_3c_{23}+a_2s_2-d_4s_{23} \\ 0 \end{bmatrix}=\begin{bmatrix} p'_x c_1-p'_y s_1-a_1 \\ -p'_z+d_0 \\ p'_x s_1+p'_y c_1 \end{bmatrix} \tag{2.38}
$$

令

$$
l_3=\sqrt{a_3^{\ 2}+d_4^{\ 2}} \tag{2.39}
$$

$$
k_1=p'_x c_1-p'_y s_1-a_1 \tag{2.40}
$$

$$
k_2=-p'_z+d_0 \tag{2.41}
$$

$$
k_3=\sqrt{k_1^{\ 2}+k_2^{\ 2}} \tag{2.42}
$$

若$(|a_2|+l_3)<k_3$，或者$||a_2|-l_3|>k_3$，则在给定关节约束下机器人末端法兰盘位姿不可达，此时逆向运动学无解。

令

$$\phi=\arctan2(|a_3|,|d_4|) \tag{2.43}$$

$$\phi_1=\arctan2(k_2,k_1) \tag{2.44}$$

$$\phi_2=\arccos\left(\frac{a_2^2+k_3^2-l_3^2}{2a_2k_3}\right) \tag{2.45}$$

$$\phi_3=\phi_2+\arccos\left(\frac{l_3^2+k_3^2-a_2^2}{2l_3k_3}\right) \tag{2.46}$$

当$s_1=0$时，有

$$\theta_2=\phi_1+\phi_2 \tag{2.47}$$

$$\theta_3=\begin{cases}\phi-\phi_3, & a_3<0\\ -\phi-\phi_3, & a_3\geqslant 0\end{cases} \tag{2.48}$$

当$s_1=1$时，有

$$\theta_2=\phi_1-\phi_2 \tag{2.49}$$

$$\theta_3=\begin{cases}\phi+\phi_3, & a_3<0\\ -\phi+\phi_3, & a_3\geqslant 0\end{cases} \tag{2.50}$$

### 3. 求解$\theta_4$、$\theta_5$和$\theta_6$

根据求得的$\theta_1$、$\theta_2$和$\theta_3$可以计算得到连杆坐标系$\{4\}$相对于基坐标系$\{0\}$的位姿为

$$ {}^0\boldsymbol{T}_4=\begin{bmatrix}-c_1s_{23} & -s_1 & -c_1c_{23} & c_1(a_1+a_2c_2-a_3s_{23})\\ s_1s_{23} & -c_1 & s_1c_{23} & -s_1(a_1+a_2c_2-a_3s_{23})\\ -c_{23} & 0 & s_{23} & d_0-a_3c_{23}-a_2c_2\\ 0 & 0 & 0 & 1\end{bmatrix} \tag{2.51}$$

那么，机器人末端法兰坐标系$\{f\}$相对于连杆坐标系$\{4\}$的位姿为

$$ {}^4\boldsymbol{T}_f=({}^0\boldsymbol{T}_4)^{-1}\,{}^0\boldsymbol{T}_f=\begin{bmatrix}n''_x & o''_x & a''_x & p''_x\\ n''_y & o''_y & a''_y & p''_y\\ n''_z & o''_z & a''_z & p''_z\\ 0 & 0 & 0 & 1\end{bmatrix} \tag{2.52}$$

又根据连杆变换，得知机器人法兰坐标系$\{f\}$相对于连杆坐标系$\{4\}$的姿态所对应的旋转矩阵为

$$
{}^{4}\boldsymbol{R}_{f}=\begin{bmatrix} c_4c_5s_6-s_4s_6 & c_4c_5s_6+s_4c_6 & c_4s_5 \\ s_4c_5c_6+c_4s_6 & s_4c_5s_6-c_4c_6 & s_4s_5 \\ s_5c_6 & s_5s_6 & -c_5 \end{bmatrix} \tag{2.53}
$$

联立式（2.51）和式（2.52），即可参考 $z$-$y$-$z$ 欧拉角表示法求解 $\theta_4$、$\theta_5$ 和 $\theta_6$。

首先求解 $\theta_5$，当 $s_2=0$ 时，有

$$
\theta_5=\arccos a_z'' \tag{2.54}
$$

当 $s_2=1$ 时，有

$$
\theta_5=-\arccos a_z'' \tag{2.55}
$$

一般情况下，$\theta_4$ 和 $\theta_6$ 的计算公式为

$$
\theta_4=\arctan 2\left(\frac{a_y''}{s_5},\ \frac{a_x''}{s_5}\right) \tag{2.56}
$$

$$
\theta_6=\arctan 2\left(\frac{o_z''}{s_5},\ \frac{n_z''}{s_5}\right) \tag{2.57}
$$

当 $\theta_5=0$ 或 $\theta_5=\pi$ 时，式（2.56）和式（2.57）会发生退化现象，此时 $\theta_4$ 和 $\theta_6$ 的计算公式为

$$
\begin{cases} \theta_5=0 \\ \theta_4=0 \\ \theta_6=\arctan 2(n_y'',-o_y'') \end{cases} \tag{2.58}
$$

$$
\begin{cases} \theta_5=\pi \\ \theta_4=0 \\ \theta_6=\arctan 2(-n_y'',o_y'') \end{cases} \tag{2.59}
$$

至此，典型 KUKA 工业机器人的逆向运动学模型建立完成。

## 习　　题

2-1　简述什么是机器人的正运动学，什么是机器人的逆运动学。

2-2　如图 2.7 所示为一个坐标系$\{B\}$，它绕$\{A\}$系的 $z$ 轴旋转了 30°，沿$\{A\}$系的 $x$ 轴平移 10 个单位，再沿$\{A\}$系的 $y$ 轴平移 5 个单位。已知 ${}^{B}\boldsymbol{P}=[3\quad 7\quad 0]^{\mathrm{T}}$，求 ${}^{A}\boldsymbol{P}$。

2-3　已知坐标系$\{B\}$相对于坐标系$\{A\}$的位姿变换矩阵为

$$
{}^{A}\boldsymbol{T}_{B}=\begin{bmatrix} {}^{A}\boldsymbol{R}_{B} & {}^{A}\boldsymbol{P}_{BO} \\ \boldsymbol{0}_{1\times 3} & 1 \end{bmatrix}
$$

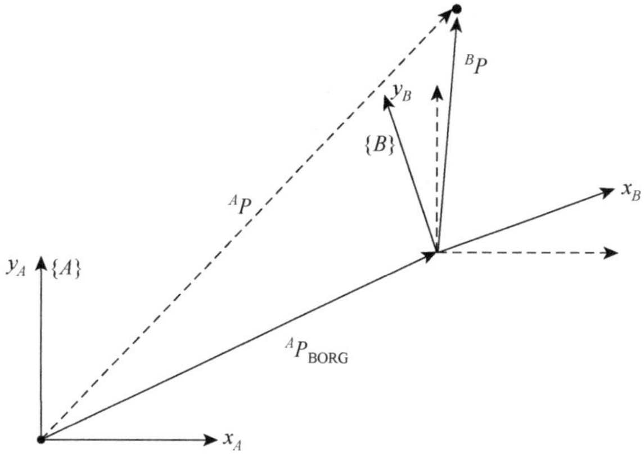


图 2.7　题 2-2 图

假设一个坐标系$\{B\}$，它绕$\{A\}$系的 $z$ 轴旋转了 30°，沿$\{A\}$系的 $x$ 轴平移 4 个单位，再沿$\{A\}$系的 $y$ 轴平移 3 个单位。求 $^A\boldsymbol{T}_B$。

2-4　已知某 KUKA 工业机器人末端 TCP 相对于基坐标系的位姿变换矩阵为

$$^0\boldsymbol{T}_6=\begin{bmatrix} n_x & o_x & a_x & p_x \\ n_y & o_y & a_y & p_y \\ n_z & o_z & a_z & p_z \\ 0 & 0 & 0 & 1 \end{bmatrix}$$

各连杆之间的齐次变换矩阵为

$$^0\boldsymbol{T}_1=\begin{bmatrix} \cos\theta_1 & 0 & -\sin\theta_1 & a_1\cos\theta_1 \\ \sin\theta_1 & 0 & \cos\theta_1 & a_1\sin\theta_1 \\ 0 & -1 & 0 & d_1 \\ 0 & 0 & 0 & 1 \end{bmatrix},\quad ^1\boldsymbol{T}_2=\begin{bmatrix} \cos\theta_2 & -\sin\theta_2 & 0 & a_2\cos\theta_2 \\ \sin\theta_2 & \cos\theta_2 & 0 & a_2\sin\theta_2 \\ 0 & 0 & 1 & 0 \\ 0 & 0 & 0 & 1 \end{bmatrix}$$

$$^2\boldsymbol{T}_3=\begin{bmatrix} \cos\theta_3 & 0 & \sin\theta_3 & a_3\cos\theta_3 \\ \sin\theta_3 & 0 & -\cos\theta_3 & a_3\sin\theta_3 \\ 0 & 1 & 0 & 0 \\ 0 & 0 & 0 & 1 \end{bmatrix},\quad ^3\boldsymbol{T}_4=\begin{bmatrix} \cos\theta_4 & 0 & -\sin\theta_4 & 0 \\ \sin\theta_4 & 0 & \cos\theta_4 & 0 \\ 0 & -1 & 0 & d_4 \\ 0 & 0 & 0 & 1 \end{bmatrix}$$

$$^4\boldsymbol{T}_5=\begin{bmatrix} \cos\theta_5 & 0 & \sin\theta_5 & 0 \\ \sin\theta_5 & 0 & -\cos\theta_5 & 0 \\ 0 & 1 & 0 & 0 \\ 0 & 0 & 0 & 1 \end{bmatrix},\quad ^5\boldsymbol{T}_6=\begin{bmatrix} \cos\theta_6 & -\sin\theta_6 & 0 & 0 \\ \sin\theta_6 & \cos\theta_6 & 0 & 0 \\ 0 & 0 & 1 & d_6 \\ 0 & 0 & 0 & 1 \end{bmatrix}$$

试用代数法求解该机器人的逆运动学。

2-5　通常描述刚体姿态的方法有哪些？

2-6　已知某机器人末端 TCP 在法兰坐标系$\{f\}$中的位置为${}^{f}\boldsymbol{P}=[10.0\quad 20.0\quad 30.0]^{\mathrm{T}}$，且法兰坐标系$\{f\}$相对于基坐标系$\{0\}$的位姿变换矩阵为

$$
{}^{0}\boldsymbol{T}_{f}=\begin{bmatrix} 0.866 & -0.500 & 0.000 & 11.0 \\ 0.500 & 0.866 & 0.000 & -3.0 \\ 0.000 & 0.000 & 1.000 & 9.0 \\ 0 & 0 & 0 & 1 \end{bmatrix}
$$

试求${}^{0}\boldsymbol{P}$。

2-7　试解释什么是机器人末端 TCP 的 RPY 角。

2-8　如果坐标系$o_1x_1y_1z_1$由$o_2x_2y_2z_2$通过下述操作得到：首先绕$x$轴旋转 90°，然后绕固定坐标系的$y$轴旋转 90°，试找出旋转矩阵$\boldsymbol{R}$来表示变换的叠加，并画出起始和最终坐标系。

2-9　对于图 2.8 中的平面三连杆手臂，给定其末端执行器一个期望位置，它的逆运动学有几个解？如果末端执行器的姿态角度也被指定，有多少个解？试用几何方法求解。

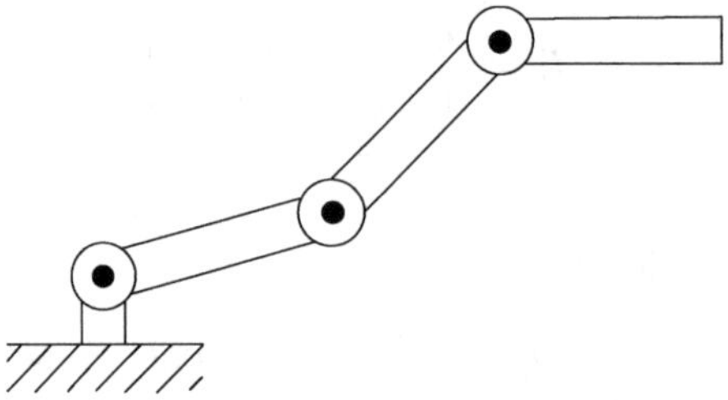

图 2.8　题 2-9 图

2-10　编写一个六自由度的机器人正解 MATLAB 程序，输入$\theta=[0°,45°,45°,0°,45°,45°]$，计算其末端的位置、姿态角，绘制 D-H 坐标图。具体的 D-H 参数如下：

| $d$/mm | $\theta$/(°) | $a$/mm | $\alpha$/(°) |
|---|---|---|---|
| 404 | 0 | 55 | −90 |
| 0 | −90 | 330 | 0 |
| 0 | 0 | 45 | 90 |
| −340 | 0 | 0 | −90 |
| 0 | 0 | 0 | 90 |
| −85 | 180 | 0 | 180 |

2-11　如图 2.9 所示为一款协作机器人的外形尺寸，试建立该机器人的 D-H 模型，并推导其运动学逆解方法。

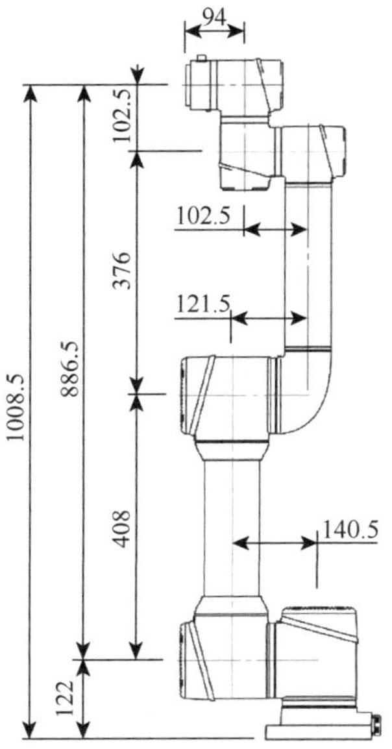


图 2.9　题 2-11 图

单位：mm

2-12　当机器人用于大尺寸零件加工时，往往会与外部轴联动作业。如图 2.10 所示，机器人加工系统中附加了 1 个外部线性轴和 2 个外部旋转轴，世界坐标系 $F_w$、机器人基坐标系 $F_b$、工件坐标系 $F_{wp}$ 的定义方式已在图中标出。其中机器人基坐标系会随外部线性轴 $Z_{E1}$ 沿世界坐标系的 $X$ 方向移动，移动距离为 $E_1$，工件坐标系会随外部旋转轴 $Z_{E2}$ 和 $Z_{E3}$ 转动，转动角度分别记为 $\theta_1$、$\theta_2$。

（1）已知在各轴零位状态下，$Z_{E1}$ 轴与世界坐标系 $X$ 方向重合，并使机器人基坐标系相对于世界坐标系的位姿为（$x_0, y_0, z_0, a_0, b_0, c_0$）。$Z_{E2}$ 轴与世界坐标系 $X$ 方向重合，$Z_{E3}$ 轴与世界坐标系 $Z$ 方向重合，并使工件坐标系相对于世界坐标系的位姿为（$x_1, y_1, z_1, a_1, b_1, c_1$）。现已知工件上有一点 $P_1$ 在工件坐标系下的坐标为（$x_p, y_p, z_p$），试求该点在机器人基坐标系下的坐标。

（2）在（1）的条件下，若 $Z_{E1}$ 轴、$Z_{E2}$ 轴、$Z_{E3}$ 轴在零位下不再与世界坐标系的任意轴平行，其旋转方向矢量在世界坐标系下的投影分别为（$x_{z1}, y_{z1}, z_{z1}$）、（$x_{z2}, y_{z2}, z_{z2}$）、（$x_{z3}, y_{z3}, z_{z3}$）。请求解 $P_1$ 点在机器人基坐标系下的坐标。

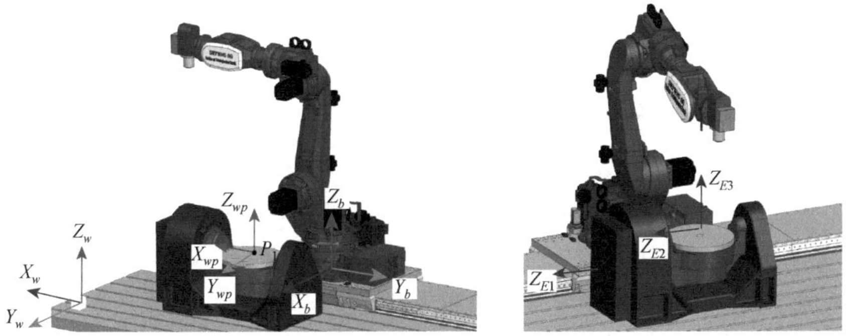


图 2.10　题 2-12 图

# 第3章 机器人采样点规划方法

无论机器人运动学还是非运动学的精度补偿方法，都必须对机器人定位点进行采样。采样获得的数据直接反映了机器人定位误差的原始状态，是进行定位误差估计与识别的原始数据，因此采样是精度补偿技术中一个非常关键的步骤。

采样点的选择与误差补偿的效果和难度密切相关。采样点的合理选择是测量过程中需要解决的首要问题。如何确定合适的采样点数量和采样点位姿以平衡采样效率与最终补偿精度之间的矛盾，是机器人精度补偿技术中需要解决的关键问题。本章介绍三种机器人采样点规划方法，即基于能观性指标的随机采样点规划、空间网格化的均匀采样点规划、多目标优化的最优采样点规划，并在最后给出采样点规划方法的应用实例。

## 3.1 基于能观性指标的随机采样点规划方法

基于能观性指标的随机采样点规划方法是以机器人运动学参数的能观性作为衡量机器人采样点优劣的机器人采样点的选择方法。能观性的度量依赖于机器人的运动学参数模型，本节详细阐述能观测度的基本概念和能观测度指标，为机器人运动学参数补偿方法提供确定采样点的依据。

### 3.1.1 能观测度概念

能观测度是控制理论中的一个概念，是衡量一个系统的内部状态能够被其外部输出推断出来的能力的指标。在机器人精度补偿技术领域，机器人运动学参数的能观测度就代表着机器人的运动学参数误差能否通过定位误差识别出来的能力，反映了机器人的运动学参数误差和末端定位误差之间的关系。不同的运动学参数具有不同程度的能观性，本章把能观性的度量值称为能观性指标。

由前面内容可知，机器人的末端 TCP 位姿误差能够表示为机器人运动学参数误差的线性组合。当有 $M$ 个采样点时有如下关系式：

$$\Delta \boldsymbol{T} = \boldsymbol{J} \Delta \boldsymbol{\rho} \tag{3.1}$$

式中，$\Delta \boldsymbol{T}$ 代表各采样点的位姿误差；$\Delta \boldsymbol{\rho}$ 代表机器人的待识别的 $L$ 个参数误差；

$\boldsymbol{J}$ 代表机器人参数误差与末端 TCP 定位误差之间的关系矩阵，称为误差传递矩阵。

对 $\boldsymbol{J}$ 进行奇异值分解，可得

$$\Delta\boldsymbol{T}=\boldsymbol{U}\boldsymbol{\Sigma}\boldsymbol{V}^{\mathrm{T}}\Delta\boldsymbol{\rho} \tag{3.2}$$

式中，$\boldsymbol{U}=\begin{bmatrix}\boldsymbol{u}_1 & \boldsymbol{u}_2 & \cdots & \boldsymbol{u}_{6M}\end{bmatrix}$ 是一个 $6M\times 6M$ 的矩阵，$\boldsymbol{u}_i\in 6M\times 1$ 是矩阵 $\boldsymbol{J}\boldsymbol{J}^{\mathrm{T}}$ 的特征向量；$\boldsymbol{V}=\begin{bmatrix}\boldsymbol{v}_1 & \boldsymbol{v}_2 & \cdots & \boldsymbol{v}_L\end{bmatrix}$ 是一个 $L\times L$ 的矩阵，$\boldsymbol{v}_i\in L\times 1$ 是矩阵 $\boldsymbol{J}^{\mathrm{T}}\boldsymbol{J}$ 的特征向量；$\boldsymbol{\Sigma}$ 是一个 $6M\times L$ 的非负实数对角矩阵。

当 $6M > L$ 时，有

$$\boldsymbol{\Sigma}=\begin{bmatrix}\sigma_1 & 0 & \cdots & 0 & 0\\ 0 & \sigma_2 & \cdots & 0 & 0\\ \vdots & \vdots & & \vdots & \vdots\\ 0 & 0 & \cdots & 0 & \sigma_L\\ 0 & 0 & \cdots & 0 & 0\\ 0 & 0 & \cdots & 0 & 0\end{bmatrix} \tag{3.3}$$

式中，非负实数 $\sigma_i$ 是矩阵 $\boldsymbol{J}$ 的奇异值，则 $\sigma_i^{\,2}$ 是矩阵 $\boldsymbol{J}^{\mathrm{T}}\boldsymbol{J}$ 的特征值，并设 $\sigma_1\geqslant\sigma_2\geqslant\cdots\geqslant\sigma_L$。如果 $\sigma_L\neq 0$，说明机器人的各个参数误差是能观的。

经过矩阵间的线性变换，式（3.2）可以表示为

$$\Delta\boldsymbol{T}=\sum_{i=1}^{L}\sigma_i(\boldsymbol{v}_i^{\mathrm{T}}\Delta\boldsymbol{\rho})\boldsymbol{u}_i \tag{3.4}$$

从式（3.4）可以发现，当 $\sigma_L$ 不为零时，误差矢量 $\Delta\boldsymbol{\rho}$ 可以采用式（3.1）进行辨识计算，在这种情况下该组测量样本认为是能观的。此处矩阵 $\boldsymbol{J}$ 可以理解为一个线性空间，根据奇异值极值性质有

$$\sigma_i=\min_{d(\vartheta)=L-i-1}\ \max_{\substack{\Delta\boldsymbol{\rho}\in\vartheta\\ \Delta\boldsymbol{\rho}\neq 0}}\frac{\|\boldsymbol{J}\Delta\boldsymbol{\rho}\|}{\|\Delta\boldsymbol{\rho}\|} \tag{3.5}$$

式中，$\vartheta$ 为线性空间 $\boldsymbol{J}$ 的任一维度为 $d(\vartheta)$ 的子空间。

根据矩阵分解原理可以得出

$$\|\Delta\boldsymbol{T}\|\geqslant\sigma_{\min}(\boldsymbol{J})\|\Delta\boldsymbol{\rho}\| \tag{3.6}$$

$$\|\Delta\boldsymbol{T}\|\leqslant\sigma_{\max}(\boldsymbol{J})\|\Delta\boldsymbol{\rho}\| \tag{3.7}$$

通过上述推导可以发现，对于任意一组采样点，均可通过计算其对应的奇异值，判断机器人各个参数误差的能观性。因此，为了保证机器人参数的误差能够被识别出来，原则上采样点的选择应保证机器人参数误差的能观性，而为了提高参数误差的识别精度，应该选取能使机器人参数误差能观性高的采样点，因此，需要进一步对机器人参数的能观性进行度量。

### 3.1.2 能观测度指标

假设机器人运动学误差模型中的误差参数都是可以辨识且相互之间不存在影

响的，则误差传递矩阵 $\boldsymbol{J}$ 的非零奇异值个数等于运动学误差模型中的参数误差数目（也就是运动学误差传递矩阵 $\boldsymbol{J}$ 的秩）。从几何意义上分析，误差传递矩阵 $\boldsymbol{J}$ 的奇异值分解过程表示为两个高维空间之间的转换，如图 3.1 所示。假设 $\Delta\boldsymbol{\rho}$ 表示一个半径是标准单位的高维空间球，可以得出 $\Delta\boldsymbol{T}$ 是一个高维的空间椭球体，它的半轴长是误差传递矩阵 $\boldsymbol{J}$ 的奇异值。

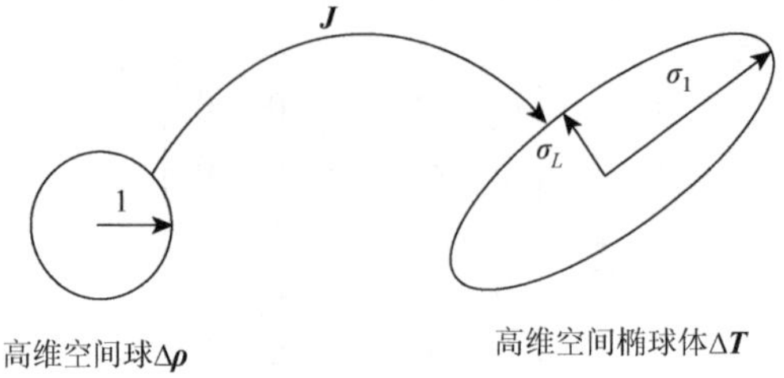


图 3.1　矩阵奇异值的几何含义

根据误差传递矩阵 $\boldsymbol{J}$ 的奇异值，常用的用于评价采样点选取优劣的能观测度指标包括以下五种。

### 1. 奇异值几何均值

从奇异值的几何意义入手，以矩阵 $\boldsymbol{J}$ 的所有奇异值的几何平均值作能观测度指标，记为

$$O_1 = \frac{\sqrt[L]{\sigma_1\sigma_2\cdots\sigma_L}}{\sqrt{M}} \tag{3.8}$$

式中，$M$ 是测量样本的测试点数目。该能观测度指标利用了奇异值 $\sigma_i$ 的几何意义，作用是使各奇异值的乘积最大，导致定位误差空间椭球体的包络范围最大。这意味着满足这一条件的采样点能够根据给定的机器人参数误差得到最大的位姿误差，也就意味着这些采样点对应的定位误差与机器人的参数误差之间的关系最显著，能够获得最佳的参数识别精度。

### 2. 逆矩阵条件数

采用矩阵 $\boldsymbol{J}$ 的逆矩阵条件数作为能观测度指标，表示为

$$O_2 = \frac{\sigma_L}{\sigma_1} \tag{3.9}$$

即矩阵 $\boldsymbol{J}$ 的条件数的倒数。当该能观测度指标最大时，矩阵 $\boldsymbol{J}$ 的条件数最小，则奇异值 $\sigma_i$ 比较均匀，定位误差空间椭球体的偏心率得以提高，能够减少测量误差对参数误差识别造成的影响。

### 3. 最小奇异值

从式（3.6）可以看出，误差传递矩阵 $\boldsymbol{J}$ 的最小奇异值越大，误差矢量 $\Delta\boldsymbol{T}$ 越大。因此将能观测度指标定义为

$$O_3 = \sigma_L \tag{3.10}$$

最大化该能观测度指标，能够使定位误差空间椭球体的体积最大，也就意味着满足该条件的采样点对机器人的参数误差更加敏感。

### 4. 偏差放大指标

第四个能观测度指标为

$$O_4 = \frac{\sigma_L^2}{\sigma_1} \tag{3.11}$$

该能观测度指标可以用于评价测量噪声的放大以及未建模误差对精度补偿造成的影响，当有较大的能观测度时，运动学参数误差矢量的微小偏差能够引起末端的位置误差偏差较大的变化。几何意义为此能观测度指标确定的椭球体具有较大的最短半轴长，满足该指标最大化的采样点能够提高误差识别的精度。

### 5. 反距离指标

第五种能观测度指标定义为

$$O_5 = 1\Big/\sum_{i=1}^{L}\frac{1}{\sigma_i} \tag{3.12}$$

最大化该能观测度指标意味着最小化矩阵 $\boldsymbol{J}$ 的奇异值的倒数和，其作用与 $O_1$ 类似，能够扩大定位误差空间椭球体的体积，提高参数误差识别的精度。

使用上述能观测度指标，能够定量地评价选取的采样点对于精度补偿效果的影响程度。但是，这五种能观测度指标也存在以下几个问题。

（1）五种能观测度指标均通过矩阵 $\boldsymbol{J}$ 的奇异值进行计算，其目标均是尽量提高机器人参数误差在采样点定位误差中的可识别程度，因此这些能观测度指标均是面向基于运动学参数识别的机器人精度补偿方法，不适用于面向非运动学参数的精度补偿方法。

（2）上述能观测度指标之间存在某种程度的矛盾之处，即最优采样点可能无法同时令这五种指标都最大化，除了使用试验验证最终的补偿精度外，还没有一种明确的标准来衡量应该使用哪种能观测度指标。

（3）实际的工程应用中，更关心的是进行精度补偿之后，机器人定位误差的残余误差能否满足精度要求，而这五种能观测度指标均是间接地对精度补偿的最终精度进行预测，难以定量地评价使用最优采样点后定位误差的残余误差。

### 3.1.3 基于能观性指标的采样点规划

选取能观测度指标作为采样点规划的评判标准，目的是最大限度地降低辨识过程中不可预见的误差源对参数误差的影响，采样点选取流程如图 3.2 所示。在采样点规划前需要解决两个问题，一是以何种方式选取测试空间及备选采样点；二是五种能观测度指标哪一种较为适合当前的机器人精度补偿。

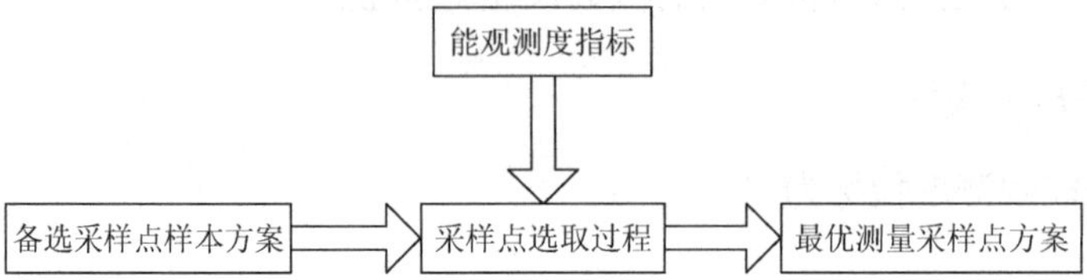


图 3.2 精度补偿用测量采样点选取流程

机器人重复定位精度较高，因此对于机器人的每一个关节空间位置其对应的参数误差矢量都是较为固定的，这样可以认为机器人末端位姿误差因素中呈现一定函数规律的部分为主要误差源。于是，应该尽可能地将备选测量样本分布于整个补偿空间。同时，考虑到选取的采样点数目也是有限的，无法完全反映整个机器人工作空间内任意位姿的误差特性，为防止测量样本集中在某一较小区域内造成局部最优解，应将空间均分为多个区域并均匀地从每一个区域内选取采样点。

由于现有的能观测度指标较多，没有一种指标是完全通用的，也就是说适用于不同的结构形式和参数的机器人精度补偿的能观测度指标是不同的。因此，需要选取合适的能观测度指标，测试选取的测量样本对机器人补偿中的参数辨识的影响，验证选取的测量样本对参数辨识的有效性。

测量样本和能观测度指标选取的流程如图 3.3 所示，主要步骤如下所述。

（1）设置备选采样点。为避免参数辨识结果陷入局部最优解，将待补偿的机器人末端运动空间平均划分为 $M$ 个子区域，并在网格中心周围均匀选取采样点。

（2）设定初始化。规定最优测量样本为 $\Omega_i(i=1,\cdots,5)$，分别对应每种能观测度指标 $O_i(i=1,\cdots,5)$。

（3）更新测量样本。将在测量样本某一子区域内的点循环替换为对应区域内的未在测量样本的点，并计算当前测量样本的各能观测度指标 $O_i(i=1,\cdots,5)$。若某一能观测度指标较前一次样本的值较大，则更新当前的测量样本为该能观测度指标对应的最优测量样本。

（4）完成步骤（3）后，得出各能观测度指标对应的最优测量样本 $\Omega_i(i=1,\cdots,5)$。利用各自的测量样本对模拟的机器人误差系统进行参数辨识，通过对比辨识后备选采样点处的残差和前面内容中最优能观测度选取的情况，选取符合当前机器人的最优的能观测度指标。

（5）在已选择的能观测度指标的基础上增加对应的测量样本数，计算能观测度指标并观察其变化趋势，获得最优的测量样本个数。

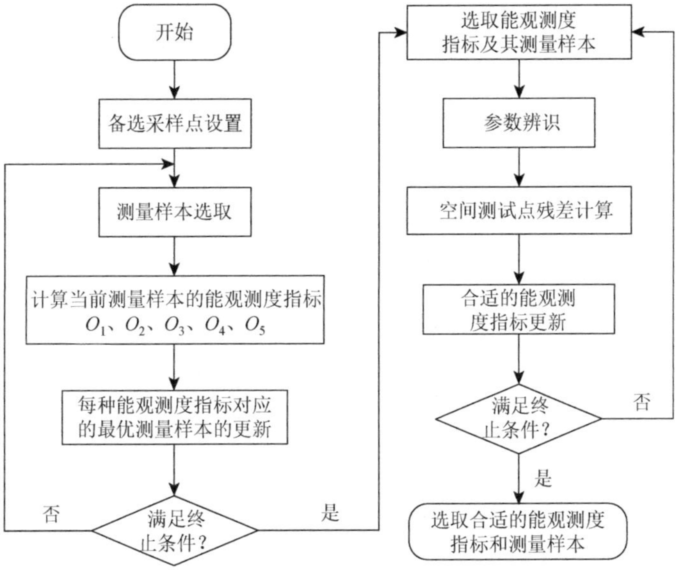


图 3.3　机器人能观测度指标及样本的选取流程

**【例 3-1】**　在机器人工作空间中选取一个 1000 mm×1000 mm×1000 mm 的空间区域，如图 3.4 所示。将选定的空间划分为 3×3×3 = 27 个网格，每个网

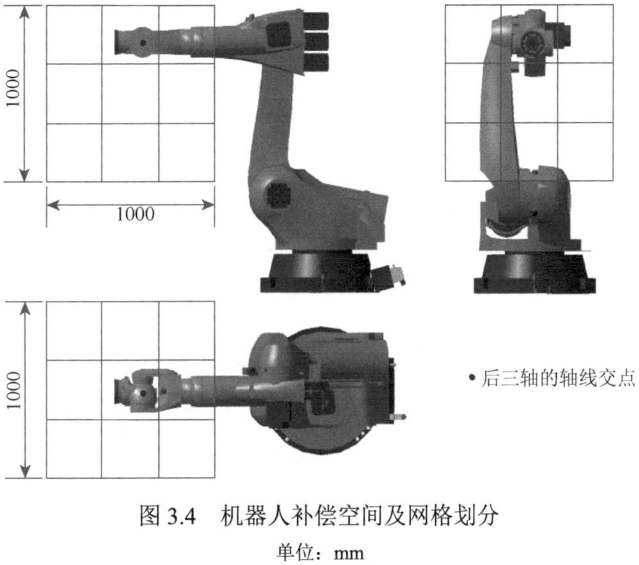


图 3.4　机器人补偿空间及网格划分

单位：mm

格内随机选取 12 个采样点，总计 324 个备选采样点。在第 2 章建立的机器人运动学模型中引入一定的参数误差，并对机器人末端 TCP 位置添加一个 $\mu=0$，$\sigma=(0.01,0.02,0.04,0.1)$ 的高斯分布（其分布区域为 $\pm3\sigma$ ）的随机位置偏差，用于模拟其他未建模误差和测量误差。试通过仿真获取各能观测度指标及其对应的最优测量样本，并判断哪一种指标较为适合当前的机器人精度补偿，并给出对应的样本数。

**解** 采用本节所述的机器人能观测度指标及样本的选取流程，如图 3.5 所示。

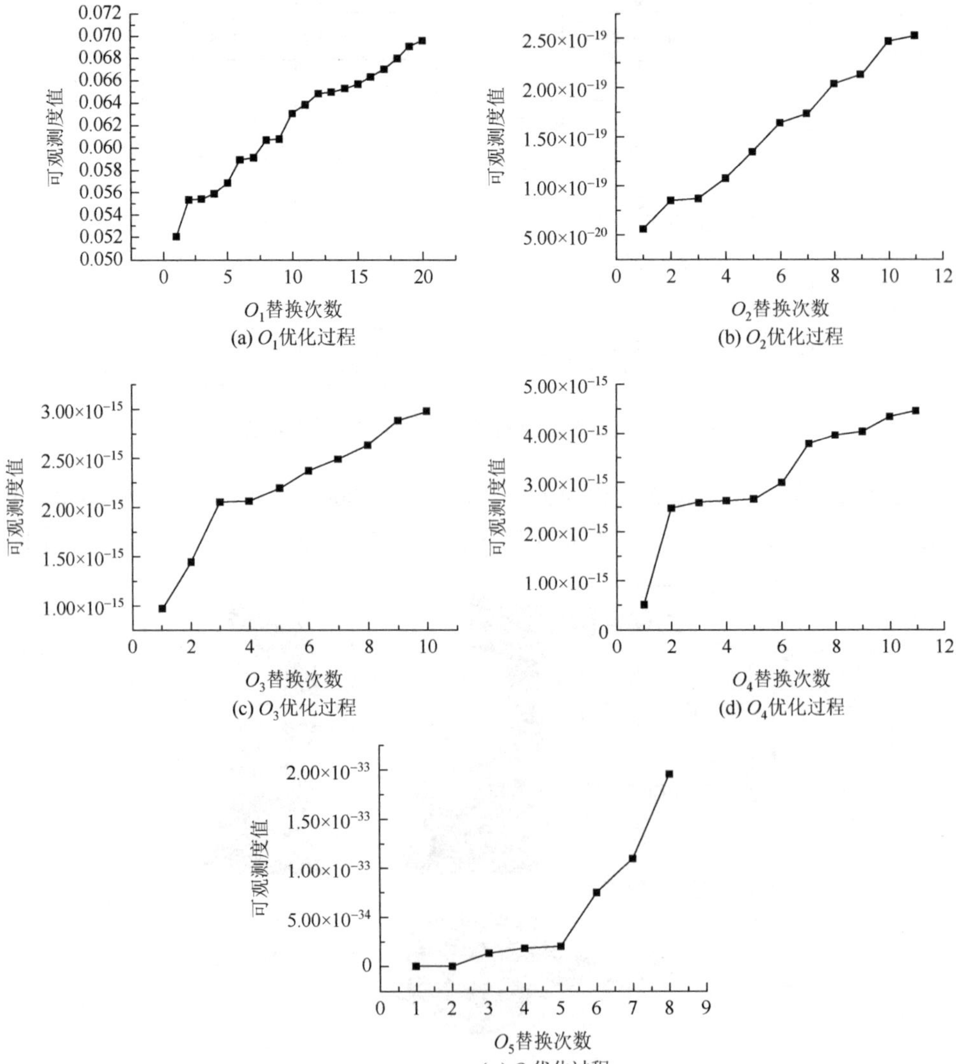


(a) $O_1$优化过程　(b) $O_2$优化过程　(c) $O_3$优化过程　(d) $O_4$优化过程　(e) $O_5$优化过程

图 3.5　各能观测度指标样本最优化过程

利用所选出的各最优样本进行参数辨识，并预测所有备选测量样本点的误差，统计出预测残差的最大误差和平均误差，结果如表 3.1 所示。

**表 3.1　各最优测量样本辨识残差**　　（单位：mm）

| 指标 | $\sigma=0.01$ | | $\sigma=0.02$ | | $\sigma=0.04$ | | $\sigma=0.1$ | |
|---|---|---|---|---|---|---|---|---|
| | 平均误差 | 最大误差 | 平均误差 | 最大误差 | 平均误差 | 最大误差 | 平均误差 | 最大误差 |
| $O_1$ | 0.0105 | 0.0359 | 0.0187 | 0.0483 | 0.0395 | 0.0930 | 0.0963 | 0.3260 |
| $O_2$ | 0.0122 | 0.0513 | 0.0323 | 0.0698 | 0.0489 | 0.1212 | 0.0990 | 0.4427 |
| $O_3$ | 0.0148 | 0.0516 | 0.0247 | 0.0846 | 0.0519 | 0.2246 | 0.1387 | 0.6725 |
| $O_4$ | 0.1190 | 0.3740 | 0.0247 | 0.0709 | 0.0624 | 0.1759 | 0.0930 | 0.4103 |
| $O_5$ | 0.1190 | 0.3740 | 0.0247 | 0.0709 | 0.0624 | 0.1759 | 0.0930 | 0.4103 |

由表 3.1 可以看出，以 $O_1$ 为能观测度指标所选取的最优测量样本对误差模型具有最佳的辨识效果。因此，把 $O_1$ 作为最优样本选取的能观测度指标，对已选取的最优样本增加采样点数目，并计算其能观测度指标，可以得出采样点数与 $O_1$ 能观测度值的分布结果如图 3.6 所示。可以看出，当采样点数量超过 27 时，其能观测度指标变化不甚明显。考虑到测量样本数越大，试验的工作量和周期也就越长，最终选取采样点数为 27。

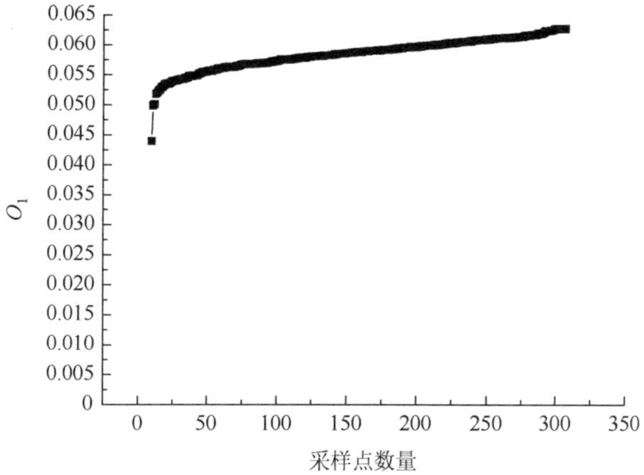


图 3.6　能观测度 $O_1$ 随采样点数量的变化历程

# 3.2　空间网格化的均匀采样点规划方法

## 3.2.1　最优网格步长

理论上看，划分的立方体网格越小，立方体网格的顶点与网格中任一点间对应的机器人各关节转角之间的距离就越小，机器人精度补偿的效果就越好。但这并不代表小步长的立方体网格内的点经过补偿后的效果就一定比更大步长的立方体网格补偿的效果好，因为这与机器人的定位误差分布规律相关。以下就机器人工作空间中一个小区域内的定位误差变化进行说明。由于机器人有六个自由度，为了简化问题，仅转动 A2 和 A3 轴且保持其他轴不动，各个轴的变化范围如表 3.2 所示。

**表 3.2　机器人各关节角度变化范围**　　（单位：(°)）

| 轴序号 | 变化范围 |
|---|---|
| A1 | 21 |
| A2 | −58～−48 |
| A3 | 178～188 |
| A4 | 32 |
| A5 | −46 |
| A6 | −26 |

在给定区域范围内绘制机器人末端 TCP 在基坐标系三个方向上的误差分布情况如图 3.7～图 3.9 所示。在图 3.7 中，尽管 $P_1$ 点与 $P_2$ 点对应的机器人转角间的距离比 $P_1$ 点与 $P_3$ 点对应的机器人转角间的距离大，但是 $P_1$ 点与 $P_2$ 点在 $x$ 方向误差的差异显然要比 $P_1$ 点与 $P_3$ 点在 $x$ 方向误差的差异小。图 3.8 中 3 个点在 $y$ 方向的误差分布也存在同图 3.7 相似的情况。然而在图 3.9 中，由于此时 $z$ 方向的误差分布在选定的关节角度范围内几乎呈单调变化的趋势，此时 $P_1$ 点与 $P_3$ 点对应的机器人转角间的距离比 $P_1$ 点与 $P_2$ 点对应的机器人转角间的距离小，所以 $P_3$ 点在 $z$ 方向的误差更接近于 $P_1$ 点。

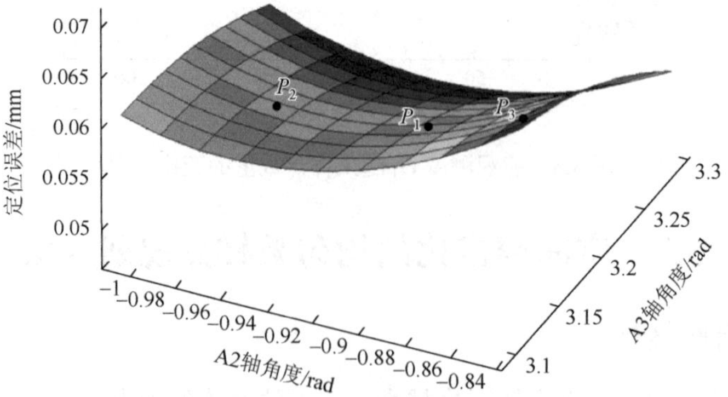


扫一扫　看彩图

图 3.7　小区域范围 $x$ 方向定位误差分布（彩图见二维码）

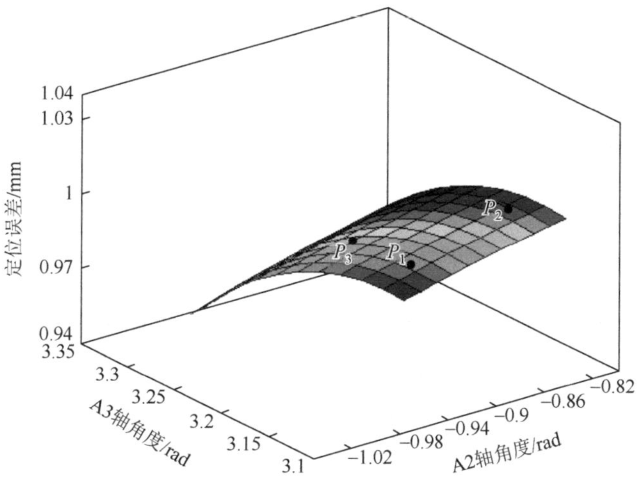


图 3.8　小区域范围 $y$ 方向定位误差分布（彩图见二维码）

扫一扫　看彩图

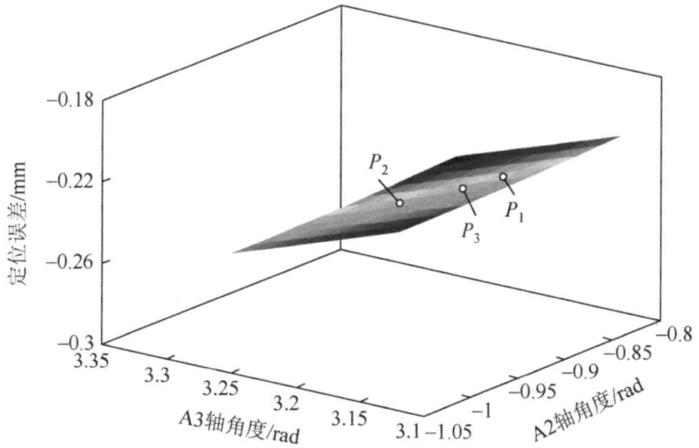


图 3.9　小区域范围 $z$ 方向定位误差分布（彩图见二维码）

扫一扫　看彩图

如上所述，尽管存在同一点经由大的立方体网格补偿后的精度接近甚至超过由步长相对小的立方体网格补偿后的精度的情况，然而这种现象在误差曲面变化比较陡峭的情形下是难以存在的。因此为了满足划分的立方体网格内的所有点在补偿后均能达到给定的定位精度，划分网格的步长应该按照“就小”的原则。然而，过小的网格会极大地增加测量网格顶点定位误差的工作量，不利于在工业现场实施应用。因此，在满足给定的定位精度的前提下，寻找一个最大的网格步长就显得尤为重要，于是，把补偿后满足给定的定位精度且长度最大的网格步长定义为最优网格步长。

### 3.2.2 基于空间网格的均匀采样点规划

本节将应用数理统计方法，确定在机器人工作空间内广泛适用的最佳采样点规划，由于采用的是等间距立方体网格采样点形式，最优网格步长将是采样点规划的主要参数。

**1. 采样规划方法**

机器人误差曲面是多变的，可能会造成不同区域的精度补偿效果对网格变化的敏感度不同，因此选取机器人待补偿区域（图 3.10）内几个具有代表性的区域作为补偿试验区域，如给定区域的边缘区域和中间区域，并将这些区域中心的附近点作为网格的中心点，选定不同的网格尺寸，接着通过一定的测量手段获取网格顶点的位置误差，作为精度补偿的数据采样点样本。同时为了检验精度补偿的实际效果，采用提出的精度补偿方法对区域内测试点进行精度补偿测试。对各网格步长的定位误差进行数理分析，最终选取最优补偿网格尺寸。具体试验步骤如下所述。

（1）根据区域内的误差分布，在给定机器人待补偿区间内选取试验点，一般不少于 5 个。

（2）对于每个试验点，以其为中心选取不同的步长，应用机器人精度补偿方法对它进行精度补偿试验。

（3）对于每个选定的网格步长，在该步长下对所有试验点补偿后的绝对定位精度进行数理统计，计算出定位误差的平均值和标准差。

（4）选取绝对定位误差符合精度要求、标准差较小且网格长度相对较大的步长作为给定加工区域的最优网格步长。

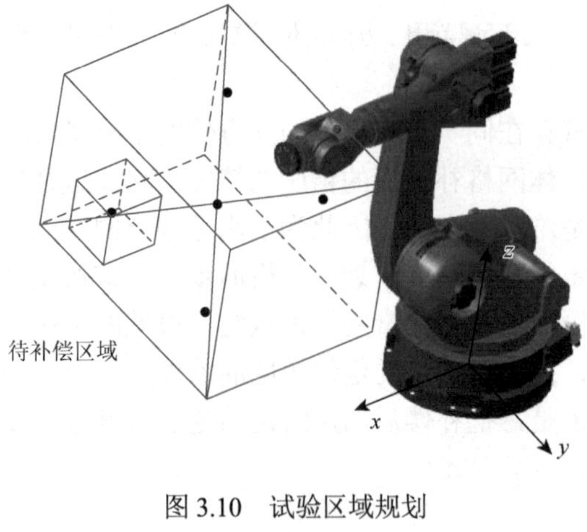


图 3.10 试验区域规划

### 2. 数据统计方法

当网格尺寸很小时，对网格区域内的误差预测能力接近于机器人重复定位精度，随网格尺寸增大补偿效果将逐步降低。选取测量样本中的误差极值和标准差作为判断条件，选取符合精度要求的尺寸最大的网格作为待补偿区域的最佳补偿网格步长，具体步骤如下所述。

（1）确定选定步长下所有试验点定位误差的最大值和最小值，并进行分组。

（2）统计选定步长下所有试验数据在步骤（1）中划分的各个区间中出现的频数。

（3）计算选定步长下定位误差的平均值。将每个分组区间内误差的最小值和最大值的平均值定义为该分组区间组中值。将各个分组区间的频数与组中值的乘积求和，并将其与该步长下试验数据总数目的商作为该步长下定位误差的平均值。

（4）计算该步长下定位误差的标准差。将各个分组区间的组中值与步骤（3）中求得的平均值之差作为组残差。将各个分组区间的组残差的平方与频数的乘积求和，并将求得的和与该步长下试验数据的总数目之商的平方根作为该步长下的所有试验样本的定位误差的标准差。

（5）选取绝对定位误差平均值符合精度要求、标准差较小且网格步长相对较大的步长作为给定加工区域的最优网格步长。

**【例 3-2】** 根据前面内容所述，以 KUKA KR150-2 工业机器人为对象、FARO SI 型激光跟踪仪为测量工具，在机器人工作空间内分别选取（2000 mm, 700 mm, 1000 mm, 0, 90°, 0）、（1900 mm, −100 mm, 2100 mm, 0, 90°, 0）、（2150 mm, 0, 1300 mm, 0, 90°, 0）、（1450 mm, 200 mm, 1500 mm, 0, 90°, 0）、（2300 mm, 500 mm, 2100 mm, 0, 90°, 0）5 个试验点确定最优网格步长。在试验过程中机器人的目标姿态与运行速度保持恒定，而且每个网格点的运行都应由 HOME 点出发，以排除非网格步长以外的其他因素对试验结果的影响。

**解**　首先在机器人工作空间中选择试验点（2000 mm, 700 mm, 1000 mm, 0, 90°, 0）。选取起始的增长步幅为 10 mm，以所选点为中心按步长 10 mm 逐渐增加到 200 mm 依次构建 20 个立方体网格，补偿后的各步长对应的绝对定位误差变化曲线如图 3.11 所示。从图中可以看出精度变化不明显，于是可以将步幅增大至 80 mm，此时对应步长 20～500 mm 机器人补偿后的定位误差变化曲线如图 3.12 所示。需要说明的是，为了减少测量过程带来的误差的影响，在每个步长下进行精度补偿定位均采用了多次测量的方式。

接着，选取（1900 mm, −100 mm, 2100 mm, 0, 90°, 0）、（2150 mm, 0, 1300 mm, 0, 90°, 0）、（1450 mm, 200 mm, 1500 mm, 0, 90°, 0）、（2300 mm, 500 mm, 2100 mm, 0, 90°, 0）四个试验点，步长均从 20 mm 开始以步幅 80 mm 增大到 500 mm，它们各自所对应的补偿后的定位误差变化曲线分别如图 3.13～图 3.16 所示。

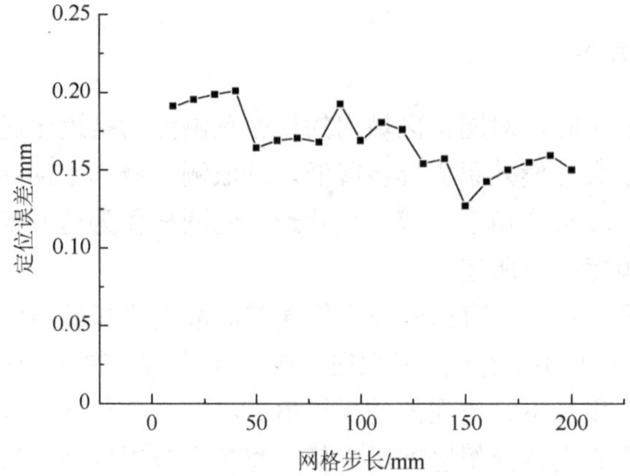


图 3.11 （2000 mm, 700 mm, 1000 mm, 0, 90°, 0）点小步长网格精度补偿变化曲线

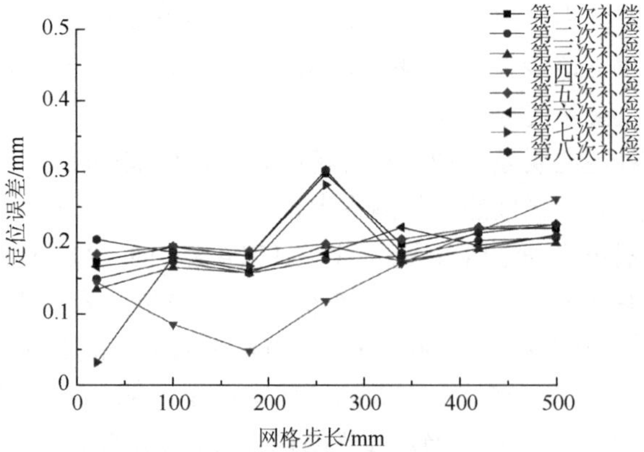


图 3.12 （2000 mm, 700 mm, 1000 mm, 0, 90°, 0）点不同步长网格精度补偿变化曲线

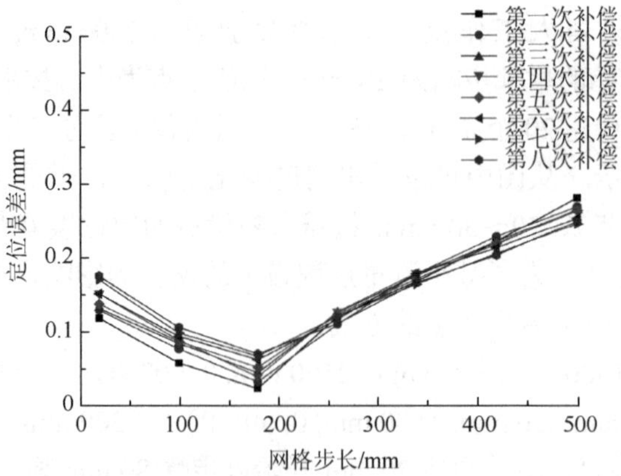


图 3.13 （1900 mm, −100 mm, 2100 mm, 0, 90°, 0）点不同步长网格精度补偿变化曲线

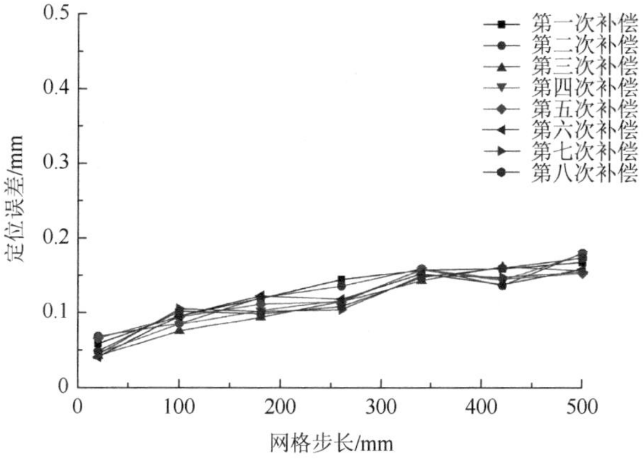


图 3.14　（2150 mm, 0, 1300 mm, 0, 90°, 0）点不同步长网格精度补偿变化曲线

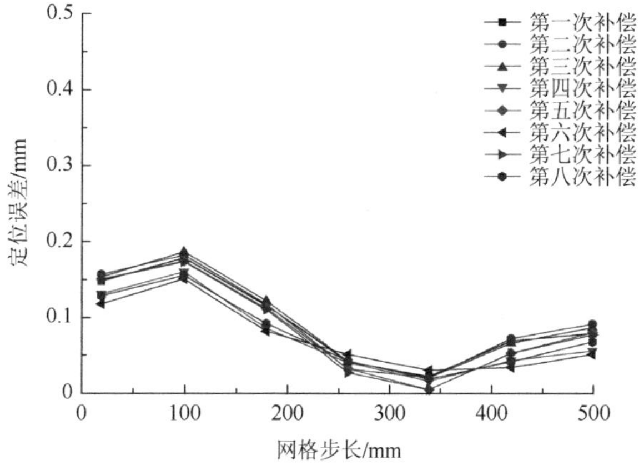


图 3.15　（1450 mm, 200 mm, 1500 mm, 0, 90°, 0）点不同步长网格精度补偿变化曲线

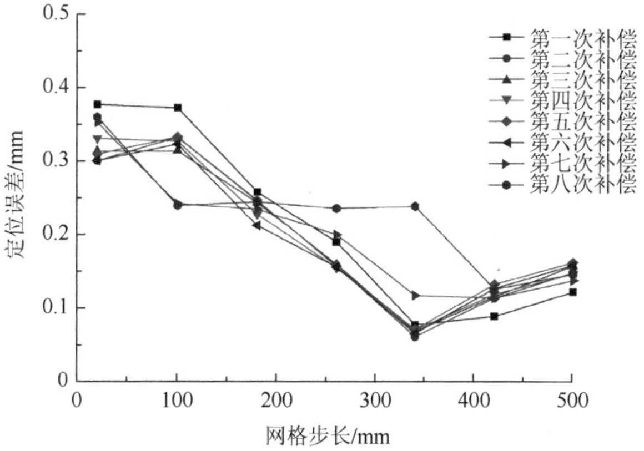


图 3.16　（2300 mm, 500 mm, 2100 mm, 0, 90°, 0）点不同步长网格精度补偿变化曲线

得到各个试验点在不同网格步长下的精度补偿变化曲线后，就可以对各个步长下所有试验点补偿后的定位误差进行数理统计分析。由上面各试验点的网格精度补偿变化曲线可知，每个步长都对应着 40 组样本，这里选取分组区间的个数为 6 个，既考虑了定位误差的分布规律，又不至于把分组划分得过粗或过细。按照上述步骤，选取部分步长进行概率统计，结果如表 3.3～表 3.9 所示。

**表 3.3　步长为 20 mm 时定位精度统计**

| 组序 | 分组区间/mm | 组中值/mm | 频数 | 组残差/mm | 频数×组中值/mm | 频数×组残差 $^2$/mm$^2$ | 均值/mm | 标准差/mm |
|---|---|---|---|---|---|---|---|---|
| 1 | [0.0321, 0.0897) | 0.0609 | 9 | −0.1040 | 0.5481 | 0.0966 | 0.1645 | 0.0894 |
| 2 | [0.0897, 0.1473) | 0.1185 | 10 | −0.0460 | 1.1847 | 0.0212 | | |
| 3 | [0.1473, 0.2048) | 0.1760 | 13 | 0.0115 | 2.2885 | 0.0017 | | |
| 4 | [0.2048, 0.2624) | 0.2336 | 0 | 0.0691 | 0.0000 | 0.0000 | | |
| 5 | [0.2624, 0.3200) | 0.2912 | 4 | 0.1266 | 1.1647 | 0.0642 | | |
| 6 | [0.3200, 0.3775) | 0.3488 | 4 | 0.1842 | 1.3950 | 0.1357 | | |

**表 3.4　步长为 100 mm 时定位精度统计**

| 组序 | 分组区间/mm | 组中值/mm | 频数 | 组残差/mm | 频数×组中值/mm | 频数×组残差 $^2$/mm$^2$ | 均值/mm | 标准差/mm |
|---|---|---|---|---|---|---|---|---|
| 1 | [0.0565, 0.1092) | 0.0829 | 17 | −0.0820 | 1.4089 | 0.1134 | 0.1646 | 0.0889 |
| 2 | [0.1092, 0.1619) | 0.1356 | 3 | −0.0290 | 0.4067 | 0.0025 | | |
| 3 | [0.1619, 0.2146) | 0.1883 | 12 | 0.0237 | 2.2593 | 0.0067 | | |
| 4 | [0.2146, 0.2673) | 0.2410 | 2 | 0.0764 | 0.4819 | 0.0117 | | |
| 5 | [0.2673, 0.3200) | 0.2937 | 1 | 0.1291 | 0.2937 | 0.0167 | | |
| 6 | [0.3200, 0.3727) | 0.3464 | 5 | 0.1818 | 1.7319 | 0.1653 | | |

**表 3.5　步长为 180 mm 时定位精度统计**

| 组序 | 分组区间/mm | 组中值/mm | 频数 | 组残差/mm | 频数×组中值/mm | 频数×组残差 $^2$/mm$^2$ | 均值/mm | 标准差/mm |
|---|---|---|---|---|---|---|---|---|
| 1 | [0.0220, 0.0613) | 0.0416 | 7 | −0.0910 | 0.2913 | 0.0577 | 0.1320 | 0.0667 |
| 2 | [0.0613, 0.1008) | 0.0811 | 7 | −0.0510 | 0.5675 | 0.0184 | | |
| 3 | [0.1008, 0.1403) | 0.1205 | 11 | −0.0120 | 1.3259 | 0.0015 | | |
| 4 | [0.1403, 0.1797) | 0.1600 | 4 | 0.0276 | 0.6400 | 0.0031 | | |
| 5 | [0.1797, 0.2192) | 0.1995 | 4 | 0.0671 | 0.7978 | 0.0180 | | |
| 6 | [0.2192, 0.2586) | 0.2389 | 7 | 0.1065 | 1.6724 | 0.0795 | | |

**表 3.6 步长为 260 mm 时定位精度统计**

| 组序 | 分组区间/mm | 组中值/mm | 频数 | 组残差/mm | 频数×组中值/mm | 频数×组残差 $^2$/mm$^2$ | 均值/mm | 标准差/mm |
|---|---|---|---|---|---|---|---|---|
| 1 | [0.0260, 0.0720) | 0.0490 | 8 | −0.0830 | 0.3920 | 0.0548 | 0.1310 | 0.0663 |
| 2 | [0.0720, 0.1180) | 0.0950 | 9 | −0.0370 | 0.8548 | 0.0122 | | |
| 3 | [0.1180, 0.1640) | 0.1410 | 13 | 0.0092 | 1.8325 | 0.0011 | | |
| 4 | [0.1640, 0.2099) | 0.1870 | 6 | 0.0552 | 1.1216 | 0.0183 | | |
| 5 | [0.2099, 0.2560) | 0.2329 | 1 | 0.1012 | 0.2329 | 0.0102 | | |
| 6 | [0.2560, 0.3019) | 0.2789 | 3 | 0.1471 | 0.8367 | 0.0649 | | |

**表 3.7 步长为 340 mm 时定位精度统计**

| 组序 | 分组区间/mm | 组中值/mm | 频数 | 组残差/mm | 频数×组中值/mm | 频数×组残差 $^2$/mm$^2$ | 均值/mm | 标准差/mm |
|---|---|---|---|---|---|---|---|---|
| 1 | [0.0038, 0.0430) | 0.0234 | 8 | −0.1010 | 0.1870 | 0.0814 | 0.1242 | 0.0666 |
| 2 | [0.0430, 0.0821) | 0.0626 | 6 | −0.0620 | 0.3753 | 0.0228 | | |
| 3 | [0.0821, 0.1213) | 0.1017 | 1 | −0.0230 | 0.1017 | 0.0005 | | |
| 4 | [0.1213, 0.1605) | 0.1409 | 8 | 0.0166 | 1.1271 | 0.0022 | | |
| 5 | [0.1605, 0.1996) | 0.1801 | 14 | 0.0558 | 2.5207 | 0.0436 | | |
| 6 | [0.1996, 0.2388) | 0.2192 | 3 | 0.0950 | 0.6577 | 0.0271 | | |

**表 3.8 步长为 420 mm 时定位精度统计**

| 组序 | 分组区间/mm | 组中值/mm | 频数 | 组残差/mm | 频数×组中值/mm | 频数×组残差 $^2$/mm$^2$ | 均值/mm | 标准差/mm |
|---|---|---|---|---|---|---|---|---|
| 1 | [0.0328, 0.0653) | 0.0491 | 6 | −0.0970 | 0.2944 | 0.0569 | 0.1464 | 0.0585 |
| 2 | [0.0653, 0.0978) | 0.0815 | 3 | −0.0650 | 0.2446 | 0.0126 | | |
| 3 | [0.0978, 0.1302) | 0.1140 | 6 | −0.0320 | 0.6839 | 0.0063 | | |
| 4 | [0.1302, 0.1627) | 0.1464 | 9 | 0.0000 | 1.3179 | 0.0000 | | |
| 5 | [0.1627, 0.1951) | 0.1789 | 2 | 0.0325 | 0.3578 | 0.0021 | | |
| 6 | [0.1951, 0.2276) | 0.2113 | 14 | 0.0649 | 2.9589 | 0.0590 | | |

**表 3.9 步长为 500 mm 时定位精度统计**

| 组序 | 分组区间/mm | 组中值/mm | 频数 | 组残差/mm | 频数×组中值/mm | 频数×组残差 $^2$/mm$^2$ | 均值/mm | 标准差/mm |
|---|---|---|---|---|---|---|---|---|
| 1 | [0.0500, 0.0886) | 0.0693 | 7 | −0.1030 | 0.4850 | 0.0743 | 0.1723 | 0.0669 |
| 2 | [0.0886, 0.1271) | 0.1078 | 2 | −0.0640 | 0.2156 | 0.0083 | | |
| 3 | [0.1271, 0.1656) | 0.1463 | 12 | −0.0260 | 1.7557 | 0.0081 | | |
| 4 | [0.1656, 0.2041) | 0.1848 | 4 | 0.0125 | 0.7394 | 0.0006 | | |
| 5 | [0.2041, 0.2426) | 0.2233 | 6 | 0.0510 | 1.3400 | 0.0156 | | |
| 6 | [0.2426, 0.2811) | 0.2618 | 9 | 0.0895 | 2.3564 | 0.0721 | | |

图 3.17 为在多个选定的网格步长下采用机器人精度补偿方法统计出的机器人平均定位精度变化曲线图。从图中可以看出，曲线的变化趋势呈“V”字形，平均定位误差最大值和最小值分别为 0.1723 mm 和 0.1242 mm。

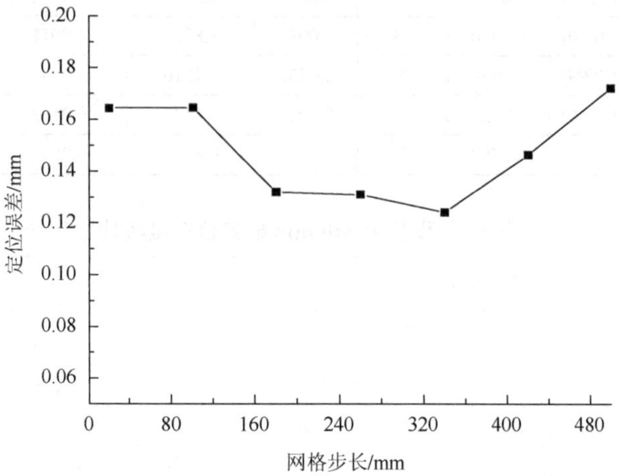


图 3.17　多步长下机器人精度补偿平均定位误差

对各个选定步长下的定位精度进行概率统计分析的同时，还可以得到在该步长下划分的每个分组区间的出现频率，如图 3.18～图 3.24 所示。图中的横坐标表示每个分组区间的定位误差，纵坐标是在每个分组区间数据样本出现的频率。

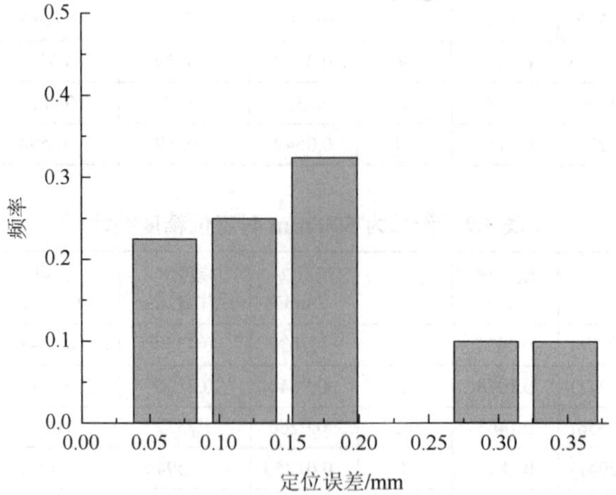


图 3.18　步长 20 mm 时各分组区间精度频率分布图

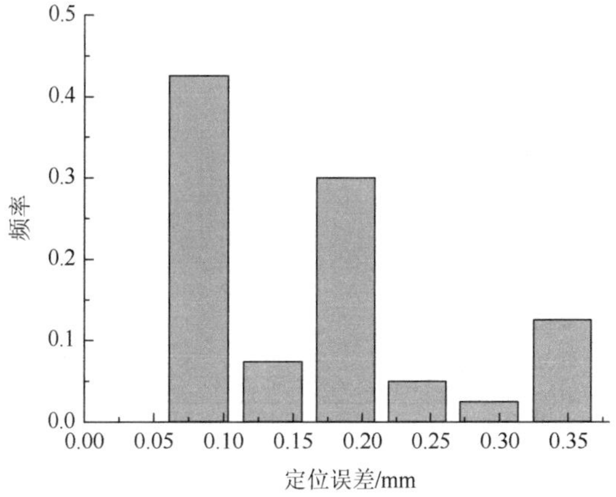


图 3.19　步长 100 mm 时各分组区间精度频率分布图

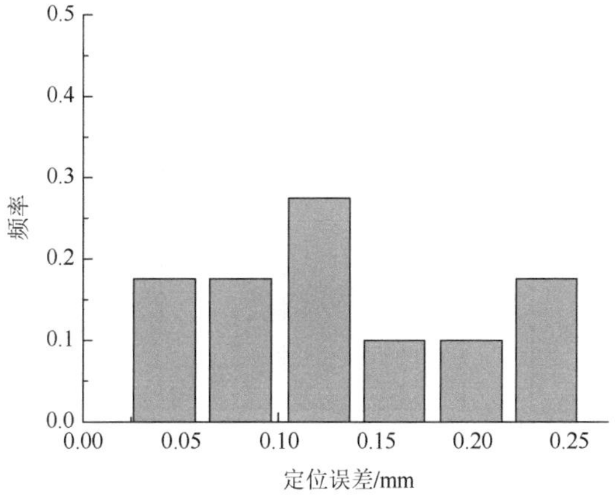


图 3.20　步长 180 mm 时各分组区间精度频率分布图

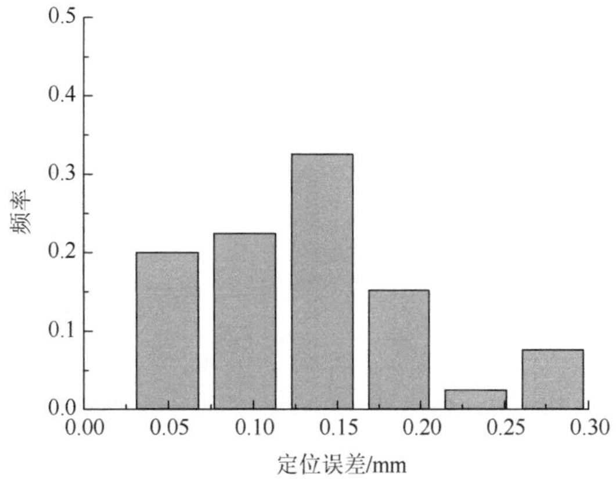


图 3.21　步长 260 mm 时各分组区间精度频率分布图

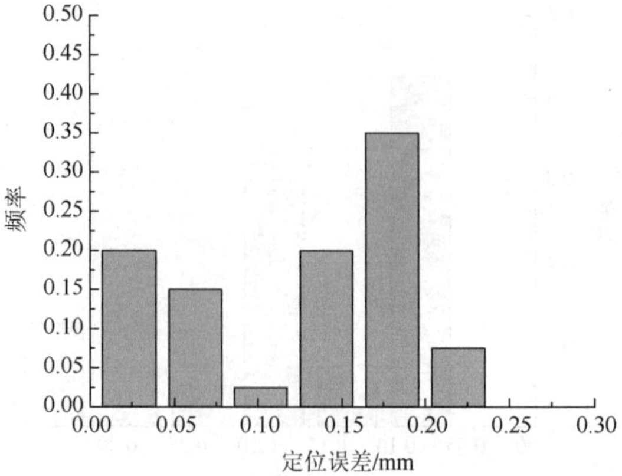


图 3.22　步长 340 mm 时各分组区间精度频率分布图

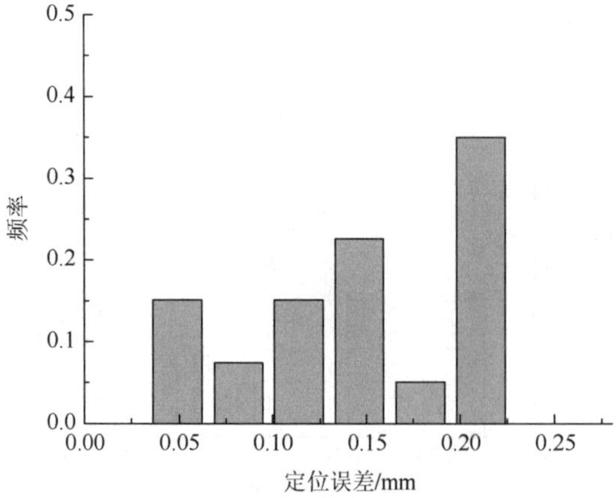


图 3.23　步长 420 mm 时各分组区间精度频率分布图

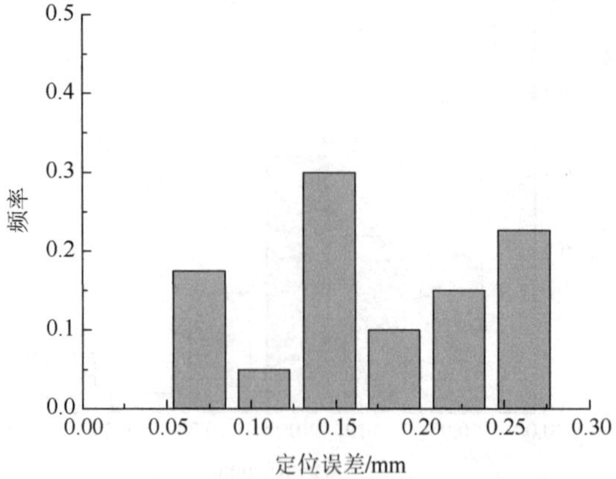


图 3.24　步长 500 mm 时各分组区间精度频率分布图

以 0.2 mm 为误差界限，对各个步长下补偿后的定位误差大于 0.2 mm 出现的频率进行统计，得到如图 3.25 所示的频率统计图。从图中可以看出，步长位于 260～340 mm 时定位误差大于 0.2 mm 出现的频率最小。

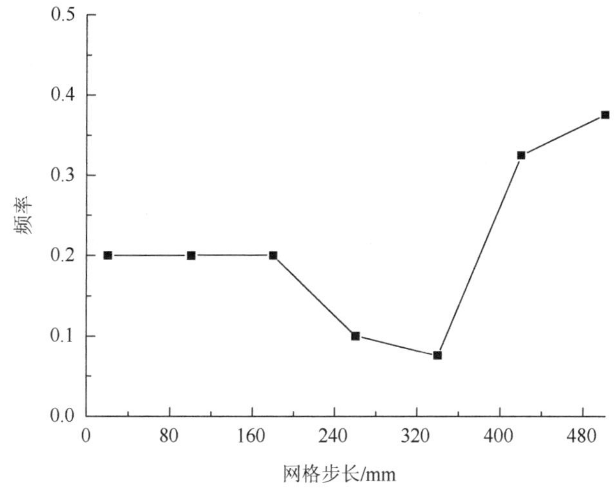


图 3.25 各步长下补偿后定位误差大于 0.2 mm 频率统计图

综上所述，当步长为 340 mm 时，机器人精度补偿后平均定位误差为 0.124 mm，为所有参与统计的步长下平均定位精度最高值，此时该步长下所有数据样本定位误差的最大值为 0.238 mm；当步长为 260 mm 时，机器人精度补偿后平均定位误差为 0.131 mm，该步长下所有数据样本定位误差的最大值为 0.301 mm；当步长位于 260～340 mm 时，机器人补偿后的定位误差大于 0.2 mm 出现的频率最小。综合以上因素以及机器人工作空间划分的便利性，选取 300 mm 作为针对 KUKA KR150-2 工业机器人精度补偿的最优网格步长。

## 3.3 多目标优化的最优采样点规划方法

本节介绍一种基于遗传算法的机器人最优采样点多目标优化方法，能够有效提高精度补偿采样点的分布合理性和采样效率。首先，根据精度补偿的实际应用需求，建立面向精度补偿的机器人最优采样点的数学模型；其次，基于该模型给出基于遗传算法的机器人最优采样点多目标优化方法。

### 3.3.1 最优采样点数学模型

为了优化精度补偿的采样点，首先需要确定采样点优化的目标函数，即确定最优采样点的评价标准，并建立最优采样点数学模型。

现实中由于机器人自身存在的重复定位误差、传动误差及间隙误差，以及测量设备的测量误差、环境因素等引起的随机误差，无论采用何种精度补偿手段，都无法真正 100%地消除机器人的定位误差。因此，衡量机器人精度补偿技术效果优劣的最直接的标准就是待补偿点经过精度补偿之后的残余误差的大小。在实际工程应用中，一般都会规定机器人的绝对定位精度需要满足的技术指标，只有当机器人的残余误差小于这一技术指标的时候，精度补偿的效果才是满足应用需求的。因此，面向精度补偿的机器人最优采样点，必须使得机器人在精度补偿后的残余误差最小，这是最优采样点的最重要的条件之一。

要使机器人在精度补偿后的残余误差较小，要求机器人定位误差的估计值足够准确，因此需要足够多的采样点。但是，采样点的数量并非越多越好。增加采样点的数量，并不能无限降低机器人的残余误差。理论上，随着采样点数量的增加，机器人定位误差的估计值会越来越准确，但是机器人的绝对定位精度只能无限趋近于重复定位精度，却无法超越。而现实中，随着采样点数量的增加，机器人定位误差的估计值并非一定更准确。当采样点数量过多时，测量时间随之增加，由于测量仪器存在热漂移，长时间的测量会对测量精度产生比较明显的影响，继而会影响到精度补偿的最终效果。因此，采样点的数量是评价采样点优劣的一项重要指标，在残余误差满足精度要求的条件下，应尽量减少采样点的数量，以提高采样效率。

基于上述分析和实际的工程应用需求，可将最优采样点所需具备的特征进行如下定义。

（1）采样点的数量最少。

（2）采样点能够使所有目标点在精度补偿后的残余误差之和最小。

（3）采样点在给定的工作空间范围内选取。

（4）采样点能够使每个目标点在精度补偿后的残余误差在给定的精度要求范围内。

对上述 4 个特征的描述进行分析可知，特征（1）和特征（2）是最优采样点的两个评价标准，特征（3）是最优采样点的自然约束，特征（4）是精度补偿技术在实际工程应用中的附加约束。因此，上述 4 个特征可以分为两类，特征（1）和特征（2）是采样点优化的目标，特征（3）和特征（4）是采样点优化的约束。

最优采样点的上述特征是用自然语言进行描述的，显然不适合进行数学运算，因此，需要使用数学语言对上述特征进行描述。根据分析，若特征（1）和特征（2）为目标函数，特征（3）和特征（4）为约束函数，则最优采样点的数学模型可以写为

$$\begin{cases}\min \ f_1 = M \\ \min \ f_2 = \sum_{i=1}^{N} \left\| \Delta \boldsymbol{P}_{\rm c}^{(i)} - \Delta \boldsymbol{P}_{\rm u}^{(i)} \right\| \\ \text{s.t.} \ \begin{cases} \boldsymbol{l}_{\rm b} \leqslant \boldsymbol{\theta}^{(j)} \leqslant \boldsymbol{u}_{\rm b}, & j=1,2,\cdots,M \\ \left\| \Delta \boldsymbol{P}_{\rm c}^{(i)} - \Delta \boldsymbol{P}_{\rm u}^{(i)} \right\| \leqslant \varepsilon, & i=1,2,\cdots,N \end{cases}\end{cases} \tag{3.13}$$

式中，$M$ 为机器人最优采样点集的元素个数；$N$ 为机器人目标点（待补偿点）的个数；$\Delta \boldsymbol{P}_{\rm c}^{(i)}$ 为目标点定位误差的估计值；$\Delta \boldsymbol{P}_{\rm u}^{(i)}$ 为目标点在精度补偿前的原始定位误差；$\boldsymbol{l}_{\rm b}$ 和 $\boldsymbol{u}_{\rm b}$ 分别为机器人各关节转角的下限和上限约束，表示机器人工作空间的范围；$\varepsilon$ 为实际工程应用中所给定的机器人定位精度要求。

式（3.13）所代表的最优采样点的数学模型包含两个目标函数 $f_1$ 和 $f_2$，显然，该数学模型是一个典型的多目标优化问题。值得注意的是，这两个目标函数是相互矛盾的，即采样点的数量和精度补偿后的残余误差之和是负相关的，这也是多目标优化模型所面临的普遍问题。因此，当不存在使两个目标函数同时最小化的全局最优解时，应该考虑寻找多目标优化问题的非劣解。对于面向精度补偿的最优采样点多目标优化问题，本节使用带精英策略的非支配排序遗传算法（nondominated sorting genetic algorithm-II，NSGA-II）进行求解。

### 3.3.2 多目标优化问题与非劣解集

多目标优化问题研究的是向量目标函数满足一定约束条件时在某种意义下的最优化问题。虽然单目标优化问题能够通过许多经典方法得到很好的解决，但是多目标优化问题需要使多个目标同时达到综合的最优值，因此多目标优化问题并不能根据单目标优化问题的最优解的定义进行求解。然而通常情况下，多目标优化问题无法求出能够同时满足所有目标函数最优的解，因为各目标之间往往是相互矛盾的。也就是说，多目标优化问题一般无法求出单个的全局最优解，而只能求出一组均衡解。这种解集的特点是在不劣化其他目标的前提下某一个或几个目标不可能进一步优化，因此这种解集被称为非劣解集。由于这种最优解的概念是由意大利经济学家和社会学家 Pareto 所提出和推广的，因此这种非劣解又被称为 Pareto 最优解，所有非劣解的集合被称为 Pareto 前沿。

一般而言，多目标优化问题的数学形式为

$$\begin{cases}\max / \min \ f(\boldsymbol{x}) = [f_1(\boldsymbol{x}), f_2(\boldsymbol{x}), \cdots, f_n(\boldsymbol{x})] \\ \text{s.t.} \ \begin{cases} g_i(\boldsymbol{x}) \leqslant 0, & i=1,2,\cdots,m \\ h_i(\boldsymbol{x}) = 0, & i=1,2,\cdots,k \end{cases}\end{cases} \tag{3.14}$$

式中，$\boldsymbol{x} = (x_1, x_2, \cdots, x_p)$ 表示决策变量；$f_i(\boldsymbol{x})$ 表示目标函数；$g_i(\boldsymbol{x})$ 表示不等式约束条件；$h_i(\boldsymbol{x})$ 表示等式约束条件。对于最小化多目标优化问题，任意给定两个决

策变量 $\boldsymbol{x}_u$ 和 $\boldsymbol{x}_v$，可以定义如下 3 个支配关系：

（1）当且仅当，对于 $\forall i \in \{1,2,\cdots,n\}$，有 $f_i(\boldsymbol{x}_u) < f_i(\boldsymbol{x}_v)$，则 $\boldsymbol{x}_u$ 支配 $\boldsymbol{x}_v$；

（2）当且仅当，对于 $\forall i \in \{1,2,\cdots,n\}$，有 $f_i(\boldsymbol{x}_u) < f_i(\boldsymbol{x}_v)$，且至少存在一个 $j$，使得 $f_j(\boldsymbol{x}_u) < f_j(\boldsymbol{x}_v)$，则 $\boldsymbol{x}_u$ 弱支配 $\boldsymbol{x}_v$；

（3）当且仅当，$\exists i \in \{1,2,\cdots,n\}$，使得 $f_i(\boldsymbol{x}_u) < f_i(\boldsymbol{x}_v)$，同时，$\exists\, j \in \{1,2,\cdots,n\}$，使得 $f_j(\boldsymbol{x}_u) > f_j(\boldsymbol{x}_v)$，则 $\boldsymbol{x}_u$ 与 $\boldsymbol{x}_v$ 互不支配。

根据上述定义的支配关系，若 $\boldsymbol{x}_u$ 为该多目标优化问题的非劣解，则需要满足如下条件：当且仅当，不存在决策变量 $\boldsymbol{x}_v$ 支配 $\boldsymbol{x}_u$，即不存在决策变量 $\boldsymbol{x}_v$ 使得式（3.15）成立

$$\forall i \in \{1,2,\cdots,n\}, f_i(\boldsymbol{x}_v) \leqslant f_i(\boldsymbol{x}_u) \ \wedge \ \exists i \in \{1,2,\cdots,n\}, \quad f_i(\boldsymbol{x}_v) < f_i(\boldsymbol{x}_u) \tag{3.15}$$

因此，非劣解也被称为非支配解，这就是非劣解的数学定义。

典型的多目标优化问题的非劣解如图 3.26 所示。该问题中有两个需要最小化的目标函数 $f_1$ 和 $f_2$，这两个目标函数是相互矛盾的。图中的圆点代表不同的决策变量所对应的目标函数。对比解 $C$ 和解 $F$，有 $f_1(C) < f_1(F)$ 且 $f_2(C) < f_2(F)$，因此解 $C$ 支配解 $F$，所以解 $F$ 不是非劣解；对比解 $D$ 和解 $H$，虽然有 $f_2(D) = f_2(H)$，但 $f_1(D) < f_1(H)$，因此解 $D$ 弱支配解 $H$，所以解 $H$ 也不是非劣解。根据非劣解的数学定义可以发现，图 3.26 中只有解 $A$、$B$、$C$、$D$ 和 $E$ 为非劣解，因此这些非劣解构成了 Pareto 前沿。多目标优化问题的最终目标，就是要寻找这些非劣解。

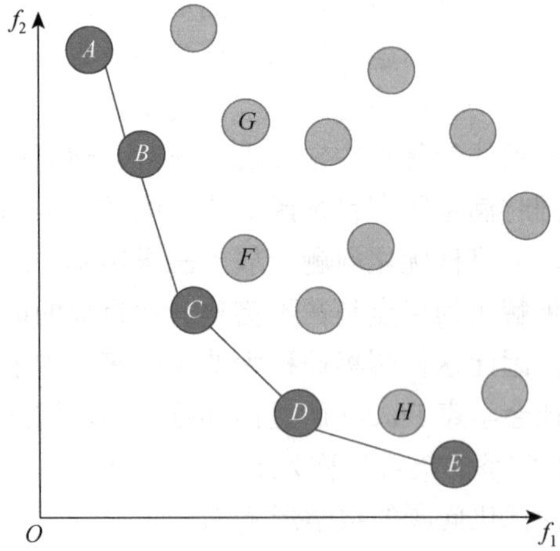


图 3.26　多目标优化问题的非劣解示意图

由于传统的数学规划方法只能以串行的方式进行单点搜索，无法同时评估多个目标的优劣，因此难以应用于求解非劣解这种基于集合论的向量评估方式。遗传算法可以通过对种群进行遗传操作而在整个解空间上同步地对多个解进行寻

优，具有较高的运算效率。因此，遗传算法能够有效地应用于多目标优化问题的求解，已经成为多目标优化问题的主流方法之一。

### 3.3.3　遗传算法与 NSGA-II 算法

#### 1. 遗传算法简介

遗传算法是由密歇根大学的 Holland 教授和他的同事于 20 世纪 60 年代在对细胞自动机进行研究时率先提出的。它是以达尔文的生物进化论和孟德尔的遗传变异理论为基础，仿照生物界中优胜劣汰的进化法则，进行自适应启发式全局优化的搜索算法。

在遗传算法中，优化问题的解被称为个体，它表示为一个变量序列，称为染色体或者基因串，这个变量序列一般通过简单的字符串或数组进行表示。群体是由特定数量的个体组成的集合，群体中个体的数目称为群体大小。群体中的每个个体均对应一个适应度，表示该个体对于环境的适应能力，每个个体的适应度值是通过计算适应度函数得到的。

基本遗传算法的流程如图 3.27 所示，具体步骤如下所述。

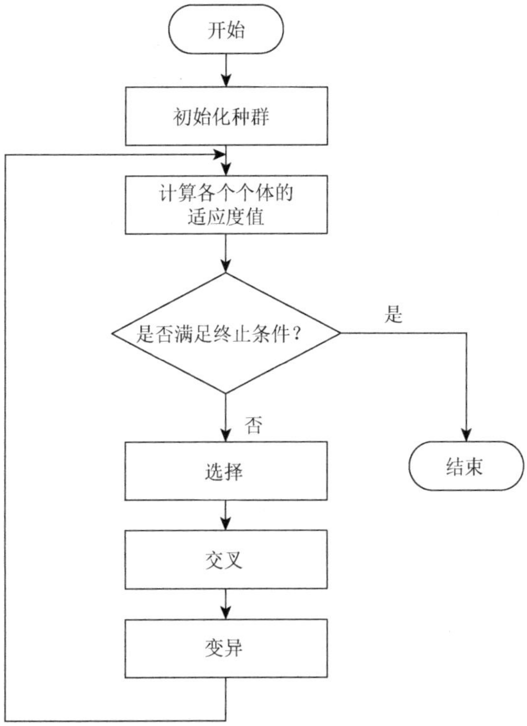


图 3.27　基本遗传算法的流程

（1）编码和产生初始群体。根据需要解决的问题确定一种合适的编码方式，随机产生初始群体，该初始群体由 $N$ 个染色体组成：

$$\mathrm{pop}_i(t),\quad i=1,2,\cdots,N \tag{3.16}$$

（2）计算适应度值。计算群体 $\mathrm{pop}(t)$ 中每一个染色体 $\mathrm{pop}_i(t)$ 所对应的适应度值：

$$f_i=\mathrm{fitness}[\mathrm{pop}_i(t)] \tag{3.17}$$

（3）适应度评估。根据步骤（2）中计算得到的染色体适应度值，判断算法是否满足给定的收敛条件，如果满足收敛条件则结束搜索并输出最终的结果；如果不能满足收敛条件则继续对种群进行步骤（4）～（6）中的遗传操作。

（4）选择操作。首先根据各个个体的适应度值计算选择概率：

$$P_i=\frac{f_i}{\sum_{j=1}^{N}f_j},\quad i=1,2,\cdots,N \tag{3.18}$$

然后将当前群体 $\mathrm{pop}_i(t)$ 中的若干染色体根据式（3.18）所计算出的概率遗传至下一代，并生成如下新的种群：

$$\mathrm{newpop}(t+1)=\{\mathrm{pop}_j(t+1)\,|\,j=1,2,\cdots,N\} \tag{3.19}$$

这样，能够以较高的概率将适应度值较高的个体遗传至下一代，而适应度值较低的个体只能以较低的概率被遗传至下一代，甚至不能被遗传而被淘汰，这就意味着新种群比前一代种群更接近问题的最优解。

（5）交叉操作。将不同个体的编码以概率 $P_c$ 进行交叉配对生成一些新的个体，将这些新个体与原有的个体组合，可以得到一个新的种群，记为 $\mathrm{crosspop}(t+1)$。

（6）变异操作。在交叉的基础上，令个体的编码以一个较小的概率发生突变，得到一个新的种群，记为 $\mathrm{mutpop}(t+1)$。至此该种群完成了一次遗传操作，可以作为下一次迭代过程中的父代而被传入步骤（2），因此将该种群记为 $\mathrm{pop}(t+1)$。

遗传算法主要具有以下特点。

（1）遗传算法具有较强的全局寻优能力。传统优化算法的初始值往往是单一的，因此迭代后生成的最优解往往是局部最优解；而遗传算法的初始值（初始种群）是一个集合，覆盖面较大，容易得到全局最优解。

（2）遗传算法的通用性较强。遗传算法的搜索依靠的是适应度，而适应度的计算并不依赖与待解决的问题直接相关的信息（如问题导数等），因此遗传算法能够很容易形成通用程序，几乎能够处理任何优化问题。

（3）遗传算法具有极强的鲁棒性和容错能力。在遗传算法的初始种群中，天然包含许多与最优解相差甚远的个体，这些个体包含了大量与最优解不同的信息。选择、交叉和变异这些遗传操作能够并行、快速地将这些个体和信息过滤掉，因此遗传算法是一个强烈的并行滤波机制，其寻优结果具有较强的稳定性。

（4）遗传算法中的选择、交叉和变异等遗传操作都是随机进行的，也就是说，遗传算法并不是通过确定的精确规则进行寻优的。其中，选择操作是向最优解逼近的过程，交叉操作是产生最优解的过程，变异操作确保种群能够覆盖到全局最优解。

（5）遗传算法具有隐含的并行性，当群体的大小为 $n$ 时，每代处理的图式数目为 $O(n^3)$，说明遗传算法的内部具有并行处理的特质。

**2. NSGA-II 算法简介**

为了解决多目标优化问题，Srinivas 和 Deb 提出了基于 Pareto 最优概念的非支配排序遗传算法（NSGA）。该算法使用非支配排序算法取代了遗传算法中的传统排序算法，使得遗传算法能够用于解决多目标优化问题。但是，由于 NSGA 算法存在计算复杂度高等缺点，限制了其进一步发展。为了解决这些问题，Deb 等在 NSGA 算法的基础上又提出了带精英策略的非支配排序遗传算法——NSGA-II 算法，显著提高了 NSGA 算法的性能，使得遗传算法能够更加有效地解决多目标优化问题。

非支配排序遗传算法的流程如图 3.28 所示。从该流程图可以看出，NSGA 算法与基本遗传算法的主要区别在于，NSGA 算法在基本遗传算法的基础上增加了对种群进行非支配排序并分层的改进，该算法的具体步骤如下：

（1）设 $i=1$；

（2）对于 $\forall j \in \{1, 2, \cdots, N\}$ 且 $j \neq i$，基于适应度函数比较个体 $\boldsymbol{x}_i$ 和 $\boldsymbol{x}_j$ 之间的支配与非支配关系；

（3）如果不存在任何一个个体 $\boldsymbol{x}_j$ 优于 $\boldsymbol{x}_i$，则 $\boldsymbol{x}_i$ 标记为非支配个体；

（4）令 $i=i+1$，转至步骤（2），直到找到所有的非支配个体。

至此，能够获得一个包含所有非支配个体的集合，这个集合被称为第一级非支配层。按照上述对非支配个体之外的其余个体再进行一次非支配排序得到的非支配个体集合，被称为第二级非支配层。重复这一步骤，能够将种群中的全部个体均进行非支配排序与分层。这样处理的好处在于，基于非支配排序的分层操作能够提高适应度高的个体在选择操作中遗传至下一代的概率。

在进行非支配排序时，种群的每一级非支配层都将获得一个虚拟适应度值，以体现层级之间的非支配关系。这种做法的好处是，在选择操作中能够使级别较低的非支配个体被遗传至下一代的概率增大，保证各非支配层上的个体的特性具有多样性，进而使算法能够更容易地将搜索范围确定在最优范围内。NSGA 算法使用了基于拥挤策略的共享小生境技术，该技术能够重新指定虚拟适应度值。设第 $m$ 级非支配层上有 $n_m$ 个个体，每个个体的虚拟适应度值为 $f_m$，且令 $i, j=1, 2, \cdots, n_m$，则指定虚拟适应度值的步骤如下所述。

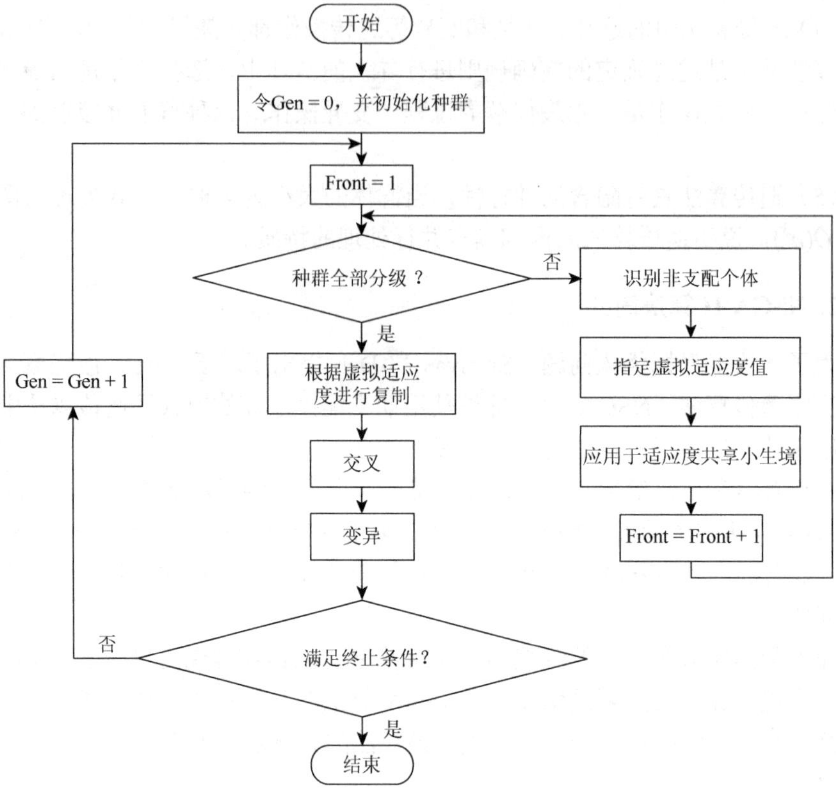


图 3.28　NSGA 流程图

（1）计算同一个非支配层的个体 $i$ 和个体 $j$ 之间的欧氏距离：

$$d_{ij}=\sqrt{\sum_{k=1}^{p}\left(\frac{\boldsymbol{x}_k^{(i)}-\boldsymbol{x}_k^{(i)}}{\boldsymbol{x}_k^{\max}-\boldsymbol{x}_k^{\min}}\right)^2} \tag{3.20}$$

式中，$p$ 为决策变量的个数；$\boldsymbol{x}_k^{\max}$ 和 $\boldsymbol{x}_k^{\min}$ 分别为第 $k$ 个决策变量的上界和下界。

（2）使用共享函数 $s$ 表示个体 $i$ 与小生境群体中其他个体的关系：

$$s(d_{ij})=\begin{cases}1-\left(\dfrac{d_{ij}}{\sigma_{\text{share}}}\right)^{\alpha}, & d_{ij}<\sigma_{\text{share}}\\ 0, & d_{ij}\geqslant\sigma_{\text{share}}\end{cases} \tag{3.21}$$

式中，$\sigma_{\text{share}}$ 为共享半径；$\alpha$ 为常数。

（3）令 $j=j+1$，若 $j\leqslant n_m$，则转至步骤（1），否则计算出个体 $i$ 的小生境数量为

$$c_i=\sum_{j=1}^{n_m}s(d_{ij}) \tag{3.22}$$

（4）计算出个体 $i$ 的共享适应度值：

$$f'_m = \frac{f_m}{c_i} \tag{3.23}$$

重复上述步骤，即可得到每一个个体的共享适应度值。

NSGA 算法在实际的工程应用中存在如下三个缺陷。

（1）计算复杂度较高，为 $O(MN^3)$（其中，$M$ 为目标函数个数，$N$ 为种群大小），因此算法优化时间长、效率较低，尤其表现在种群数量大、迭代次数较多时。

（2）缺乏精英策略。精英策略不但能够显著提高遗传算法的计算速度，而且能防止搜索到的好的个体遭到遗弃。

（3）需要人为给定共享半径 $\sigma_{\text{share}}$，从工程应用的角度讲，共享小生境技术这种需要参数的种群多样性保障机制并不理想。

针对以上缺陷，NSGA-II 算法对 NSGA 算法进行了改进，主要体现在如下三个方面。

（1）提出一种基于分级的快速非支配排序算法，有效地使算法的复杂度降低，提升了算法的执行效率。

（2）将拥挤度和拥挤度比较算子引入计算，一方面，不再需要指定共享半径 $\sigma_{\text{share}}$ 以实现适应度共享策略；另一方面，拥挤度和拥挤度比较算子可以对属于同一个非支配层的个体进行比较，使得搜索过程中的中间解能够均匀地分布在整个 Pareto 域，且种群具有多样化特性，更容易实现全局寻优。

（3）引入精英策略，利用父代种群与子代种群的竞争使采样的空间扩大，同时使得下一代种群能够保留父代中的精英，有利于得到更加优良的子代种群。

NSGA-II 算法流程如图 3.29 所示，其基本步骤如下所述。

（1）设种群规模为 $N$，随机生成初始种群。然后对初始种群进行非支配排序，对排序后的初始种群进行选择、交叉和变异操作，生成第一代子代种群。

（2）对于第二代及之后的子代，首先将父代种群与子代种群组合成一个整体，对其进行快速非支配排序；在进行排序的同时，计算每个非支配层中各个个体所对应的拥挤度；最后综合考虑个体的非支配关系和拥挤度，选择合适的个体生成新的父代种群。

（3）对父代种群进行基本遗传算法中的选择、交叉和变异操作，产生新的子代种群。

（4）重复步骤（2）和步骤（3），直到满足收敛条件，结束算法的迭代循环。

NSGA-II 算法中，快速非支配排序算法是降低算法计算复杂度的主要手段。设种群为 $P$，将种群中支配个体 $p$ 的个体数量记为 $n_p$，将种群中被个体 $p$ 支配的个体集合记为 $s_p$，则快速非支配排序算法的主要步骤如下。

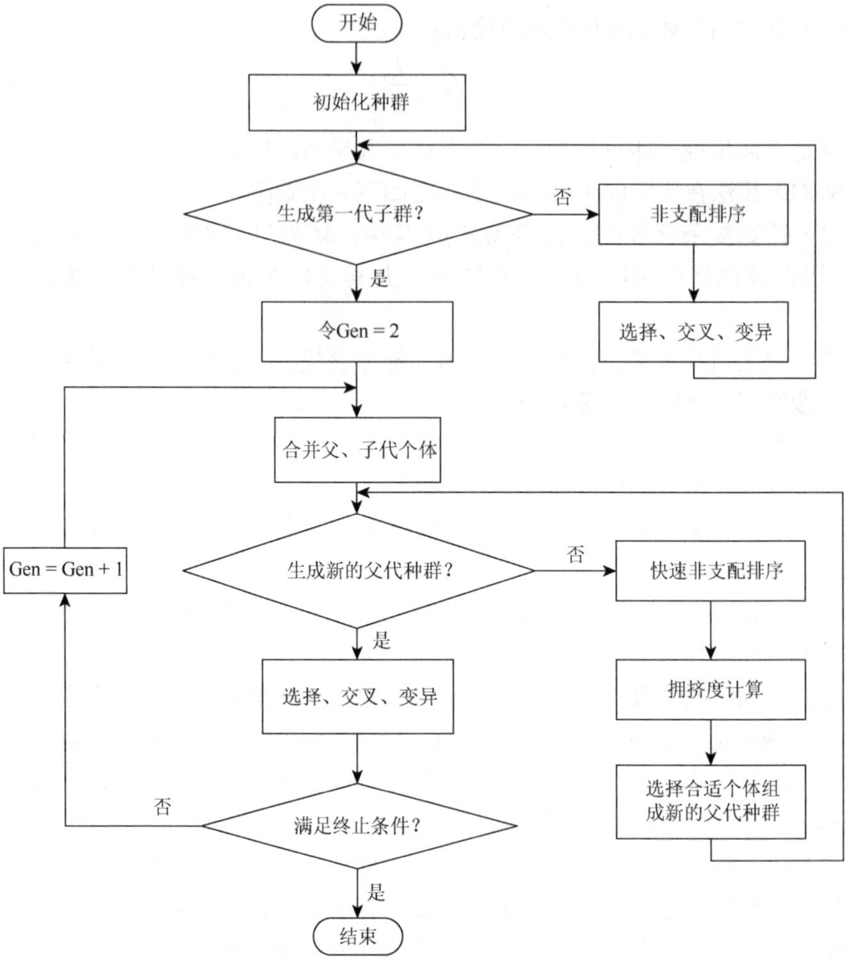


图 3.29　NSGA-II 算法流程图

（1）找到种群中所有 $n_p=0$ 的个体，并保存在当前集合 $F_1$ 中。

（2）对于当前集合 $F_1$ 中的每个个体 $i$，其支配的个体集合为 $S_i$。遍历 $S_i$ 中的每个个体 $\ell$，执行 $n_\ell=n_\ell-1$，如果 $n_\ell=0$，则将个体 $\ell$ 保存在集合 $H$ 中。

（3）记 $F_1$ 中得到的个体为第一个非支配层的个体，并将 $H$ 作为当前集合。

（4）重复上述步骤，直到整个种群完成分级。

NSGA-II 算法的另一项改进是利用拥挤度来取代共享小生境技术。拥挤度是种群中单个个体的指标，指包含在某一个个体邻域内的其他个体的密度。拥挤度可以被直观地理解为个体 $n$ 周围仅仅包含个体 $n$ 本身的最大长方形的长，用 $n_d$ 表示，如图 3.30 所示。拥挤度的计算不需要人为指定任何参数，只需要根据适应度值进行计算即可，相较于共享小生境技术，更具有工程应用价值。

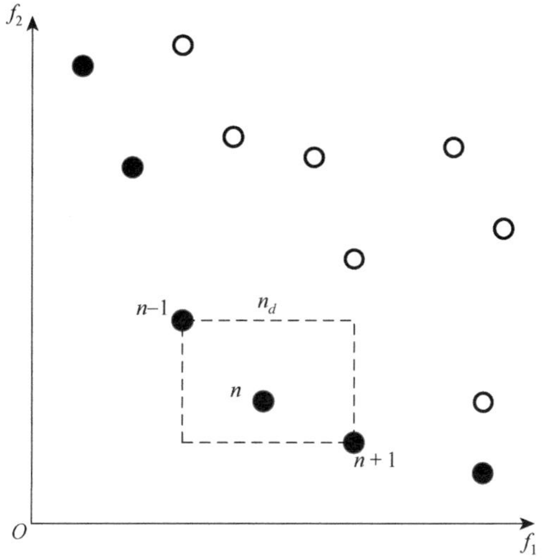


图 3.30　拥挤度示意图

### 3.3.4　基于 NSGA-II 算法的机器人最优采样点多目标优化

现有的采样点优化方法主要有两种。第一种方法是通过试验验证的方法，对不同的采样点能够实现的机器人定位精度进行实际测量，然后通过统计学分析等手段，确定最优采样点的个数、位置、间距或步长。这种方法的优点在于机器人的最优采样点是通过实际测量数据直接获得的，因此具有较高的可靠性。但是这种方法的弊端也十分明显，因为统计分析需要大量的测量数据，导致在进行采样点优化之前就已经对机器人进行了大量的采样工作，消耗了大量的时间，与采样点规划的初衷有所背离。

第二种方法是通过理论分析与计算，在实际采样之前根据一定的标准确定最优采样点的个数和位置。由于这种方法能够在采样之前就确定最优采样点，因此与第一种方法相比更具有工程应用价值。但是现有的计算标准以机器人运动学参数的能观测度指标为主，如前面内容所述，能观测度指标仅适用于基于运动学模型的机器人精度补偿方法，具有一定的局限性。

本节对上述两种方法进行了整合，提出了基于 NSGA-II 的机器人最优采样点多目标优化算法，该算法的基本思路是：首先，通过对机器人运动空间中的定位误差进行少量的实际测量，对机器人进行初步的预补偿，以确定机器人的定位误差规律；然后，以多组采样点构成遗传算法的种群，使用机器人精度补偿技术对机器人运动空间中的目标点进行误差估计与补偿；最后，以最优采样点数学模型为标准，使用 NSGA-II 对采样点种群进行多目标优化，得到最优采样点的非劣解集。该算法的基本流程如图 3.31 所示。

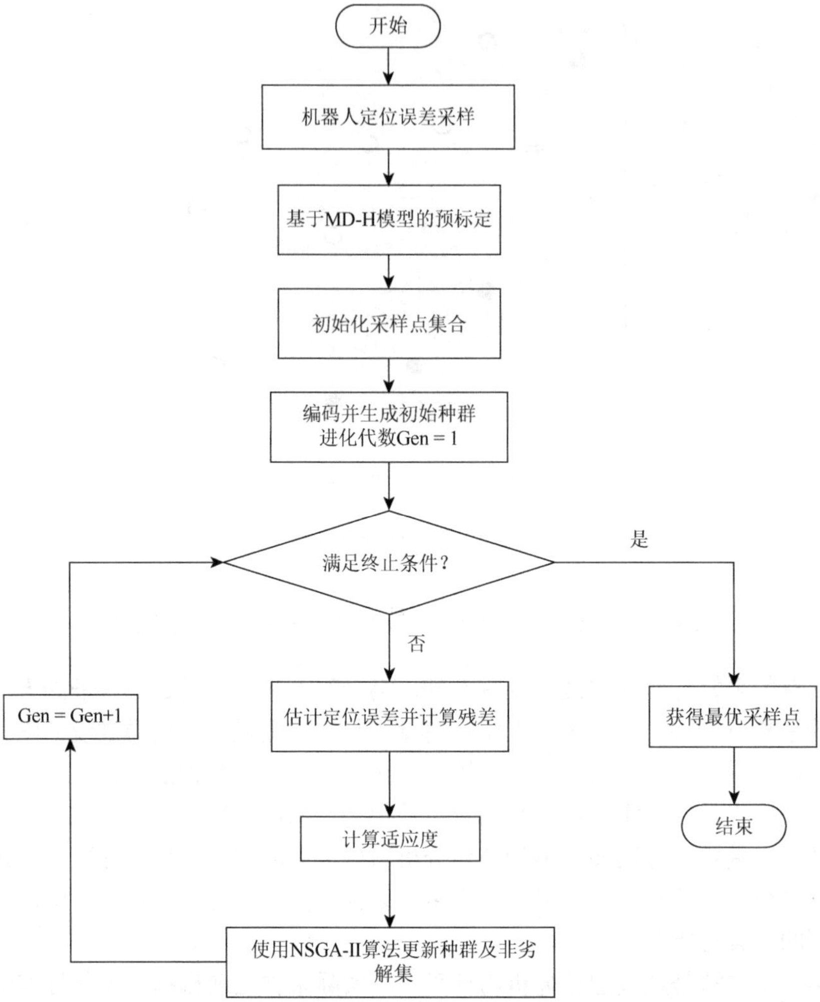


图 3.31　基于 NSGA-II 的机器人最优采样点多目标优化算法流程图

基于 NSGA-II 的机器人最优采样点多目标优化算法的具体步骤如下所述。

（1）预补偿。在机器人运动空间中选取若干采样点并测量它们的实际定位误差，根据前面内容基于 MD-H 模型的机器人运动学参数补偿方法，对机器人的运动学参数误差进行初步的补偿。值得注意的是，本步骤所做的预补偿只是为采样点优化的后期运算进行的预处理，因此本步骤所需要的采样点数量不宜过多，只需要能大致获取机器人的实际误差状态即可；并且，本步骤中的机器人运动学参数补偿也不能作为最终的机器人精度补偿的依据。

（2）初始化采样点集合。在机器人运动空间中随机生成一个具有 $N$ 个采样点的待选点集合 $D$，该集合构成了最优采样点的寻优搜索空间。利用步骤（1）中建立的机器人运动学误差模型，计算集合 $D$ 中所有采样点的定位误差，完成采样点集合的初始化。在采样点的多目标优化算法中，这些定位误差即被视为机器人在无精度补偿状态下的实际误差，即式（3.13）中的 $\Delta \boldsymbol{P}_{\mathrm{u}}^{(i)}, i=1,2,\cdots,N$ 。

（3）编码并生成种群。对于种群中的每一个个体，其编码均为一个 $N$ 维的二进制向量，即该向量的元素仅由 0 或 1 组成，每一个元素与待选点集合 $D$ 中的点一一对应。这种编码方式的意义是，若第 $i$ 个元素所对应的编码为 1，则表示在待选点集合 $D$ 中的第 $i$ 个点被选为用于实施精度补偿的采样点；反之，表示该点被视为精度补偿的验证点，用以验证选出的采样点集合所能实现的精度补偿效果。根据每一个个体的编码，都会随机挑选出若干用于精度补偿的采样点，将每一个个体的采样点构成的采样点集合记为 $S$，因此有 $S \subseteq D$ 。

（4）定位误差估计与残余误差计算。对于每一个个体，利用与其对应的采样点集合 $S$ 中各点的定位误差，计算出集合 $D$ 中所有点的定位误差估计值，这些定位误差的估计值即可视为式（3.13）中的 $\Delta \boldsymbol{P}_{\mathrm{c}}^{(i)}, i=1,2,\cdots,N$ 。对集合 $D$ 中的每一个点，计算 $\left\|\Delta \boldsymbol{P}_{\mathrm{c}}^{(i)}-\Delta \boldsymbol{P}_{\mathrm{u}}^{(i)}\right\|$，即可模拟得到各点在精度补偿后的残余误差大小。

（5）计算适应度。对于每一个个体，根据式（3.13）所描述的最优采样点的数学模型，计算对应的适应度。对应需要优化的两个目标，每一个个体应该包含两个适应度函数。其中，适应度函数 $f_1$ 即为采样点集合 $S$ 的元素个数；适应度函数 $f_2$ 为步骤（4）中计算得到的各点残余误差之和，但是由于存在补偿后的精度要求的约束（即式（3.13）中的约束 2），因此适应度函数 $f_2$ 定义为

$$f_2=\begin{cases}+\infty, & \exists \boldsymbol{P}^{(i)} \in D \text{ s.t.} \left\|\Delta \boldsymbol{P}_{\mathrm{c}}^{(i)}-\Delta \boldsymbol{P}_{\mathrm{u}}^{(i)}\right\|>\varepsilon \\ \sum_{i=1}^{N}\left\|\Delta \boldsymbol{P}_{\mathrm{c}}^{(i)}-\Delta \boldsymbol{P}_{\mathrm{u}}^{(i)}\right\|, & \text{其他}\end{cases} \tag{3.24}$$

即只要存在某一个点的残余误差出现超差的情况，就令该个体的适应度值为 $+\infty$，确保其在非支配排序和选择的过程中不能被遗传至下一代，在保证多目标优化的约束条件的前提下，尽可能地提高寻优的效率。

（6）更新种群及非劣解集。对经过上述步骤处理后的种群，使用 NSGA-II 算法进行快速非支配排序、拥挤度计算、选择、交叉和变异等遗传算法操作，更新最优采样点的非劣解集，同时得到更新后的新种群，用于下一代计算。

（7）迭代寻优。重复步骤（4）～步骤（6）直至满足结束条件，即可得到最优采样点的最终非劣解集。

基于 NSGA-II 的机器人最优采样点多目标优化算法，主要具有如下两个特点：第一，该优化算法的基础是机器人最优采样点数学模型，该模型以机器人在精度补偿后的最终定位精度和采样点数目作为评价采样点优劣的标准，相比机器人运动学参数的能观测度指标，更加符合实际工程应用的要求，而且该数学模型

对机器人精度补偿方法并没有具体的限制，因此具有更强的通用性；第二，该最优采样点多目标优化算法，仅需要对机器人进行少量的实际采样即可进行最优采样点的寻优，相比使用统计学分析的采样点优化算法，能够极大地减少前期的采样工作，更加符合采样点优化的初衷，具有更好的工程应用价值。

## 习 题

3-1 为什么需要对机器人的采样点进行规划？

3-2 常见的机器人采样点规划方法有哪些？

3-3 能观测度指标有哪些？各能观测度指标有什么意义？

3-4 什么是最优网格步长？最优网格步长如何确定？

3-5 简述基于 NSGA-II 的机器人最优采样点多目标优化算法的特征及具体步骤。

3-6 采样点效率和最终精度补偿效果之间的矛盾在哪里？

3-7 NSGA-II 与 NSGA 相比，做了哪些改进？

3-8 请简述 NSGA-II 的非劣解（Pareto 前沿）是如何构成的。

3-9 什么是非劣解？什么是拥挤度？

3-10 试编写程序完成 KUKA KR210 工业机器人空间采样点的随机生成，以任一能观性指标为优化条件，采样范围为 1000 mm×1000 mm×1000 mm 立方体。

# 第4章 机器人定位误差建模及精度补偿技术

由于机器人的各连杆在制造、装配等过程中不可避免地存在误差，这就使得机器人各杆件参数的实际值与名义值之间存在差异，从而导致机器人末端实际到达的位姿与期望到达的位姿之间存在一定的偏差。几何误差因素引起的机器人末端 TCP 位姿误差占机器人总误差的 80%以上，因此几何误差是机器人运动学精度补偿技术需要解决的首要误差因素。几何误差描述了机器人本体结构参数及机器人系统与外部系统关联参数的准确性。几何误差的补偿必须综合考虑各连杆参数误差、基坐标系建立误差、关节传动误差、关节回差以及柔度变形误差等各类误差因素。因此，研究机器人运动学精度补偿方法，需要准确辨识机器人几何参数误差。

本章首先针对机器人运动学误差的精度补偿问题，基于刚体微分运动模型和机器人 MD-H 模型建立仅考虑机器人运动学参数偏差的定位误差模型。接着，引入基坐标系建立误差、关节误差、柔度误差等误差因素，建立扩展的机器人运动学定位误差模型，详细阐述机器人参数辨识算法，实现机器人参数误差的精确补偿。最后，针对机器人参数误差空间分布不均匀问题，给出了空间网格化的变参数误差模型。

## 4.1 机器人定位误差建模基础

### 4.1.1 机器人微分运动学模型

刚体的微分运动包括微分平移和微分旋转，微分平移由沿坐标系三个坐标轴方向的微分平移向量描述，微分旋转由绕坐标系三个坐标轴的微分旋转向量描述。

根据第 2 章关于齐次变换的定义，表示微分平移的变换矩阵为

$$\boldsymbol{T}_{\text{trans}}(d_x, d_y, d_z) = \begin{bmatrix} 1 & 0 & 0 & d_x \\ 0 & 1 & 0 & d_y \\ 0 & 0 & 1 & d_z \\ 0 & 0 & 0 & 1 \end{bmatrix} \tag{4.1}$$

式中，$\boldsymbol{T}_{\text{trans}}(d_x, d_y, d_z)$ 表示变换后的坐标系相对于固定的基准坐标系的微分平移；$d_x$、$d_y$、$d_z$ 表示沿各坐标轴的平移分量。

微分旋转是坐标系的微量的旋转，通常是绕空间某一矢量 $\boldsymbol{f}$ 来进行的，用 $\boldsymbol{T}_{\text{rot}}(\boldsymbol{f}, \mathrm{d}\theta)$ 来表示。而旋转的 $\mathrm{d}\theta$ 可以分解为分别绕 $x$、$y$、$z$ 三个方向的旋转。假设绕 $x$、$y$、$z$ 三个方向的微分转动分别定义为 $\delta_x$、$\delta_y$、$\delta_z$，此时显然有 $\mathrm{d}\theta=\sqrt{\delta_x^2+\delta_y^2+\delta_z^2}$。

由于 $\mathrm{d}\theta$ 是无穷小量，有

$$\begin{cases}\sin\mathrm{d}\theta\approx\mathrm{d}\theta\\ \cos\mathrm{d}\theta\approx 1\end{cases}\tag{4.2}$$

因此，根据式（2.4）～式（2.6）及式（4.2），可得绕 $x$、$y$、$z$ 轴的微分旋转矩阵分别为

$$\boldsymbol{T}_{\text{rot}}(x,\delta_x)=\begin{bmatrix}1&0&0&0\\0&\cos\delta_x&-\sin\delta_x&0\\0&\sin\delta_x&\cos\delta_x&0\\0&0&0&1\end{bmatrix}=\begin{bmatrix}1&0&0&0\\0&1&-\delta_x&0\\0&\delta_x&1&0\\0&0&0&1\end{bmatrix}\tag{4.3}$$

$$\boldsymbol{T}_{\text{rot}}(y,\delta_y)=\begin{bmatrix}\cos\delta_y&0&\sin\delta_y&0\\0&1&0&0\\-\sin\delta_y&0&\cos\delta_y&0\\0&0&0&1\end{bmatrix}=\begin{bmatrix}1&0&\delta_y&0\\0&1&0&0\\-\delta_y&0&1&0\\0&0&0&1\end{bmatrix}\tag{4.4}$$

$$\boldsymbol{T}_{\text{rot}}(z,\delta_z)=\begin{bmatrix}\cos\delta_z&-\sin\delta_z&0&0\\\sin\delta_z&\cos\delta_z&0&0\\0&0&1&0\\0&0&0&1\end{bmatrix}=\begin{bmatrix}1&-\delta_z&0&0\\\delta_z&1&0&0\\0&0&1&0\\0&0&0&1\end{bmatrix}\tag{4.5}$$

在矩阵乘法中，矩阵的乘积与相乘的次序是密切相关的。如果使两个微分运动以不同的顺序相乘，得到如下结果：

$$\boldsymbol{T}_{\text{rot}}(x,\delta_x)\,\boldsymbol{T}_{\text{rot}}(y,\delta_y)=\begin{bmatrix}1&0&0&0\\0&1&-\delta_x&0\\0&\delta_x&1&0\\0&0&0&1\end{bmatrix}\begin{bmatrix}1&0&\delta_y&0\\0&1&0&0\\-\delta_y&0&1&0\\0&0&0&1\end{bmatrix}=\begin{bmatrix}1&0&\delta_y&0\\\delta_x\delta_y&1&-\delta_x&0\\-\delta_y&\delta_x&1&0\\0&0&0&1\end{bmatrix}\tag{4.6}$$

$$\boldsymbol{T}_{\text{rot}}(y,\delta_y)\,\boldsymbol{T}_{\text{rot}}(x,\delta_x)=\begin{bmatrix}1&0&\delta_y&0\\0&1&0&0\\-\delta_y&0&1&0\\0&0&0&1\end{bmatrix}\begin{bmatrix}1&0&0&0\\0&1&-\delta_x&0\\0&\delta_x&1&0\\0&0&0&1\end{bmatrix}=\begin{bmatrix}1&\delta_x\delta_y&\delta_y&0\\0&1&-\delta_x&0\\-\delta_y&\delta_x&1&0\\0&0&0&1\end{bmatrix}\tag{4.7}$$

很明显，式（4.6）和式（4.7）是不同的，但是如果忽略高阶微分，那么两式

的结果是完全相同的。因此可以得出一个结论：在忽略高阶微分项的前提下，微分运动中矩阵相乘的顺序并不重要。

因此，绕一般轴 $\boldsymbol{f}$ 的旋转微分运动可以表示为

$$\boldsymbol{T}_{\text{rot}}(\boldsymbol{f},\mathrm{d}\theta)=\boldsymbol{T}_{\text{rot}}(x,\delta_x)\,\boldsymbol{T}_{\text{rot}}(y,\delta_y)\boldsymbol{T}_{\text{rot}}(z,\delta_z)$$
$$=\begin{bmatrix}1 & -\delta_z & \delta_y & 0\\ \delta_z & 1 & -\delta_x & 0\\ -\delta_y & \delta_x & 1 & 0\\ 0 & 0 & 0 & 1\end{bmatrix} \tag{4.8}$$

若某坐标系与某刚体固连，设其相对于固定的基准坐标系的位姿变换矩阵为 $\boldsymbol{T}$。当出现微小误差，即该坐标系存在微分运动时，该坐标系的位姿变换矩阵变为 $\boldsymbol{T}+\mathrm{d}\boldsymbol{T}$。

对于固定基准坐标系，有

$$\boldsymbol{T}+\mathrm{d}\boldsymbol{T}=\boldsymbol{T}_{\text{trans}}(d_x,d_y,d_z)\boldsymbol{T}_{\text{rot}}(\boldsymbol{f},\mathrm{d}\theta)\,\boldsymbol{T} \tag{4.9}$$

整理式（4.9），可得

$$\mathrm{d}\boldsymbol{T}=[\boldsymbol{T}_{\text{trans}}(d_x,d_y,d_z)\,\boldsymbol{T}_{\text{rot}}(\boldsymbol{f},\mathrm{d}\theta)-\boldsymbol{I}]\,\boldsymbol{T}=\boldsymbol{\Delta}\boldsymbol{T} \tag{4.10}$$

式中

$$\boldsymbol{\Delta}=\boldsymbol{T}_{\text{trans}}(d_x,d_y,d_z)\,\boldsymbol{T}_{\text{rot}}(\boldsymbol{f},\mathrm{d}\theta)-\boldsymbol{I} \tag{4.11}$$

对于当前运动坐标系，有

$$\boldsymbol{T}+\mathrm{d}\boldsymbol{T}=\boldsymbol{T}\,\boldsymbol{T}_{\text{trans}}(d_x,d_y,d_z)\boldsymbol{T}_{\text{rot}}(\boldsymbol{f},\mathrm{d}\theta) \tag{4.12}$$

整理式（4.12），可得

$$\mathrm{d}\boldsymbol{T}=\boldsymbol{T}[\boldsymbol{T}_{\text{trans}}(d_x,d_y,d_z)\,\boldsymbol{T}_{\text{rot}}(\boldsymbol{f},\mathrm{d}\theta)-\boldsymbol{I}]=\boldsymbol{T}\boldsymbol{\Delta} \tag{4.13}$$

进一步地，有

$$\boldsymbol{\Delta}=\begin{bmatrix}0 & -\delta_z & \delta_y & d_x\\ \delta_z & 0 & -\delta_x & d_y\\ -\delta_y & \delta_x & 0 & d_z\\ 0 & 0 & 0 & 0\end{bmatrix} \tag{4.14}$$

于是，微分变换 $\boldsymbol{\Delta}$ 可以看作由微分平移向量 $\boldsymbol{d}$ 和微分旋转向量 $\boldsymbol{\delta}$ 所构成的矩阵，其中 $\boldsymbol{d}=d_x\boldsymbol{i}+d_y\boldsymbol{j}+d_z\boldsymbol{k}$，$\boldsymbol{\delta}=\delta_x\boldsymbol{i}+\delta_y\boldsymbol{j}+\delta_z\boldsymbol{k}$。

### 4.1.2　相邻连杆的微分变换

当连杆参数存在误差时，相邻连杆之间的连杆变换也将出现误差。由于机器人的连杆参数误差为小量，连杆变换误差也可以视为由连杆参数误差所引起的微分变换。

假设连杆 $\{i+1\}$ 相对于连杆 $\{i\}$ 的理论连杆变换为 ${}^{i}\boldsymbol{T}_{i+1}$，当连杆参数存在误差

时，实际的连杆变换为 ${}^{i}\boldsymbol{T}_{i+1}+\mathrm{d}^{i}\boldsymbol{T}_{i+1}$。其中，$\mathrm{d}^{i}\boldsymbol{T}_{i+1}$ 是连杆$\{i+1\}$相对于连杆$\{i\}$的微分变化量，可以近似地写为机器人各连杆参数误差的线性组合：

$$\mathrm{d}^{i}\boldsymbol{T}_{i+1}=\frac{\partial^{i}\boldsymbol{T}_{i+1}}{\partial\theta_i}\Delta\theta_i+\frac{\partial^{i}\boldsymbol{T}_{i+1}}{\partial d_i}\Delta d_i+\frac{\partial^{i}\boldsymbol{T}_{i+1}}{\partial a_i}\Delta a_i+\frac{\partial^{i}\boldsymbol{T}_{i+1}}{\partial\alpha_i}\Delta\alpha_i+\frac{\partial^{i}\boldsymbol{T}_{i+1}}{\partial\beta_i}\Delta\beta_i \quad (4.15)$$

式中，$\Delta\theta_i$、$\Delta d_i$、$\Delta a_i$、$\Delta\alpha_i$ 和 $\Delta\beta_i$ 表示 MD-H 模型中各个连杆参数的微小误差。

式（2.21）关于 $\theta_i$ 求偏导，有

$$\frac{\partial^{i}\boldsymbol{T}_{i+1}}{\partial\theta_i}=\begin{bmatrix}-s\theta_i c\beta_i-s\alpha_i c\theta_i s\beta_i & -c\alpha_i c\theta_i & -s\theta_i s\beta_i+s\alpha_i c\theta_i c\beta_i & -a_i s\theta_i\\ c\theta_i c\beta_i-s\alpha_i s\theta_i s\beta_i & -c\alpha_i s\theta_i & c\theta_i s\beta_i+s\alpha_i s\theta_i c\beta_i & a_i c\theta_i\\ 0&0&0&0\\ 0&0&0&0\end{bmatrix} \quad (4.16)$$

由于偏导数使用理论连杆参数进行计算，令 $\beta_i=0$，式（4.16）可简化为

$$\frac{\partial^{i}\boldsymbol{T}_{i+1}}{\partial\theta_i}=\begin{bmatrix}-s\theta_i & -c\alpha_i c\theta_i & s\alpha_i c\theta_i & -a_i s\theta_i\\ c\theta_i & -c\alpha_i s\theta_i & s\alpha_i s\theta_i & a_i c\theta_i\\ 0&0&0&0\\ 0&0&0&0\end{bmatrix}=\boldsymbol{D}_{\theta i}\,{}^{i}\boldsymbol{T}_{i+1} \quad (4.17)$$

式中

$$\boldsymbol{D}_{\theta i}=\begin{bmatrix}0&-1&0&0\\1&0&0&0\\0&0&0&0\\0&0&0&0\end{bmatrix} \quad (4.18)$$

同理，式（2.21）关于 $d_i$、$a_i$、$\alpha_i$ 及 $\beta_i$ 求偏导，有

$$\boldsymbol{D}_{di}=\begin{bmatrix}0&0&0&0\\0&0&0&0\\0&0&0&1\\0&0&0&0\end{bmatrix} \quad (4.19)$$

$$\boldsymbol{D}_{ai}=\begin{bmatrix}0&0&0&c\theta_i\\0&0&0&s\theta_i\\0&0&0&0\\0&0&0&0\end{bmatrix} \quad (4.20)$$

$$\boldsymbol{D}_{\alpha i}=\begin{bmatrix}0&0&s\theta_i&-d_i s\theta_i\\0&0&-c\theta_i&d_i c\theta_i\\-s\theta_i&c\theta_i&0&0\\0&0&0&0\end{bmatrix} \quad (4.21)$$

$$\boldsymbol{D}_{\beta i}=\begin{bmatrix}0 & -s\alpha_i & c\theta_i c\alpha_i & a_i s\theta_i s\alpha_i-d_i c\theta_i c\alpha_i\\ s\alpha_i & 0 & s\theta_i c\alpha_i & -a_i c\theta_i s\alpha_i-d_i s\theta_i c\alpha_i\\ -c\theta_i c\alpha_i & -s\theta_i c\alpha_i & 0 & a_i c\alpha_i\\ 0 & 0 & 0 & 0\end{bmatrix} \tag{4.22}$$

那么，式（4.15）可以写成

$$\mathrm{d}\,{}^i\boldsymbol{T}_{i+1}=(\boldsymbol{D}_{\theta i}\Delta\theta_i+\boldsymbol{D}_{di}\Delta d_i+\boldsymbol{D}_{ai}\Delta a_i+\boldsymbol{D}_{\alpha i}\Delta\alpha_i+\boldsymbol{D}_{\beta i}\Delta\beta_i)\,{}^i\boldsymbol{T}_{i+1}=\delta\,{}^i\boldsymbol{T}_{i+1}\ {}^i\boldsymbol{T}_{i+1} \tag{4.23}$$

式中，$\delta\,{}^i\boldsymbol{T}_{i+1}$是${}^i\boldsymbol{T}_{i+1}$的误差矩阵。

将式（4.18）～式（4.22）代入式（4.23）可得

$$\begin{aligned}\delta\,{}^i\boldsymbol{T}_{i+1}=&\begin{bmatrix}0 & -\Delta\theta_i & s\theta_i\Delta\alpha_i & c\theta_i\Delta a_i-d_i s\theta_i\Delta\alpha_i\\ \Delta\theta_i & 0 & -c\theta_i\Delta\alpha_i & s\theta_i\Delta a_i+d_i c\theta_i\Delta\alpha_i\\ -s\theta_i\Delta\alpha_i & c\theta_i\Delta\alpha_i & 0 & \Delta d_i\\ 0 & 0 & 0 & 0\end{bmatrix}\\ &+\begin{bmatrix}0 & -s\alpha_i\Delta\beta_i & c\theta_i c\alpha_i\Delta\beta_i & (a_i s\theta_i s\alpha_i-d_i c\theta_i c\alpha_i)\Delta\beta_i\\ s\alpha_i\Delta\beta_i & 0 & s\theta_i c\alpha_i\Delta\beta_i & (-a_i c\theta_i s\alpha_i-d_i s\theta_i c\alpha_i)\Delta\beta_i\\ -c\theta_i c\alpha_i\Delta\beta_i & -s\theta_i c\alpha_i\Delta\beta_i & 0 & a_i c\alpha_i\Delta\beta_i\\ 0 & 0 & 0 & 0\end{bmatrix}\end{aligned} \tag{4.24}$$

式中，等号右边第2个矩阵代表$\boldsymbol{D}_{\beta i}\Delta\beta_i$。

至此可以看出，由连杆参数误差所引起的连杆微分变换与式（4.14）所示的刚体微分变换具有相同的形式，其微分平移向量${}^i\boldsymbol{d}_{i+1}$和微分旋转向量${}^i\boldsymbol{\delta}_{i+1}$可以写成

$${}^i\boldsymbol{d}_{i+1}=\begin{bmatrix}0\\0\\1\end{bmatrix}\Delta d_i+\begin{bmatrix}c\theta_i\\ s\theta_i\\ 0\end{bmatrix}\Delta a_i+\begin{bmatrix}-d_i s\theta_i\\ d_i c\theta_i\\ 0\end{bmatrix}\Delta\alpha_i+\begin{bmatrix}a_i s\theta_i s\alpha_i-d_i c\theta_i c\alpha_i\\ -a_i c\theta_i s\alpha_i-d_i s\theta_i c\alpha_i\\ a_i c\alpha_i\end{bmatrix}\Delta\beta_i \tag{4.25}$$

$${}^i\boldsymbol{\delta}_{i+1}=\begin{bmatrix}0\\0\\1\end{bmatrix}\Delta\theta_i+\begin{bmatrix}c\theta_i\\ s\theta_i\\ 0\end{bmatrix}\Delta\alpha_i+\begin{bmatrix}-s\theta_i c\alpha_i\\ c\theta_i c\alpha_i\\ s\alpha_i\end{bmatrix}\Delta\beta_i \tag{4.26}$$

令

$$\boldsymbol{m}_{1i}=\begin{bmatrix}0 & 0 & 1\end{bmatrix}^{\mathrm{T}} \tag{4.27}$$

$$\boldsymbol{m}_{2i}=\begin{bmatrix}c\theta_i & s\theta_i & 0\end{bmatrix}^{\mathrm{T}} \tag{4.28}$$

$$\boldsymbol{m}_{3i}=\begin{bmatrix}-d_i s\theta_i & d_i c\theta_i & 0\end{bmatrix}^{\mathrm{T}} \tag{4.29}$$

$$\boldsymbol{m}_{4i}=\begin{bmatrix}a_i s\theta_i s\alpha_i-d_i c\theta_i c\alpha_i & -a_i c\theta_i c\alpha_i-d_i s\theta_i c\alpha_i & a_i c\alpha_i\end{bmatrix}^{\mathrm{T}} \tag{4.30}$$

$$\boldsymbol{m}_{5i}=\begin{bmatrix}-s\theta_i c\alpha_i & c\theta_i c\alpha_i & s\alpha_i\end{bmatrix}^{\mathrm{T}} \tag{4.31}$$

则机器人连杆$\{i\}$的微分变换向量可以写成如下线性形式：

$$
{}^{i}\boldsymbol{d}_{i+1} = \boldsymbol{m}_{1i}\Delta d_i + \boldsymbol{m}_{2i}\Delta a_i + \boldsymbol{m}_{3i}\Delta \alpha_i + \boldsymbol{m}_{4i}\Delta \beta_i \tag{4.32}
$$

$$
{}^{i}\boldsymbol{\delta}_{i+1} = \boldsymbol{m}_{1i}\Delta \theta_i + \boldsymbol{m}_{2i}\Delta \alpha_i + \boldsymbol{m}_{5i}\Delta \beta_i \tag{4.33}
$$

## 4.2 含运动学参数误差的机器人定位误差建模

机器人生产过程中不可避免地存在装配或制造误差，导致连杆几何参数产生相应偏差，如图 4.1 所示。运用基于机器人连杆的微分变换模型，可以对机器人末端 TCP 相对于机器人基坐标系的定位误差进行建模。

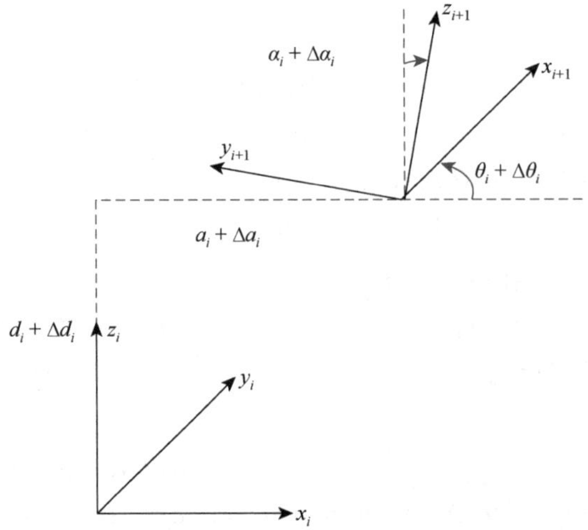


图 4.1 机器人运动学参数误差

对于 $n$ 自由度串联机器人，当其各连杆均存在参数误差时，机器人末端 TCP 坐标系$\{n\}$相对于基坐标系$\{0\}$的位姿变换矩阵为

$$
{}^{0}\boldsymbol{T}_n + \mathrm{d}\,{}^{0}\boldsymbol{T}_n = \prod_{i=0}^{n-1}({}^{i}\boldsymbol{T}_{i+1} + \mathrm{d}\,{}^{i}\boldsymbol{T}_{i+1}) \tag{4.34}
$$

式中，$\mathrm{d}\,{}^{0}\boldsymbol{T}_n$ 表示机器人末端 TCP 相对于基坐标系$\{0\}$的微分变化。

将式（4.34）展开且忽略高次微分项，得到

$$
{}^{0}\boldsymbol{T}_n + \mathrm{d}\,{}^{0}\boldsymbol{T}_n = {}^{0}\boldsymbol{T}_n + \sum_{i=0}^{n-1}({}^{0}\boldsymbol{T}_1 \cdots {}^{i-1}\boldsymbol{T}_i \mathrm{d}\,{}^{i}\boldsymbol{T}_{i+1}\,{}^{i+1}\boldsymbol{T}_{i+2} \cdots {}^{n-1}\boldsymbol{T}_n) \tag{4.35}
$$

将式（4.23）代入式（4.35）可以得到

$$\begin{aligned}
\mathrm{d}\,{}^0\boldsymbol{T}_n &= \sum_{i=0}^{n-1}\left( {}^0\boldsymbol{T}_1 \cdots {}^{i-1}\boldsymbol{T}_i \delta\, {}^i\boldsymbol{T}_{i+1}\, {}^i\boldsymbol{T}_{i+1}\, {}^{i+1}\boldsymbol{T}_{i+2} \cdots {}^{n-1}\boldsymbol{T}_n \right) \\
&= \sum_{i=0}^{n-1}\left[ \left( {}^0\boldsymbol{T}_1 \cdots {}^{i-1}\boldsymbol{T}_i \right) \cdot \delta\, {}^i\boldsymbol{T}_{i+1} \cdot \left( {}^0\boldsymbol{T}_1 \cdots {}^{i-1}\boldsymbol{T} \right)^{-1} \cdot {}^0\boldsymbol{T}_n \right] \\
&= \left[ \sum_{i=0}^{n-1}\left( {}^0\boldsymbol{T}_1 \cdots {}^{i-1}\boldsymbol{T}_i \right) \cdot \delta\, {}^i\boldsymbol{T}_{i+1} \cdot \left( {}^0\boldsymbol{T}_1 \cdots {}^{i-1}\boldsymbol{T}_i \right)^{-1} \right] \cdot {}^0\boldsymbol{T}_n
\end{aligned} \tag{4.36}$$

令 $\mathrm{d}\,{}^0\boldsymbol{T}_n = \delta\,{}^0\boldsymbol{T}_n \cdot {}^0\boldsymbol{T}_n$，有

$$\delta\,{}^0\boldsymbol{T}_n = \sum_{i=0}^{n-1} {}^0\boldsymbol{T}_i \cdot \delta\, {}^i\boldsymbol{T}_{i+1} \cdot {}^0\boldsymbol{T}_i^{-1} \tag{4.37}$$

求解 $\delta\,{}^0\boldsymbol{T}_n$，可以得到如下形式：

$$\delta\,{}^0\boldsymbol{T}_n = \begin{bmatrix} 0 & -\delta_z^n & \delta_y^n & d_x^n \\ \delta_z^n & 0 & -\delta_x^n & d_y^n \\ -\delta_y^n & \delta_x^n & 0 & d_z^n \\ 0 & 0 & 0 & 0 \end{bmatrix} \tag{4.38}$$

由此可见，机器人末端 TCP 相对于机器人基坐标系的定位误差也具备微分变换的数学形式，其微分平移矢量 ${}^0\boldsymbol{d}_n$ 和微分旋转矢量 ${}^0\boldsymbol{\delta}_n$ 可以表示成

$$\begin{bmatrix} {}^0\boldsymbol{d}_n \\ {}^0\boldsymbol{\delta}_n \end{bmatrix} = \begin{bmatrix} \boldsymbol{M}_1 & \boldsymbol{M}_2 & \boldsymbol{M}_3 & \boldsymbol{M}_4 & \boldsymbol{M}_5 \\ \boldsymbol{M}_2 & \boldsymbol{0} & \boldsymbol{0} & \boldsymbol{M}_3 & \boldsymbol{M}_6 \end{bmatrix} \begin{bmatrix} \Delta\boldsymbol{\theta} \\ \Delta\boldsymbol{d} \\ \Delta\boldsymbol{a} \\ \Delta\boldsymbol{\alpha} \\ \Delta\boldsymbol{\beta} \end{bmatrix} \tag{4.39}$$

式中，$\Delta\boldsymbol{\theta}$、$\Delta\boldsymbol{d}$、$\Delta\boldsymbol{a}$、$\Delta\boldsymbol{\alpha}$、$\Delta\boldsymbol{\beta}$ 是机器人各连杆参数误差组成的向量：

$$\begin{cases} \Delta\boldsymbol{\theta} = \left[ \Delta\theta_1 \quad \cdots \quad \Delta\theta_n \right]^{\mathrm{T}} \\ \Delta\boldsymbol{d} = \left[ \Delta d_1 \quad \cdots \quad \Delta d_n \right]^{\mathrm{T}} \\ \Delta\boldsymbol{a} = \left[ \Delta a_1 \quad \cdots \quad \Delta a_n \right]^{\mathrm{T}} \\ \Delta\boldsymbol{\alpha} = \left[ \Delta\alpha_1 \quad \cdots \quad \Delta\alpha_n \right]^{\mathrm{T}} \\ \Delta\boldsymbol{\beta} = \left[ \Delta\beta_1 \quad \cdots \quad \Delta\beta_n \right]^{\mathrm{T}} \end{cases} \tag{4.40}$$

$\boldsymbol{M}_1$、$\boldsymbol{M}_2$、$\boldsymbol{M}_3$、$\boldsymbol{M}_4$、$\boldsymbol{M}_5$、$\boldsymbol{M}_6$ 分别为由机器人连杆参数 $\theta_i$、$d_i$、$a_i$、$\alpha_i$ 所构成的 $3\times n$ 矩阵，它们的第 $i$ 列的向量可以表示为

$$\boldsymbol{M}_{1i} = {}^0\tilde{\boldsymbol{p}}_{i-1}\, {}^0\boldsymbol{R}_{i-1}\, \boldsymbol{m}_{1i} \tag{4.41}$$

$$\boldsymbol{M}_{2i} = {}^0\boldsymbol{R}_{i-1}\, \boldsymbol{m}_{1i} \tag{4.42}$$

$$\boldsymbol{M}_{3i} = {}^0\boldsymbol{R}_{i-1}\, \boldsymbol{m}_{2i} \tag{4.43}$$

$$\boldsymbol{M}_{4i} = {}^0\tilde{\boldsymbol{p}}_{i-1}\, {}^0\boldsymbol{R}_{i-1}\, \boldsymbol{m}_{2i} + {}^0\boldsymbol{R}_{i-1}\, \boldsymbol{m}_{3i} \tag{4.44}$$

$$\boldsymbol{M}_{5i} = {}^{0}\tilde{\boldsymbol{p}}_{i-1}\ {}^{0}\boldsymbol{R}_{i-1}\ \boldsymbol{m}_{3i} + {}^{0}\boldsymbol{R}_{i-1}\ \boldsymbol{m}_{4i} \tag{4.45}$$

$$\boldsymbol{M}_{6i} = {}^{0}\boldsymbol{R}_{i-1}\ \boldsymbol{m}_{5i} \tag{4.46}$$

式中，$\tilde{\boldsymbol{p}}$ 表示向量 $\boldsymbol{p}$ 所对应的反对称矩阵，假设 $\boldsymbol{p}=[p_x \quad p_y \quad p_z]^{\mathrm{T}}$，则有

$$\tilde{\boldsymbol{p}} = \begin{bmatrix} 0 & -p_z & p_y \\ p_z & 0 & -p_x \\ -p_y & p_x & 0 \end{bmatrix}$$

至此，得到了机器人定位误差与机器人运动学参数误差之间的数学关系，那么包含机器人连杆参数误差的机器人运动学模型就能够表示为

$${}^{0}\boldsymbol{T}_n + \mathrm{d}\,{}^{0}\boldsymbol{T}_n = (\boldsymbol{I}_4 + \delta\,{}^{0}\boldsymbol{T}_n)\cdot{}^{0}\boldsymbol{T}_n \tag{4.47}$$

式中，$\boldsymbol{I}_4$ 为 4 阶单位矩阵。

## 4.3 含坐标系建立误差的机器人定位误差建模

4.2 节给出了由机器人运动学参数误差引起的机器人末端 TCP 定位误差模型。当对机器人末端定位误差进行实际测量时，需要由测量仪器建立机器人的基坐标系和工具坐标系的位姿关系，基坐标系与工具坐标系不可避免地会产生坐标系建立误差。基坐标系误差即机器人实际基坐标系和理论基坐标系间的误差，工具坐标系误差即机器人实际工具坐标系与理论工具坐标系间的误差，如图 4.2 所示。因此，此时测量所得的误差需要在 4.2 节由运动学参数误差引起的末端 TCP 定位误差的基础上增加因建立机器人基坐标系和工具坐标系引起的误差。

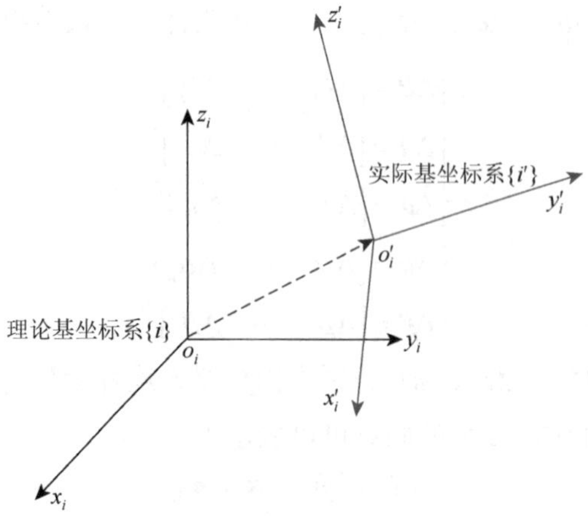


图 4.2　坐标系建立误差

理论基坐标系{0}相对于测量得到的基坐标系{M}的位姿变换矩阵表示为

$$
{}^{M}\hat{\boldsymbol{T}}_0=\begin{bmatrix} c\varphi_b c\theta_b & c\varphi_b s\theta_b s\psi_b - s\varphi_b c\psi_b & c\varphi_b s\theta_b c\psi_b + s\varphi_b s\psi_b & l_b \\ s\varphi_b c\theta_b & s\varphi_b s\theta_b s\psi_b + c\varphi_b c\psi_b & s\varphi_b s\theta_b c\psi_b - c\varphi_b s\psi_b & m_b \\ -s\theta_b & c\varphi_b s\psi_b & c\theta_b c\psi_b & n_b \\ 0 & 0 & 0 & 1 \end{bmatrix} \tag{4.48}
$$

式中，$\varphi_b$、$\theta_b$、$\psi_b$ 分别为绕 $x$ 轴、$y$ 轴、$z$ 轴旋转的角度，描述了理论基坐标系相对于实际基坐标系的姿态误差；$l_b$、$m_b$、$n_b$ 分别为沿 $x$ 轴、$y$ 轴、$z$ 轴的偏移，描述了理论基坐标系相对于实际基坐标系的位置误差。

工具坐标系$\{T\}$相对于法兰坐标系$\{F\}$的位姿变换矩阵表示为

$$
{}^{F}\hat{\boldsymbol{T}}_T=\begin{bmatrix} 1 & 0 & 0 & o_t \\ 0 & 1 & 0 & p_t \\ 0 & 0 & 1 & q_t \\ 0 & 0 & 0 & 1 \end{bmatrix} \tag{4.49}
$$

式中，$o_t$、$p_t$、$q_t$ 分别为沿 $x$ 轴、$y$ 轴、$z$ 轴的偏移，描述了理论工具坐标系到实际工具坐标系的位置误差。

由式（4.48）和式（4.49）可以得到从工具坐标系到测量得到的基坐标系的转换矩阵：

$$
\begin{aligned}
{}^{M}\boldsymbol{T}_T &= {}^{M}\hat{\boldsymbol{T}}_0\,{}^{0}\boldsymbol{T}_1\,{}^{1}\boldsymbol{T}_2\cdots{}^{n-1}\boldsymbol{T}_n\,{}^{F}\hat{\boldsymbol{T}}_T \\
&=\begin{bmatrix} {}^{M}\boldsymbol{n}_T & {}^{M}\boldsymbol{o}_T & {}^{M}\boldsymbol{a}_T & {}^{M}\boldsymbol{p}_T \\ 0 & 0 & 0 & 1 \end{bmatrix} \\
&=\begin{bmatrix} {}^{M}\boldsymbol{R}_T & {}^{M}\boldsymbol{p}_T \\ \boldsymbol{0}_{1\times 3} & 1 \end{bmatrix}
\end{aligned} \tag{4.50}
$$

基坐标系的微分变换为

$$
\begin{aligned}
\mathrm{d}\,{}^{M}\hat{\boldsymbol{T}}_0 = {} & \frac{\partial\,{}^{M}\hat{\boldsymbol{T}}_0}{\partial\varphi_b}\mathrm{d}\varphi_b + \frac{\partial\,{}^{M}\hat{\boldsymbol{T}}_0}{\partial\theta_b}\mathrm{d}\theta_b + \frac{\partial\,{}^{M}\hat{\boldsymbol{T}}_0}{\partial\psi_b}\mathrm{d}\psi_b + \frac{\partial\,{}^{M}\hat{\boldsymbol{T}}_0}{\partial l_b}\mathrm{d}l_b \\
& + \frac{\partial\,{}^{M}\hat{\boldsymbol{T}}_0}{\partial m_b}\mathrm{d}m_b + \frac{\partial\,{}^{M}\hat{\boldsymbol{T}}_0}{\partial n_b}\mathrm{d}n_b
\end{aligned} \tag{4.51}
$$

对式（4.48）关于基坐标系误差参数求偏导数可以得到

$$
\begin{bmatrix} {}^{0}\mathrm{d}x \\ {}^{0}\mathrm{d}y \\ {}^{0}\mathrm{d}z \\ {}^{0}\delta x \\ {}^{0}\delta y \\ {}^{0}\delta z \end{bmatrix} = \begin{bmatrix} \boldsymbol{m}_6 & \boldsymbol{m}_7 & \boldsymbol{m}_8 & \boldsymbol{0}_{3\times 1} & \boldsymbol{0}_{3\times 1} & \boldsymbol{0}_{3\times 1} \\ \boldsymbol{0}_{3\times 1} & \boldsymbol{0}_{3\times 1} & \boldsymbol{0}_{3\times 1} & \boldsymbol{m}_9 & \boldsymbol{m}_{10} & \boldsymbol{m}_{11} \end{bmatrix} \begin{bmatrix} \mathrm{d}l_b \\ \mathrm{d}m_b \\ \mathrm{d}n_b \\ \mathrm{d}\varphi_b \\ \mathrm{d}\theta_b \\ \mathrm{d}\psi_b \end{bmatrix} \tag{4.52}
$$

式中

$$
\begin{cases}
\boldsymbol{m}_6=\left[c\varphi_b c\theta_b \quad c\varphi_b s\theta_b s\psi_b-s\varphi_b c\psi_b \quad c\varphi_b s\theta c\psi_b+s\varphi_b s\psi_b\right]^{\mathrm{T}} \\
\boldsymbol{m}_7=\left[s\varphi_b c\theta_b \quad s\varphi_b s\theta_b s\psi_b+c\varphi_b c\psi_b \quad s\varphi_b s\theta_b c\psi_b-c\varphi_b s\psi_b\right]^{\mathrm{T}} \\
\boldsymbol{m}_8=\left[-s\theta_b \quad c\varphi_b s\psi_b \quad c\theta_b c\psi_b\right]^{\mathrm{T}} \\
\boldsymbol{m}_9=\left[-s\theta_b \quad c\varphi_b s\psi_b \quad c\theta_b c\psi_b\right]^{\mathrm{T}} \\
\boldsymbol{m}_{10}=\left[0 \quad c\psi_b \quad -s\psi_b\right]^{\mathrm{T}} \\
\boldsymbol{m}_{11}=\left[1 \quad 0 \quad 0\right]^{\mathrm{T}}
\end{cases}
\tag{4.53}
$$

对式（4.49）关于工具坐标系误差参数求偏导数可以得到

$$
\begin{bmatrix} {}^{T}\mathrm{d}x \\ {}^{T}\mathrm{d}y \\ {}^{T}\mathrm{d}z \end{bmatrix}
=\begin{bmatrix} 1 & 0 & 0 \\ 0 & 1 & 0 \\ 0 & 0 & 1 \end{bmatrix}
\begin{bmatrix} \mathrm{d}o_t \\ \mathrm{d}p_t \\ \mathrm{d}q_t \end{bmatrix}
=\begin{bmatrix} \boldsymbol{m}_{12} & \boldsymbol{m}_{13} & \boldsymbol{m}_{14} \end{bmatrix}
\begin{bmatrix} \mathrm{d}o_t \\ \mathrm{d}p_t \\ \mathrm{d}q_t \end{bmatrix}
\tag{4.54}
$$

式中

$$
\begin{cases}
\boldsymbol{m}_{12}=\left[1 \quad 0 \quad 0\right]^{\mathrm{T}} \\
\boldsymbol{m}_{13}=\left[0 \quad 1 \quad 0\right]^{\mathrm{T}} \\
\boldsymbol{m}_{14}=\left[0 \quad 0 \quad 1\right]^{\mathrm{T}}
\end{cases}
\tag{4.55}
$$

对含有运动学参数误差的机器人定位误差模型（4.39）引入坐标系建立误差，即可得到含坐标系建立误差的机器人定位误差模型的扩展形式：

$$
\begin{bmatrix} {}^{M}\boldsymbol{d}_T \\ {}^{M}\boldsymbol{\delta}_T \end{bmatrix}
=\boldsymbol{M}_{\mathrm{geo}}\Delta\boldsymbol{x}_{\mathrm{geo}}
=\begin{bmatrix} \boldsymbol{M}_1 & \boldsymbol{M}_2 & \boldsymbol{M}_3 & \boldsymbol{M}_4 & \boldsymbol{M}_5 & \boldsymbol{M}_7 & \boldsymbol{M}_8 \\ \boldsymbol{M}_2 & \boldsymbol{0}_{3\times n} & \boldsymbol{0}_{3\times n} & \boldsymbol{M}_3 & \boldsymbol{M}_6 & \boldsymbol{M}_9 & \boldsymbol{0}_{3\times 3} \end{bmatrix}
\begin{bmatrix} \Delta\boldsymbol{\theta} \\ \Delta\boldsymbol{d} \\ \Delta\boldsymbol{a} \\ \Delta\boldsymbol{\alpha} \\ \Delta\boldsymbol{\beta} \\ \Delta\boldsymbol{x}_b \\ \Delta\boldsymbol{x}_t \end{bmatrix}
\tag{4.56}
$$

式中，$\boldsymbol{M}_{\mathrm{geo}}\Delta\boldsymbol{x}_{\mathrm{geo}}$ 是几何误差参数引起的定位误差，且有

$$
\begin{cases}
\boldsymbol{M}_7=\left[\boldsymbol{M}_{7,1} \quad \boldsymbol{M}_{7,2} \quad \boldsymbol{M}_{7,3} \quad \boldsymbol{M}_{7,4} \quad \boldsymbol{M}_{7,5} \quad \boldsymbol{M}_{7,6}\right] \\
\boldsymbol{M}_8=\left[\boldsymbol{M}_{8,1} \quad \boldsymbol{M}_{8,2} \quad \boldsymbol{M}_{8,3}\right] \\
\boldsymbol{M}_9=\left[\boldsymbol{0}_{3\times 1} \quad \boldsymbol{0}_{3\times 1} \quad \boldsymbol{0}_{3\times 1} \quad \boldsymbol{M}_{9,1} \quad \boldsymbol{M}_{9,2} \quad \boldsymbol{M}_{9,3}\right]
\end{cases}
\tag{4.57}
$$

$$
\begin{cases}
\Delta\boldsymbol{x}_b=\left[l_b \quad m_b \quad n_b \quad \varphi_b \quad \theta_b \quad \psi_b\right]^{\mathrm{T}} \\
\Delta\boldsymbol{x}_t=\left[o_t \quad p_t \quad q_t\right]^{\mathrm{T}}
\end{cases}
\tag{4.58}
$$

式中

$$M_{7,1} = {}^{M}\boldsymbol{R}_T\, \boldsymbol{m}_6 \tag{4.59}$$

$$M_{7,2} = {}^{M}\boldsymbol{R}_T\, \boldsymbol{m}_7 \tag{4.60}$$

$$M_{7,3} = {}^{M}\boldsymbol{R}_T\, \boldsymbol{m}_8 \tag{4.61}$$

$$M_{7,4} = {}^{M}\tilde{\boldsymbol{p}}_T\, {}^{M}\boldsymbol{R}_T\, \boldsymbol{m}_9 \tag{4.62}$$

$$M_{9,1} = {}^{M}\boldsymbol{R}_T\, \boldsymbol{m}_9 \tag{4.63}$$

$$M_{7,5} = {}^{M}\tilde{\boldsymbol{p}}_T\, {}^{M}\boldsymbol{R}_T\, \boldsymbol{m}_{10} \tag{4.64}$$

$$M_{9,2} = {}^{M}\boldsymbol{R}_T\, \boldsymbol{m}_{10} \tag{4.65}$$

$$M_{7,6} = {}^{M}\tilde{\boldsymbol{p}}_T\, {}^{M}\boldsymbol{R}_T\, \boldsymbol{m}_{11} \tag{4.66}$$

$$M_{9,3} = {}^{M}\boldsymbol{R}_T\, \boldsymbol{m}_{11} \tag{4.67}$$

$$M_{8,1} = {}^{M}\boldsymbol{R}_T\, \boldsymbol{m}_{12} \tag{4.68}$$

$$M_{8,2} = {}^{M}\boldsymbol{R}_T\, \boldsymbol{m}_{13} \tag{4.69}$$

$$M_{8,3} = {}^{M}\boldsymbol{R}_T\, \boldsymbol{m}_{14} \tag{4.70}$$

## 4.4　含关节传动误差的机器人定位误差建模

机器人各关节通常由电机驱动，经由减速机构传动后提高负载能力。RV 减速器由于设计精度高、可承受负载能力大等优点通常被应用于主承力关节轴，如通用六轴型转动关节机器人的前三轴。谐波减速器的设计精度虽不及 RV 减速器，但由于其成本相对低廉通常被应用于通用六轴型转动关节机器人的后三轴。尽管各类减速器的设计精度较高，但由于生产、加工、装配以及使用过程中产生的误差，名义传动比与实际传动比间会产生一定偏差，即存在关节传动误差，如图 4.3 所示。

对于由电机直接驱动的关节，影响定位误差的传动误差为减速比误差，该误差是由名义减速比与实际减速比不一致引起的。对于由电机间接驱动的关节，影响定位误差的传动误差是耦合比误差。由这两部分误差引起的相邻关节坐标系空间变换关系为

$${}^{i}\hat{\boldsymbol{T}}_{i+1}(\theta_i) = \boldsymbol{T}_{\text{rot}}[z, r(\theta_i, \theta_k)]\, {}^{i}\boldsymbol{T}_{i+1}(\theta_i) \tag{4.71}$$

式中，$r(\theta_i, \theta_k)$ 是关节传动误差，即影响某一关节的传动比误差可以写为直接驱动该轴的电机转动的关节角度和间接驱动该轴的电机转动的关节角度的函数。

由于实际传动比与理论传动比存在偏差，$r(\theta_i, \theta_k)$ 可以认为是关于 $\theta_i$ 和 $\theta_k$ 的线性函数。关节初始位置偏差在式（4.39）已经建立误差模型，因此认为初始位

置没有偏差，各关节实际运动的位置可表示为

$$ {}^{\text{real}}\theta_i = {}^{\text{theo}}\theta_i + \Delta r_i\ {}^{\text{theo}}\theta_i + \Delta h_{ki}\theta_k \tag{4.72} $$

式中，${}^{\text{real}}\theta_i$ 是关节的实际到达位置；${}^{\text{theo}}\theta_i$ 为关节的理论到达位置；$\Delta r_i$ 为第 $i$ 关节的相对减速比偏差值；$\Delta h_{ki}$ 为由第 $k$ 个关节转动引起的第 $i$ 个关节角度转动的比值，即耦合比相对偏差值。

对于第 $i$ 个关节，由关节传动引起的转角微小变化可以写为

$$ \mathrm{d}\theta_i = \theta_i\,\mathrm{d}r_i + \theta_k\,\mathrm{d}h_{ki} \tag{4.73} $$

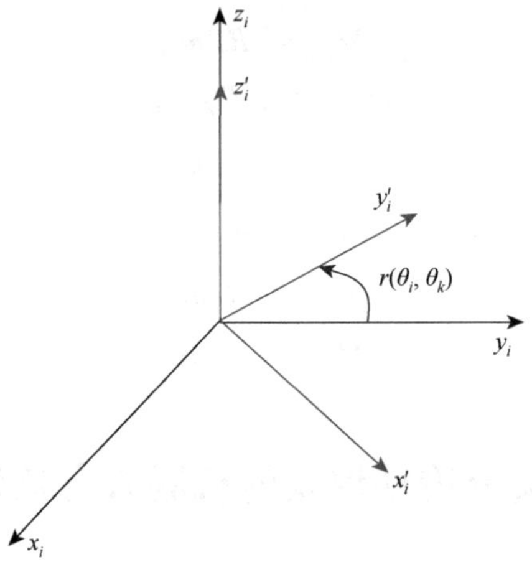


图 4.3 关节传动误差

由式（4.73）可以看出，无论减速比偏差还是耦合比偏差产生的关节误差都将作用在关节 $i$ 上。因此含关节传动误差的机器人定位误差模型为

$$ \begin{bmatrix} {}^{M}\boldsymbol{d}_T \\ {}^{M}\boldsymbol{\delta}_T \end{bmatrix} = \boldsymbol{M}_{\text{geo}}\Delta\boldsymbol{x}_{\text{geo}} + \begin{bmatrix} \boldsymbol{M}_1 \\ \boldsymbol{M}_2 \end{bmatrix} \begin{bmatrix} \theta_1 & 0 & 0 \\ 0 & \ddots & 0 \\ 0 & 0 & \theta_n \end{bmatrix} \Delta\boldsymbol{r} + \begin{bmatrix} \boldsymbol{M}_1 \\ \boldsymbol{M}_2 \end{bmatrix} \begin{bmatrix} \theta_{k1} & 0 & 0 \\ 0 & \ddots & 0 \\ 0 & 0 & \theta_{kn} \end{bmatrix} \Delta\boldsymbol{h} \tag{4.74} $$

当存在耦合关系时，式（4.74）最后一项中间矩阵的角度值为第 $k$ 个关节的角度值，否则为 0。

进一步地，式（4.74）可以改写为

$$ \begin{bmatrix} {}^{M}\boldsymbol{d}_T \\ {}^{M}\boldsymbol{\delta}_T \end{bmatrix} = \boldsymbol{M}_{\text{geo}}\Delta\boldsymbol{x}_{\text{geo}} + \boldsymbol{M}_{\text{clus},1}\Delta\boldsymbol{r} + \boldsymbol{M}_{\text{clus},2}\Delta\boldsymbol{h} = \boldsymbol{M}_{\text{geo}}\Delta\boldsymbol{x}_{\text{geo}} + \boldsymbol{M}_{\text{clus}}\Delta\boldsymbol{x}_{\text{clus}} \tag{4.75} $$

式中，$\boldsymbol{M}_{\text{clus}}\Delta\boldsymbol{x}_{\text{clus}}$ 为关节传动误差引起的机器人末端 TCP 定位误差，且有

$$ \begin{aligned} \boldsymbol{M}_{\text{clus}} &= \begin{bmatrix} \boldsymbol{M}_{\text{clus},1} & \boldsymbol{M}_{\text{clus},2} \end{bmatrix} \\ \Delta\boldsymbol{x}_{\text{clus}} &= \begin{bmatrix} \Delta\boldsymbol{r}^{\mathrm{T}} & \Delta\boldsymbol{h}^{\mathrm{T}} \end{bmatrix}^{\mathrm{T}} \end{aligned} \tag{4.76} $$

$$\boldsymbol{M}_{\text{clus},1}=\begin{bmatrix}\boldsymbol{M}_1\\ \boldsymbol{M}_2\end{bmatrix}\begin{bmatrix}\theta_1 & 0 & 0\\ 0 & \ddots & 0\\ 0 & 0 & \theta_n\end{bmatrix},\quad \boldsymbol{M}_{\text{clus},2}=\begin{bmatrix}\boldsymbol{M}_1\\ \boldsymbol{M}_2\end{bmatrix}\begin{bmatrix}\theta_{k1} & 0 & 0\\ 0 & \ddots & 0\\ 0 & 0 & \theta_{kn}\end{bmatrix} \tag{4.77}$$

$$\Delta\boldsymbol{r}=\begin{bmatrix}\Delta r_1 & \Delta r_2 & \cdots & \Delta r_n\end{bmatrix}^{\text{T}},\quad \Delta\boldsymbol{x}_{\text{clus}}=\begin{bmatrix}\Delta h_{k1} & \Delta h_{k2} & \cdots & \Delta h_{kn}\end{bmatrix}^{\text{T}} \tag{4.78}$$

## 4.5　含关节回差的机器人定位误差建模

机器人的关节电机通过减速器传动控制关节轴运动，由于减速器中齿轮在加工、制造和装配过程中会产生误差，同时配合齿轮在机器人出厂前会进行大量的测试及磨合，因此出厂后的机器人关节必然会产生一定的间隙。齿轮间隙在关节运动方向相同时对关节精度的影响不明显，而在关节运动方向相反时会引入较大误差，即关节回差，如图 4.4 所示。本节通过建立关节回差与末端 TCP 位置误差的数学模型对该部分数值进行辨识。

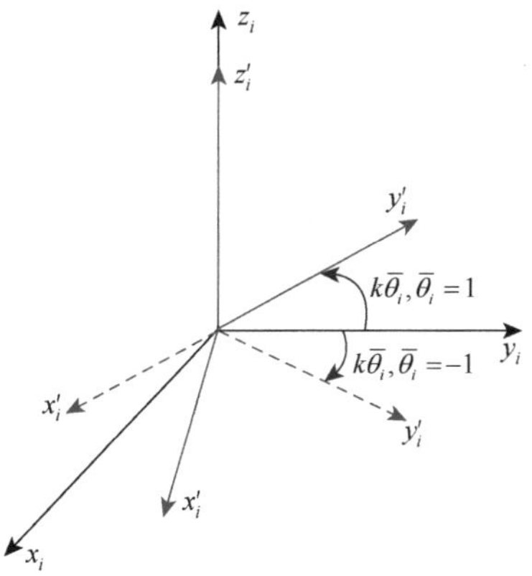


图 4.4　关节回差

由于关节回差的存在，机器人的绝对定位精度不仅与关节转角有关，还与运动方向有关。因此建立一个包含运动方向的机器人精度补偿模型相比现有离线补偿方法，可以进一步提升工业机器人的绝对定位精度。

对于第 $i$ 个关节，由关节回差引起的转角微小变化可以表示为

$$\mathrm{d}\theta_i=\bar{\theta}_i\,\mathrm{d}k_i \tag{4.79}$$

式中，$k_i$ 为第 $i$ 个关节的关节回差；$\bar{\theta}_i$ 为第 $i$ 个关节的运动方向，定义为

$$\bar{\theta}_i=\begin{cases}1, & \text{正向到达}\\ -1, & \text{负向到达}\end{cases} \tag{4.80}$$

可以看出，关节回差仅作用在当前关节 $i$ 上且与运动方向有关。

至此，含有关节回差的机器人定位误差模型可扩展为

$$\begin{bmatrix} {}^{M}\boldsymbol{d}_T \\ {}^{M}\boldsymbol{\delta}_T \end{bmatrix} = \boldsymbol{M}_{\text{geo}}\Delta\boldsymbol{x}_{\text{geo}} + \boldsymbol{M}_{\text{clus}}\Delta\boldsymbol{x}_{\text{clus}} + \boldsymbol{M}_{\text{bash}}\Delta\boldsymbol{x}_{\text{bash}} \tag{4.81}$$

式中

$$\begin{cases} \boldsymbol{M}_{\text{bash}} = \begin{bmatrix} \boldsymbol{M}_1 \\ \boldsymbol{M}_2 \end{bmatrix} \begin{bmatrix} \overline{\theta}_1 & 0 & 0 \\ 0 & \ddots & 0 \\ 0 & 0 & \overline{\theta}_n \end{bmatrix} \\ \Delta\boldsymbol{x}_{\text{bash}} = \Delta\boldsymbol{k} \end{cases} \tag{4.82}$$

## 4.6 含柔度变形误差的机器人定位误差建模

目前大多数的机器人精度补偿方法将机器人假设为刚体模型进行分析，尽管取得了一些较为理想的补偿效果，但由于忽略了柔度变形误差缺乏能够进一步提高机器人定位精度的能力，难以满足航空制造等高精度行业。为此，可对已有的运动学误差模型添加柔性误差参数以建立完整的运动学误差模型，提高误差的预测能力。机器人柔度误差主要包括两个方面：一是机器人外加负载引起的柔度变形；二是机器人自重引起的柔度变形。解决外加负载引起的柔度变形的方法已较为成熟，通常做法是推导出机器人雅可比矩阵，获得末端 TCP 负载与关节空间变形的关系。然而，由于缺乏机器人连杆重量和惯量等物理参数指标难以构造机器人自重产生的柔度误差模型。本节主要研究由机器人自重引起的柔度变形，提出一种机器人自重引起的柔度误差分析方法，并将柔度误差参数引入机器人运动学误差模型中，建立耦合柔度误差的机器人扩展运动学误差模型，提高机器人误差模型的完整性，实现机器人定位误差的精确估计。

根据研究分析，六自由度工业机器人的关节挠度可以达到 0.1°～0.2°，由机器人运动学误差模型计算出关节挠度造成的末端 TCP 定位误差可以达到 0.3 mm 以上。连杆最大挠度变形出现在连杆 2 和 3 上，造成的末端 TCP 的定位误差通常仅为 0.01 mm 数量级。本节将忽略连杆的挠度变形，仅考虑机器人的关节挠度变形。

### 4.6.1 机器人关节柔度分析

假设机器人关节轴为等截面圆轴，任意截面间受到的扭矩相等。如图 4.5 所示，$l$ 为圆轴的等效长度，$R$ 为轴截面圆半径，$M_e$ 为关节所受的等效扭矩，$\phi$ 为轴的挠度变形。

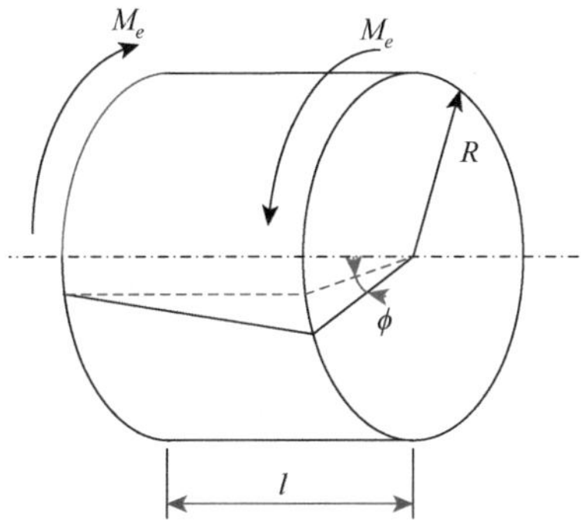


图 4.5　关节挠度变形等效模型

根据材料力学知识，可以得出机器人关节的挠度变形为

$$\phi = \frac{M_e l}{G I_p} \tag{4.83}$$

式中，$G$ 为切变模量；$I_p$ 为等效截面的极惯性矩。

## 4.6.2　机器人自重柔度误差模型

本节将关节挠度变形等效为机器人连杆参数误差 $\Delta\theta$ 的微小偏移，建立机器人柔度误差模型。机器人自重对柔度关节的等效作用力始终存在，产生的柔度误差与机器人位姿误差是相互耦合的。机器人安装固定后，关节轴 1 的轴线方向与重力同向，不受自重等效力矩的作用；关节轴 4、5、6 所受自重影响很小，产生偏差后对机器人末端 TCP 定位误差影响很小，故只考虑关节轴 2、3 受自重影响产生的关节柔度误差。

机器人柔度误差模型如图 4.6 所示。其中 $G_2$ 和 $G_3$ 表示连杆 2 和连杆 3 的重心及重量，$L_2$ 表示连杆 2 的长度，$l_2$ 表示连杆 2 重心到关节 2 轴线的距离，$l_3$ 表示连杆 3 重心到关节 3 轴线的距离。连杆重心可能不在关节连线或轴线上，不失一般性，设两重心位置绕关节轴线偏转角分别为 $\theta_{G_2}$ 和 $\theta_{G_3}$。$\theta_2$ 和 $\theta_3$ 分别为关节 2 和关节 3 相对关节零位的转角，按右手法则顺时针为正，逆时针为负。

关节轴 2 和关节轴 3 受到的扭矩分别为

$$T_{\theta_2} = G_3 l_3 \cos(\theta_2 - \theta_3 - \theta_{G_3}) + G_3 L_2 \cos\theta_2 + G_2 l_2 \cos(\theta_2 - \theta_{G_2}) \tag{4.84}$$

$$T_{\theta_3} = G_3 l_3 \cos(\theta_2 - \theta_3 - \theta_{G_3}) \tag{4.85}$$

简化整理式（4.83），可将关节柔性变形表示为

$$\delta\theta_c = C_\theta T_\theta \tag{4.86}$$

式中，$\delta\theta_c$ 为在转角 $\theta$ 处由关节挠性变形而产生的关节偏转角；$C_\theta$ 为关节柔度系数；$T_\theta$ 为关节处所受到的等效扭矩。

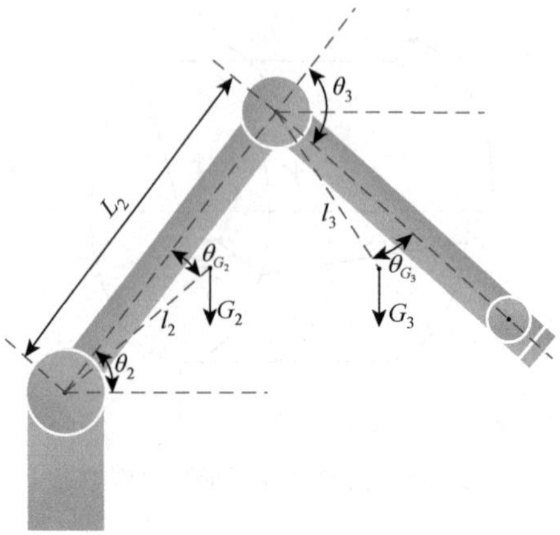


图 4.6　机器人柔度误差模型

将式（4.84）和式（4.85）代入式（4.86），可以得出关节轴 2 和关节轴 3 在相应等效扭矩下的关节柔性误差为

$$\delta\theta_{c2} = C_{\theta_2}[G_3 l_3 \cos(\theta_2 - \theta_3 - \theta_{G_3}) + G_3 L_2 \cos\theta_2 + G_2 l_2 \cos(\theta_2 - \theta_{G_2})] \quad (4.87)$$

$$\delta\theta_{c_3} = C_{\theta_3} G_3 l_3 \cos(\theta_2 - \theta_3 - \theta_{G_3}) \quad (4.88)$$

### 4.6.3　耦合柔度误差的机器人定位误差模型

令

$$k_{22} = C_{\theta_2}(G_3 L_2 + G_2 l_2 \cos\theta_{G2}) \quad (4.89)$$

$$k_{23} = C_{\theta_2} G_2 l_2 \sin\theta_{G_2} \quad (4.90)$$

$$k_{24} = C_{\theta_2} G_3 l_3 \cos\theta_{G_3} \quad (4.91)$$

$$k_{25} = C_{\theta_2} G_3 l_3 \sin\theta_{G_3} \quad (4.92)$$

$$k_{32} = C_{\theta_3} G_3 l_3 \cos\theta_{G_3} \quad (4.93)$$

$$k_{33} = C_{\theta_3} G_3 l_3 \sin\theta_{G_3} \quad (4.94)$$

将式（4.89）～式（4.94）代入式（4.87）和式（4.88），可得

$$\delta\theta_{c2} = k_{22}\cos\theta_2 + k_{23}\sin\theta_2 + k_{24}\cos(\theta_2 - \theta_3) + k_{25}\sin(\theta_2 - \theta_3) \quad (4.95)$$

$$\delta\theta_{c3} = k_{32}\cos(\theta_2 - \theta_3) + k_{33}\sin(\theta_2 - \theta_3) \quad (4.96)$$

转角处的偏移除柔度变形外还包括零位偏移，综合二者后可得转角误差为

$$\Delta\theta_2 = \Delta\theta_{o2} + \delta\theta_{c2} = k_{21} + k_{22}\cos\theta_2 + k_{23}\sin\theta_2 + k_{24}\cos(\theta_2 - \theta_3) + k_{25}\sin(\theta_2 - \theta_3) \quad (4.97)$$

$$\Delta\theta_3 = \Delta\theta_{o3} + \delta\theta_{c3} = k_{31} + k_{32}\cos(\theta_2 - \theta_3) + k_{33}\sin(\theta_2 - \theta_3) \quad (4.98)$$

式中，$\Delta\theta_2$ 表示转角 $\theta_2$ 处的转角误差；$\Delta\theta_3$ 表示转角 $\theta_3$ 处的转角误差；$\Delta\theta_{o2}$ 表示转角 $\theta_2$ 处的零位误差；$\Delta\theta_{o3}$ 表示转角 $\theta_3$ 处的零位误差；$k_{21}$ 和 $k_{31}$ 为转角零位偏差量。

将式（4.97）和式（4.98）代入第 2 章的 D-H 运动学误差模型，并令

$$\frac{\partial \boldsymbol{P}}{\partial k_{21}} = \frac{\partial \boldsymbol{P}}{\partial \theta_2} \tag{4.99}$$

$$\frac{\partial \boldsymbol{P}}{\partial k_{22}} = \frac{\partial \boldsymbol{P}}{\partial \theta_2}\cos\theta_2 \tag{4.100}$$

$$\frac{\partial \boldsymbol{P}}{\partial k_{23}} = \frac{\partial \boldsymbol{P}}{\partial \theta_2}\sin\theta_2 \tag{4.101}$$

$$\frac{\partial \boldsymbol{P}}{\partial k_{24}} = \frac{\partial \boldsymbol{P}}{\partial \theta_2}\cos(\theta_2-\theta_3) \tag{4.102}$$

$$\frac{\partial \boldsymbol{P}}{\partial k_{25}} = \frac{\partial \boldsymbol{P}}{\partial \theta_2}\sin(\theta_2-\theta_3) \tag{4.103}$$

$$\frac{\partial \boldsymbol{P}}{\partial k_{31}} = \frac{\partial \boldsymbol{P}}{\partial \theta_3} \tag{4.104}$$

$$\frac{\partial \boldsymbol{P}}{\partial k_{32}} = \frac{\partial \boldsymbol{P}}{\partial \theta_3}\cos(\theta_2-\theta_3) \tag{4.105}$$

$$\frac{\partial \boldsymbol{P}}{\partial k_{33}} = \frac{\partial \boldsymbol{P}}{\partial \theta_3}\sin(\theta_2-\theta_3) \tag{4.106}$$

则关于 $\theta_2$ 和 $\theta_3$ 的偏微分项为

$$\frac{\partial \boldsymbol{P}}{\partial \theta_2}\Delta\theta_2 = \frac{\partial \boldsymbol{P}}{\partial k_{21}}k_{21} + \frac{\partial \boldsymbol{P}}{\partial k_{22}}k_{22} + \frac{\partial \boldsymbol{P}}{\partial k_{23}}k_{23} + \frac{\partial \boldsymbol{P}}{\partial k_{24}}k_{24} + \frac{\partial \boldsymbol{P}}{\partial k_{25}}k_{25} \tag{4.107}$$

$$\frac{\partial \boldsymbol{P}}{\partial \theta_3}\Delta\theta_3 = \frac{\partial \boldsymbol{P}}{\partial k_{31}}k_{31} + \frac{\partial \boldsymbol{P}}{\partial \theta_{32}}k_{32} + \frac{\partial \boldsymbol{P}}{\partial \theta_{33}}k_{33} \tag{4.108}$$

令柔度矢量为

$$\boldsymbol{k} = \begin{bmatrix} k_{21} & k_{22} & k_{23} & k_{24} & k_{25} & k_{31} & k_{32} & k_{33} \end{bmatrix}^{\mathrm{T}} \tag{4.109}$$

其物理量纲与角度相同。那么含有柔度变形的机器人运动学定位误差模型可进一步扩展为

$$\begin{bmatrix} {}^{M}\boldsymbol{d}_T \\ {}^{M}\boldsymbol{\delta}_T \end{bmatrix} = \boldsymbol{M}_{\mathrm{geo}}\Delta\boldsymbol{x}_{\mathrm{geo}} + \boldsymbol{M}_{\mathrm{clus}}\Delta\boldsymbol{x}_{\mathrm{clus}} + \boldsymbol{M}_{\mathrm{bash}}\Delta\boldsymbol{x}_{\mathrm{bash}} + \boldsymbol{M}_{\mathrm{defl}}\boldsymbol{k} = \boldsymbol{M}\Delta\boldsymbol{x} \tag{4.110}$$

式中

$$\boldsymbol{M}_{\mathrm{defl}} = \begin{bmatrix} \frac{\partial \boldsymbol{P}}{\partial k_{21}} & \frac{\partial \boldsymbol{P}}{\partial k_{22}} & \frac{\partial \boldsymbol{P}}{\partial k_{23}} & \frac{\partial \boldsymbol{P}}{\partial k_{24}} & \frac{\partial \boldsymbol{P}}{\partial k_{25}} & \frac{\partial \boldsymbol{P}}{\partial k_{31}} & \frac{\partial \boldsymbol{P}}{\partial k_{32}} & \frac{\partial \boldsymbol{P}}{\partial k_{33}} \end{bmatrix} \tag{4.111}$$

$$\boldsymbol{M} = \begin{bmatrix} \boldsymbol{M}_{\mathrm{geo}} & \boldsymbol{M}_{\mathrm{clus}} & \boldsymbol{M}_{\mathrm{bash}} & \boldsymbol{M}_{\mathrm{defl}} \end{bmatrix} \tag{4.112}$$

$$\Delta \boldsymbol{x} = \left[ \Delta \boldsymbol{x}_{\text{geo}}^{\text{T}} \quad \Delta \boldsymbol{x}_{\text{clus}}^{\text{T}} \quad \Delta \boldsymbol{x}_{\text{bash}}^{\text{T}} \quad \boldsymbol{k}^{\text{T}} \right]^{\text{T}} \tag{4.113}$$

式（4.110）就是综合考虑连杆参数误差、基坐标系和工具坐标系建立误差、关节传动误差、关节回差以及柔度变形误差的机器人扩展运动学误差模型。

## 4.7 变参数误差的运动学精度补偿技术

前面所述的机器人运动学定位误差模型依赖于连杆参数误差 $\Delta a_i$、$\Delta \alpha_i$、$\Delta d_i$ 和 $\Delta \theta_i$，将机器人作为理想的刚体传动链进行分析，这些参数误差并不会发生变化。然而，从两个层面上分析可知，现有的机器人运动学误差模型并没有完整地反映机器人的定位误差分布特性：一是机器人运动学误差模型在由非线性向线性化处理的过程中，忽略了微分高阶项以及连杆参数之间的相关性；二是由于存在关节和连杆的惯性等误差因素，连杆参数误差并不是固定不变的。在此分析的基础上，我们可以理解为随着机器人笛卡儿空间或者关节空间的变化，机器人几何参数误差 $\Delta a_i$、$\Delta \alpha_i$、$\Delta d_i$、$\Delta \theta_i$ 也在发生变化。但对于某一确定的点，其参数误差相对固定，因此，机器人的各参数误差均可表示成关于机器人关节转角的函数（忽略不确定的随机误差），即

$$\Delta \boldsymbol{x} = (\Delta \boldsymbol{a}, \Delta \boldsymbol{d}, \Delta \boldsymbol{\alpha}, \Delta \boldsymbol{\theta}, \Delta \boldsymbol{\beta}) = f(\theta_1, \theta_2, \cdots, \theta_6) = f(\boldsymbol{\theta}) \tag{4.114}$$

考虑到各关节转角 $\theta_1$、$\theta_2$、$\theta_3$、$\theta_4$、$\theta_5$、$\theta_6$ 存在耦合，难以在关节空间建立误差模型，同时也不够直观，可以在机器人姿态确定的条件下转化到机器人笛卡儿空间中，则式（4.114）可以转化为

$$\Delta \boldsymbol{x} = (\Delta \boldsymbol{a}, \Delta \boldsymbol{d}, \Delta \boldsymbol{\alpha}, \Delta \boldsymbol{\theta}, \Delta \boldsymbol{\beta}) = g(p_x, p_y, p_z) = g(\boldsymbol{p}) \tag{4.115}$$

当机器人关节转角构型 $\boldsymbol{\theta}$ 确定时，在该关节构型处的参数误差值也就确定。假设对应于关节转角构型 $\boldsymbol{\theta}_1$ 处的参数误差为 $\Delta \boldsymbol{x}_1$，对应于关节转角构型 $\boldsymbol{\theta}_2$ 处的参数误差为 $\Delta \boldsymbol{x}_2$，则有

$$E = \left\| \Delta \boldsymbol{x}_1 - \Delta \boldsymbol{x}_2 \right\| < \xi, \quad \Delta \boldsymbol{\theta} \to \boldsymbol{0} \tag{4.116}$$

式中，$\Delta \boldsymbol{\theta}$ 为在 $\boldsymbol{\theta}_1$ 和 $\boldsymbol{\theta}_2$ 下的关节转角的变化值；$E$ 为 $\Delta \boldsymbol{x}_1$ 和 $\Delta \boldsymbol{x}_2$ 的差值的 2-范数。

式（4.116）表明，当 $\Delta \boldsymbol{\theta}$ 趋近于 $\boldsymbol{0}$ 时，总能找到一个接近于 $\boldsymbol{0}$ 的 $\xi > 0$ 使 $E < \xi$。将其在姿态确定的条件下转换到笛卡儿空间，有

$$E = \left\| \Delta \boldsymbol{x}_1 - \Delta \boldsymbol{x}_2 \right\| < \xi, \quad (\Delta p_x, \Delta p_y, \Delta p_z) \to \boldsymbol{0} \tag{4.117}$$

式（4.117）表明，当机器人姿态确定时，随着 $(\Delta p_x, \Delta p_y, \Delta p_z)$ 趋近于 $\boldsymbol{0}$，在机器人的笛卡儿空间中总能找到一个 $\xi > 0$ 使 $E < \xi$。

因此，可以将机器人工作空间划分为若干子空间，单个子空间内因柔度等因素造成的误差变化可以忽略不计。由于采用规则形状的网格空间可以显著提高补偿算法的效率，这里将工作空间划分成方形的小网格，如图 4.7 所示。

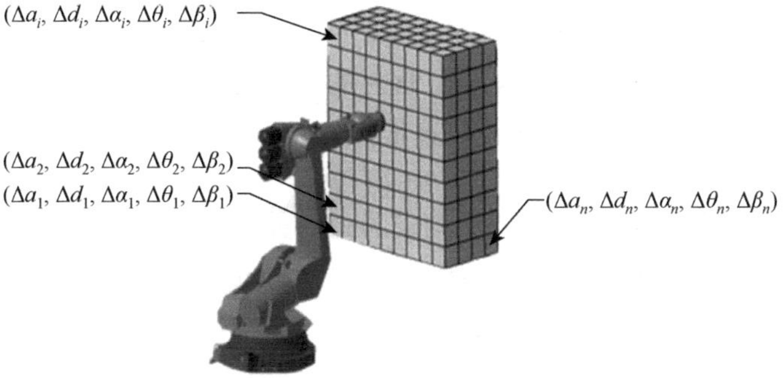


图 4.7　工作空间网格化

需要用采样点对每一单个空间进行包络，如图 4.8 所示。单个空间内网格顶点为边缘点，选择 8 个网格顶点对单个网格进行包络。为了更好地描述网格的参数误差，使该网格的参数误差更逼近真实值，再引入网格中心点。则单个网格使用 9 个点进行采样，以此来求解网格的参数误差。

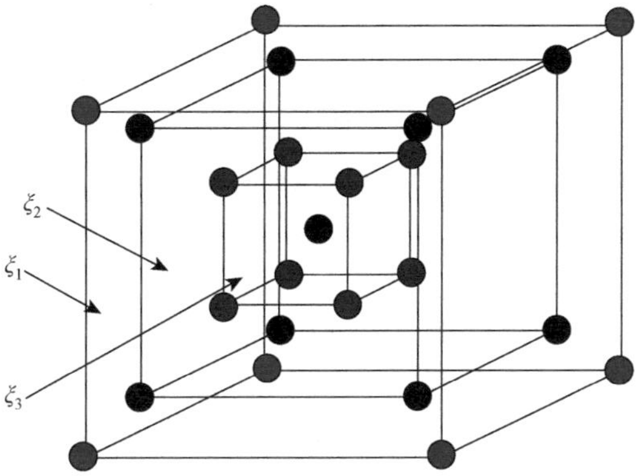


图 4.8　网格大小和采样点

假设单个网格内参数误差的最大差值范数用 $\xi$ 表示，图 4.8 中最大网格为 $\xi_1$，次大网格为 $\xi_2$，最小网格为 $\xi_3$，显然 $\xi_1>\xi_2>\xi_3$。$\xi$ 越小，参数误差越接近，网格内部的残余误差越小，补偿精度就越高。

## 4.8　参数误差辨识

根据前面建立的机器人定位误差模型，可以得到末端 TCP 定位误差与机器人各参数误差之间的线性变换关系；反之，可以根据机器人的定位误差数据，迭代求解机器人各参数误差，称为参数误差辨识。

前面已经建立起机器人末端TCP位姿误差与机器人各参数误差之间的关系，如式(4.110)所示。考虑使用机器人末端TCP的位置误差进行机器人运动学位置精度的补偿，设机器人末端TCP的理论位置是$\boldsymbol{p}$，位置误差为$\Delta\boldsymbol{p}$，参考式(4.110)有

$$\Delta\boldsymbol{p}=\boldsymbol{M}\Delta\boldsymbol{\rho} \tag{4.118}$$

式中，$\Delta\boldsymbol{\rho}$是由机器人各参数误差所构成的列向量。

假设采样了$m$组机器人末端TCP定位误差数据，式(4.118)可扩展为

$$\begin{bmatrix}\Delta\boldsymbol{p}^{(1)}\\ \Delta\boldsymbol{p}^{(2)}\\ \vdots\\ \Delta\boldsymbol{p}^{(m)}\end{bmatrix}=\begin{bmatrix}\boldsymbol{M}^{(1)}\\ \boldsymbol{M}^{(2)}\\ \vdots\\ \boldsymbol{M}^{(m)}\end{bmatrix}\Delta\boldsymbol{\rho} \tag{4.119}$$

进一步，将式(4.119)记为

$$\Delta\boldsymbol{P}=\boldsymbol{J}\Delta\boldsymbol{\rho} \tag{4.120}$$

这样，机器人参数误差辨识问题本质上即为形如$\boldsymbol{Ax}=\boldsymbol{b}$的线性方程组的求解问题。参数误差辨识的具体步骤总结如下：在机器人工作空间内生成一定数量的目标点位置，对该组目标点进行采样，测量其实际到达位置。求得该组目标点位的运动学逆解，由优化算法辨识得到参数误差$\Delta\boldsymbol{\rho}$，并计算得到修正的机器人运动学模型下的末端TCP位置，与实际到达位置进行对比，得到位置误差$\Delta\boldsymbol{P}$，通过不断迭代找出使目标点位置误差$\Delta\boldsymbol{P}$最接近于0的参数误差值作为最优解。也就是说，最优的参数误差值能够使得修正的机器人运动学模型计算得到的末端位置与机器人末端实际到达位置最为接近。

可以看出，机器人参数误差辨识的首要问题是采用何种算法求解方程组(4.120)，下面介绍机器人参数误差辨识领域常用的Levenberg-Marquardt算法

最小二乘法是辨识机器人参数误差$\Delta\boldsymbol{\rho}$最常用的方法，基本原理是通过测量一系列的采样点的位姿误差得到超定方程组，求出参数误差的最小二乘解。最小二乘法的计算公式为

$$\Delta\boldsymbol{\rho}=(\boldsymbol{J}^{\mathrm{T}}\boldsymbol{J})^{-1}\boldsymbol{J}^{\mathrm{T}}\Delta\boldsymbol{P} \tag{4.121}$$

由式(4.121)可知，当矩阵$\boldsymbol{J}^{\mathrm{T}}\boldsymbol{J}$不可逆或成为一个病态矩阵时，通过普通最小二乘法求解的参数误差是错误的，因此该方法并不稳定。此外，该方法在实际计算过程中，由于中间量取近似值造成计算结果存在误差，目标函数在收敛时离极小值较远，拟合效果难以保证。作为最小二乘法的迭代优化算法，阻尼最小二乘法(又称Levenberg-Marquardt算法，简称L-M算法)可以解决上述问题，计算公式为

$$\Delta\boldsymbol{\rho}=(\boldsymbol{J}^{\mathrm{T}}\boldsymbol{J}+\lambda\boldsymbol{I})^{-1}\boldsymbol{J}^{\mathrm{T}}\Delta\boldsymbol{P} \tag{4.122}$$

式中，$\lambda$表示阻尼因子；$\boldsymbol{I}$表示单位矩阵。

L-M 算法的优点在于可以通过每次迭代更新阻尼因子，该阻尼因子可以对算法进行调节。当下降速度太快时，更新阻尼因子为较小的值，使 L-M 算法接近高斯-牛顿法；当下降速度太慢时，更新阻尼因子为较大的值，使该算法接近梯度下降法。

L-M 算法的流程图如图 4.9 所示，迭代过程主要包括五个部分。

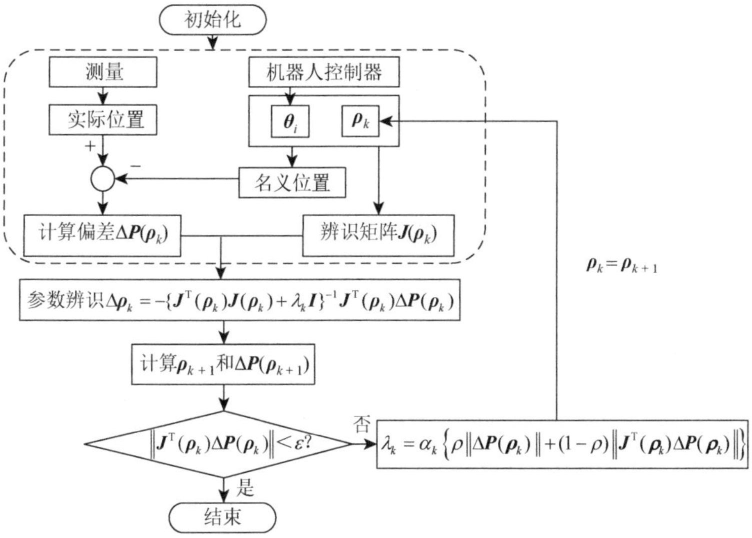


图 4.9　L-M 算法流程图

（1）计算第 $k$ 次迭代时的矩阵 $\boldsymbol{J}(\boldsymbol{\rho}_k)$。

（2）计算第 $k$ 次迭代所对应的参数误差：

$$\Delta\boldsymbol{\rho}_k = -\{\boldsymbol{J}^{\mathrm{T}}(\boldsymbol{\rho}_k)\boldsymbol{J}(\boldsymbol{\rho}_k) + \lambda_k \boldsymbol{I}\}^{-1}\boldsymbol{J}^{\mathrm{T}}(\boldsymbol{\rho}_k)\Delta\boldsymbol{P}(\boldsymbol{\rho}_k) \tag{4.123}$$

式中，$\Delta\boldsymbol{\rho}_k$ 表示第 $k$ 次迭代时参数误差的变化量；$\boldsymbol{\rho}_k$ 表示第 $k$ 次迭代时的参数误差；$\Delta\boldsymbol{P}(\boldsymbol{\rho}_k)$ 表示第 $k$ 次迭代时机器人位置误差矩阵；$\lambda_k$ 表示第 $k$ 次迭代时的阻尼因子，在迭代过程中由式（4.124）进行调节：

$$\lambda_k = \alpha_k\left\{\rho\|\Delta\boldsymbol{P}(\boldsymbol{\rho}_k)\| + (1-\rho)\|\boldsymbol{J}^{\mathrm{T}}(\boldsymbol{\rho}_k)\Delta\boldsymbol{P}(\boldsymbol{\rho}_k)\|\right\},\quad \rho\in[0,1] \tag{4.124}$$

式中，$\|\bullet\|$ 表示向量的二范数；$\alpha_k$ 表示优化因子。

（3）按下面公式计算第 $k$ 次迭代时实际下降量 $\mathrm{Ared}_k$ 与预估下降量 $\mathrm{Pred}_k$ 的比值 $r_k$：

$$\mathrm{Ared}_k = \|\Delta\boldsymbol{P}(\boldsymbol{\rho}_k)\|^2 - \|\Delta\boldsymbol{P}(\boldsymbol{\rho}_k + \Delta\boldsymbol{\rho}_k)\|^2 \tag{4.125}$$

$$\mathrm{Pred}_k = \|\Delta\boldsymbol{P}(\boldsymbol{\rho}_k)\|^2 - \|\Delta\boldsymbol{P}(\boldsymbol{\rho}_k) + \boldsymbol{J}(\boldsymbol{\rho}_k)\Delta\boldsymbol{\rho}_k\|^2 \tag{4.126}$$

$$r_k = \frac{\mathrm{Ared}_k}{\mathrm{Pred}_k} \tag{4.127}$$

（4）更新第 $k$+1 次迭代时的机器人参数误差和优化因子 $\alpha_{k+1}$：

$$\boldsymbol{\rho}_{k+1}=\begin{cases}\boldsymbol{\rho}_k+\Delta\boldsymbol{\rho}_k, & r_k>p_0\\ \boldsymbol{\rho}_k, & r_k\leqslant p_0\end{cases} \tag{4.128}$$

$$\alpha_{k+1}=\begin{cases}4\alpha_k, & r_k<p_1\\ \alpha_k, & r_k\in[p_1,p_2]\\ \max\left\{\dfrac{\alpha_k}{4},\ m\right\}, & r_k>p_2\end{cases} \tag{4.129}$$

（5）当 $\left\|\boldsymbol{J}^{\mathrm{T}}(\boldsymbol{\rho}_k)\Delta\boldsymbol{P}(\boldsymbol{\rho}_k)\right\|<\varepsilon$（$\varepsilon$ 为收敛时所期望的残留误差范数）或到达所规定的最大迭代次数时，结束循环。

## 4.9　机器人定位误差补偿方法

机器人定位误差的补偿是机器人精度补偿技术中的最终步骤。由于在实际工程应用中要求避免对机器人控制系统内部参数的修改，本节的目标是在不修改机器人内部参数的前提下完成机器人末端 TCP 定位误差的补偿。为此，本节机器人定位误差补偿以开环前馈控制的形式实现。

一般而言，在机器人运动空间的笛卡儿坐标系下，机器人末端 TCP 的定位误差与其对应的定位位置相比是一个微小的量。假设在机器人运动空间中某一目标点的定位位置为 $\boldsymbol{p}_{\text{target}}$，其定位误差为 $\boldsymbol{e}_{\text{target}}$，设与该目标点邻近的区域有一个定位位置 $\boldsymbol{p}_{\text{arbitrary}}$ 满足

$$\boldsymbol{p}_{\text{arbitrary}}=\boldsymbol{p}_{\text{target}}-\boldsymbol{e}_{\text{target}} \tag{4.130}$$

那么，当这两个定位位置的姿态及关节约束状态量相同的时候，根据机器人的逆向运动学模型，可以认为这两个位置所对应的关节转角构型近似相等，即

$$\boldsymbol{\theta}_{\text{arbitrary}}\approx\boldsymbol{\theta}_{\text{target}} \tag{4.131}$$

同理，这两组关节转角构型所对应的机器人末端 TCP 定位误差也是相似的：

$$\boldsymbol{e}_{\text{arbitrary}}\approx\boldsymbol{e}_{\text{target}} \tag{4.132}$$

由此可以得到如下关系式：

$$\boldsymbol{p}_{\text{arbitrary}}+\boldsymbol{e}_{\text{arbitrary}}\approx\boldsymbol{p}_{\text{target}} \tag{4.133}$$

也就是说，满足式（4.130）的定位点 $\boldsymbol{p}_{\text{arbitrary}}$ 在无补偿状态下的定位位置，可以认为就是目标点 $\boldsymbol{p}_{\text{target}}$ 的定位位置。

根据上述推导，可以使用前馈控制的方法对机器人的定位误差进行补偿，其原理如图 4.10 所示。首先，利用采样点的定位误差建立机器人的定位误差估计模型；其次，将目标点的理论位姿 $\boldsymbol{p}_{\text{target}}$ 和采样点的实测定位误差 $\boldsymbol{e}_{\text{sample}}$ 作为误差估

计模型的输入，对目标点的定位误差进行线性无偏最优估计，得到目标点的定位误差估计值 $\hat{\boldsymbol{e}}_{\text{target}}$；然后，对目标点位置的理论值反向叠加其定位误差的估计值，得到定位误差前馈补偿后的定位点坐标 $\boldsymbol{p}_{\text{modified}}$；最后，以经过前馈补偿后的定位点坐标 $\boldsymbol{p}_{\text{modified}}$ 作为机器人的定位指令，输入至机器人的控制器中，控制机器人的运动。与不加前馈补偿的情况相比，经过前馈补偿的机器人末端的实际位置 $\hat{\boldsymbol{p}}_{\text{target}}$ 的定位精度将得到明显的提升。

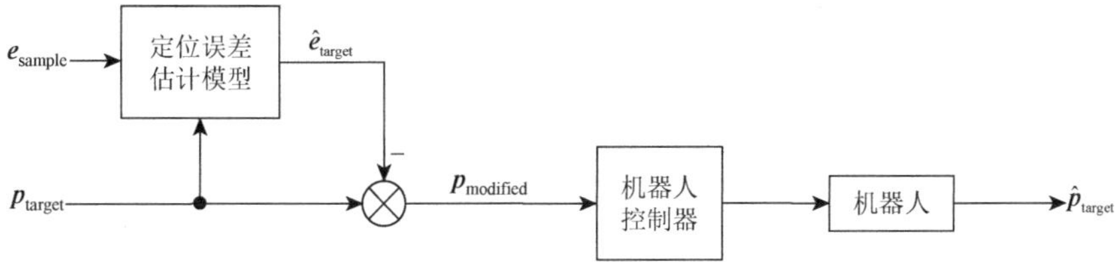


图 4.10　机器人定位误差前馈补偿原理图

机器人定位误差前馈补偿方法是在机器人实际运动控制之前对机器人定位指令中的坐标进行修改，而并未修改机器人控制器的内部控制参数，因此该方法对机器人控制器的开放性没有特殊的要求，具有较好的工程应用价值。实际应用中，首先，在机器人工作任务开始之前对机器人的所有目标点的定位误差进行采样；然后，将 4.8 节辨识出的参数误差 $\Delta\boldsymbol{\rho}$ 代入机器人定位误差模型并估计待补偿点定位误差，即可得到修正后的机器人定位指令；最后，将该修正指令直接输入机器人控制器，实现机器人精度补偿。值得一提的是，前馈补偿方法是一种通用的系统校正方法，对机器人的定位误差估计模型也没有特殊要求，只要能够对机器人定位误差作出准确估计，均可通过前馈补偿提高机器人的定位精度。从该角度可以看出，机器人定位误差前馈补偿方法具备较高的通用性和应用价值。

**【例 4-1】**　以 KUKA KR210 工业机器人作为待补偿对象，假设其连杆参数误差和柔度参数误差分别如表 4.1 和表 4.2 所示。在预设的实际机器人结构的条件下，任选 80 个点，以其中的 20 个点作为采样样本，其余 60 个点作为机器人补偿测试点。试辨识机器人参数误差，并给出补偿前后的位置误差。

**解**　（1）在机器人可达空间内选取 20 个点，尽量保证选取的随机点布满机器人末端 TCP 的工作空间，分别求出机器人在含误差模型和名义模型下的点位坐标值。以此 20 个点作为测量样本，对机器人进行参数辨识，得出辨识后的参数误差，如表 4.3 和表 4.4 所示。

（2）在补偿模型中，利用机器人逆运动学求解方法模拟机器人控制系统，对机器人进行误差补偿，误差补偿前后结果如图 4.11 所示。

**表 4.1　机器人各连杆参数误差**

| 连杆序号 $i$ | $\Delta a_i$ /mm | $\Delta\alpha_i$ /(°) | $\Delta d_i$ /mm | $\Delta\theta_i$ /(°) | $\Delta\beta_i$ /(°) |
|---|---|---|---|---|---|
| 1 | −0.7 | 0.00003 | −1.03 | −0.02 | — |
| 2 | −0.4 | 0.002 | −0.15 | — | 0.3 |
| 3 | 0.5 | 0.08 | −0.006 | — | — |
| 4 | 0.5 | −0.08 | −0.1 | 0.3 | — |
| 5 | −0.1 | 0.05 | 0.0003 | 0.02 | — |
| 6 | −0.2 | −0.06 | 0.05 | −0.6 | — |

**表 4.2　机器人柔度参数误差**　　（单位：(°)）

| 误差项 | 值 |
|---|---|
| $k_{21}$ | −0.038 |
| $k_{22}$ | 0.03 |
| $k_{23}$ | 0.0285 |
| $k_{24}$ | 0.03 |
| $k_{25}$ | −0.002 |
| $k_{31}$ | −0.0068 |
| $k_{32}$ | −0.0163 |
| $k_{33}$ | 0.0078 |

**表 4.3　机器人参数误差辨识结果**

| 连杆序号 $i$ | $\Delta a_i$ /mm | $\Delta\alpha_i$ /(°) | $\Delta d_i$ /mm | $\Delta\theta_i$ /(°) | $\Delta\beta_i$ /(°) |
|---|---|---|---|---|---|
| 1 | −0.7 | 0.00003 | −1.03 | −0.02 | — |
| 2 | −0.3999 | 0.002 | −0.134 | — | 0.34 |
| 3 | 0.5 | 0.08 | −0.00569 | — | — |
| 4 | 0.501 | −0.08 | −0.1002 | 0.33 | — |
| 5 | −0.1 | 0.05 | 0.000312 | 0.0202 | — |
| 6 | −0.2001 | −0.0601 | 0.051 | −0.599 | — |

**表 4.4　机器人柔度参数误差辨识结果**　　（单位：(°)）

| 误差项 | 值 |
|---|---|
| $k_{21}$ | −0.038 |
| $k_{22}$ | 0.03 |

续表

| 误差项 | 值 |
|---|---|
| $k_{23}$ | 0.0285 |
| $k_{24}$ | 0.03 |
| $k_{25}$ | −0.002 |
| $k_{31}$ | −0.007 |
| $k_{32}$ | −0.0163 |
| $k_{33}$ | 0.0078 |

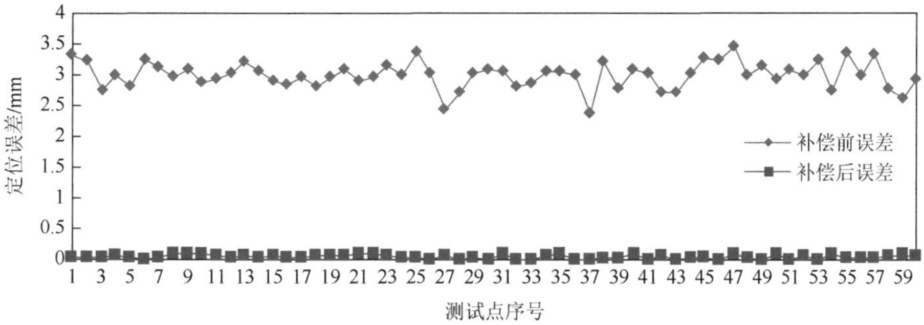


图 4.11　补偿仿真测试效果

从上述模型中测试发现，$\Delta a_i$、$\Delta\alpha_i$、$\Delta d_i$、$\Delta\theta_i$、$k_i$ 等参数的辨识效果都很好，$\Delta\beta_i$ 辨识后的效果较差，也在可以接受的范围内，总体辨识效果较好，算法正确。误差补偿后，定位误差基本维持在 0.1 mm 以下，机器人精度补偿效果良好。

## 4.10　应用实例

### 4.10.1　耦合柔度误差和工具坐标系建立误差的机器人精度补偿试验

**1. 试验方案**

本试验中拟定两套试验方案对补偿模型进行测试。

（1）补偿模型的基本测试。选取机器人工作空间中常用的 1200 mm×1200 mm×1200 mm 立方网格（图 4.12（a））作为补偿试验区域，完成该区域的采样点规划及参数辨识，并在空间内随机选取测试点作为补偿测试点，观察补偿前后误差变化，测试模型的精度指标，最后测试机器人工作空间内的绝对定位精度。

（2）补偿模型的适用性测试。根据机器人可达空间的规律选取如图 4.12（b）

所示的在机器人 *xoy* 平面 1200 mm×1200 mm 截面开口角为 80°的扇形柱体，并将此区域平均分为各 40°的扇形柱体分别对两个区域进行参数辨识，并以辨识出的参数误差对另外一个区域内的采样点进行残差测试。

试验中为统一补偿空间，以机器人机械零点（0, −90°, 90°, 0, 0, 0）作为选取样本点的基准，确保选取点的关节空间位置尽量接近。

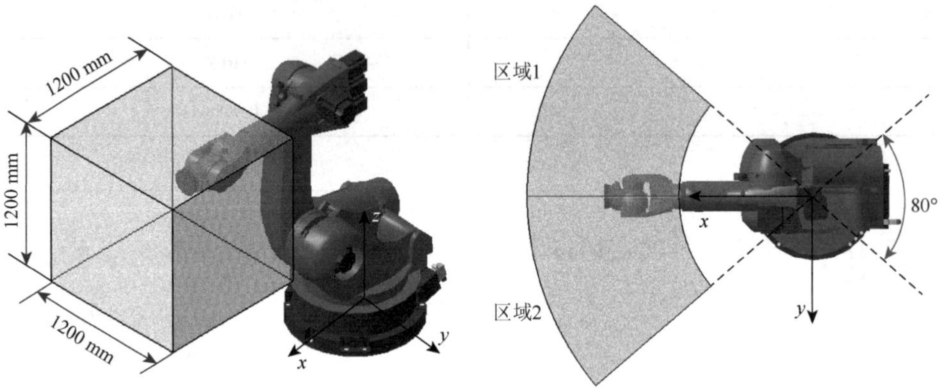


(a) 补偿试验空间　　(b) 截面开口角为80°的扇形柱体区域

图 4.12　机器人测试空间方案

### 2. 试验结果与分析

1）补偿模型基本测试结果

利用第 3 章所述方法，以能观测度指标 $O_1$ 作为标准选取最优测量样本并辨识最佳运动学参数误差值，参数辨识结果如表 4.5 所示。

**表 4.5　参数辨识结果**

| 连杆序号 | $\Delta a_i$ /mm | $\Delta d_i$ /mm | $\Delta \alpha_i$ /rad | $\Delta \theta_i$ /rad | $\Delta \beta_i$ /rad |
|---|---|---|---|---|---|
| 1 | −0.60524 | −0.95492 | −0.000037 | 0.00032 | — |
| 2 | −0.11179 | −0.00035 | 0.000103 | — | 0.001468 |
| 3 | 0.276736 | −0.0001 | 0.000347 | — | — |
| 4 | 0.022123 | 0.083613 | −0.000038 | −0.00015 | — |
| 5 | −0.07129 | −0.00001 | −0.0002 | −0.00026 | — |
| 6 | −0.05006 | 0.096681 | 0.000053 | 0.00018 | — |
| 柔度参数误差/rad | $k_{21}=-0.00058$，$k_{22}=-0.00018$，$k_{23}=0.000415$，$k_{24}=0.00057$，$k_{25}=0.00063$<br>$k_{31}=-0.000113$，$k_{32}=-0.000082$，$k_{33}=0.000724$ | | | | |
| 工具坐标系误差/mm | $dx_t=-0.00316$，$dy_t=-0.0077$，$dz_t=0.096681$ | | | | |

在补偿空间内随机选取 50 个点，以 4.9 节的精度补偿方法进行误差补偿并修正坐标值，最后通过实际测量得到补偿前后的定位误差，结果如图 4.13～图 4.16 所示。

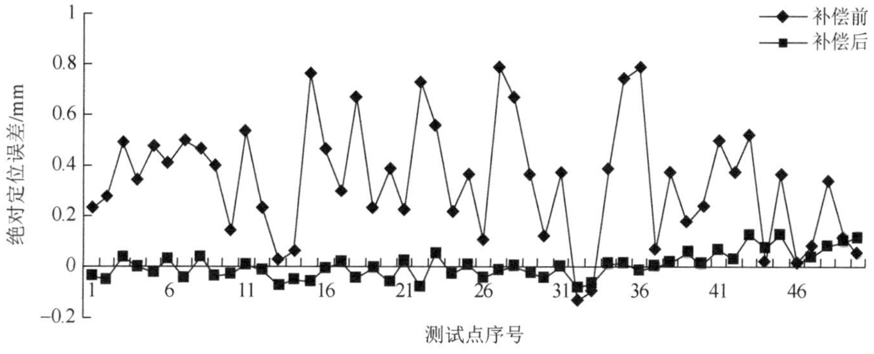


图 4.13　补偿前后 $x$ 方向误差分布

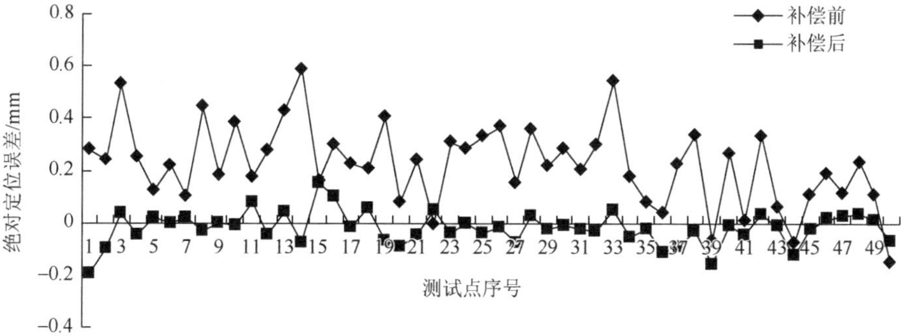


图 4.14　补偿前后 $y$ 方向误差分布

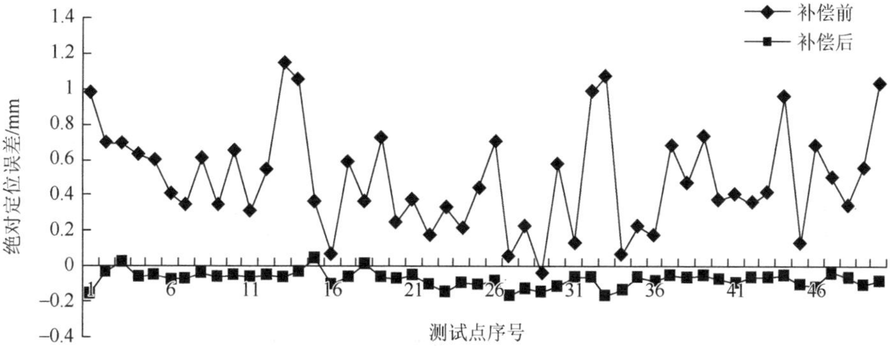


图 4.15　补偿前后 $z$ 方向误差分布

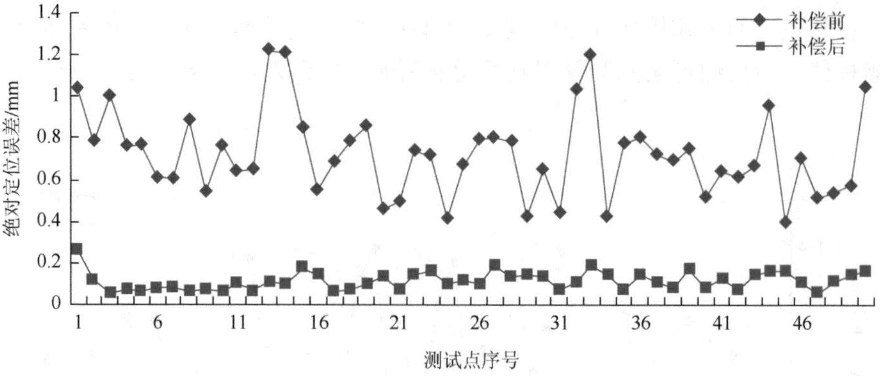


图 4.16　补偿前后绝对定位误差分布

分析测试点补偿前后的结果可知，绝对定位误差最大值和平均值分别由 1.2179 mm、0.7235 mm 下降到 0.2574 mm、0.1136 mm，同时误差分布的标准差从 0.3041 mm 下降到 0.043 mm。

根据 1.3 节所述方法，在 KUKA KR210 工业机器人常用工作空间内选取 5 个测试点进行补偿后的测试，采用循环检测的方式测量机器人末端 TCP 30 组测量数据，并进行统计分析，结果如表 4.6 和表 4.7 所示。

**表 4.6　验证点补偿前后位置**　　（单位：mm）

| 序号 | 理论位置 | | | 补偿后位置 | | |
|---|---|---|---|---|---|---|
| | $x$ | $y$ | $z$ | $\bar{x}$ | $\bar{y}$ | $\bar{z}$ |
| 1 | 2175.0280 | −475.0280 | 2275.0280 | 2175.1188 | 474.8948 | 2274.9090 |
| 2 | 2175.4980 | −475.4980 | 2275.4980 | 2175.6193 | −475.6420 | 2275.2912 |
| 3 | 1241.8510 | −475.4980 | 1341.8510 | 1241.7534 | −458.1621 | 1341.9806 |
| 4 | 1229.7290 | 470.2710 | 1329.7290 | 1229.5550 | 470.1679 | 1329.8020 |
| 5 | 1700 | 0 | 1800 | 1699.8300 | −0.1007 | 1800.0680 |

**表 4.7　验证点补偿后绝对定位误差**　　（单位：mm）

| 序号 | $AP_x$ | $AP_y$ | $AP_z$ | $AP_p$ |
|---|---|---|---|---|
| 1 | 0.0908 | −0.1332 | −0.1190 | 0.2003 |
| 2 | 0.1213 | −0.1439 | −0.0932 | 0.2100 |
| 3 | −0.0976 | −0.0131 | 0.1300 | 0.1628 |
| 4 | −0.1744 | −0.1031 | 0.0730 | 0.2153 |
| 5 | −0.1700 | −0.1007 | −0.0680 | 0.2090 |

2）补偿模型适用性测试结果

为测试机器人在某一补偿区域内的结果对补偿区域以外的空间是否同样具有一定的有效性，以两个区域内的辨识结果对补偿空间进行交叉测试。对两个空间区域分别选取 100 个测试点，交叉辨识进行测试，结果如图 4.17 和图 4.18 所示。

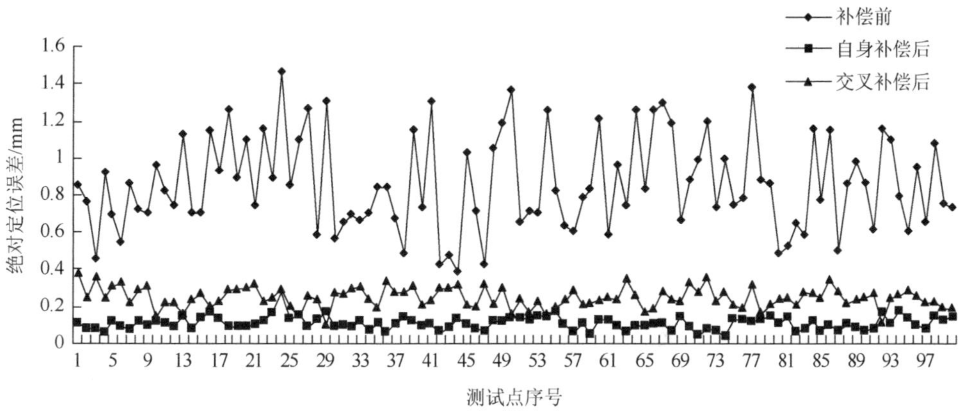


图 4.17　区域 1 补偿前后的绝对定位误差结果

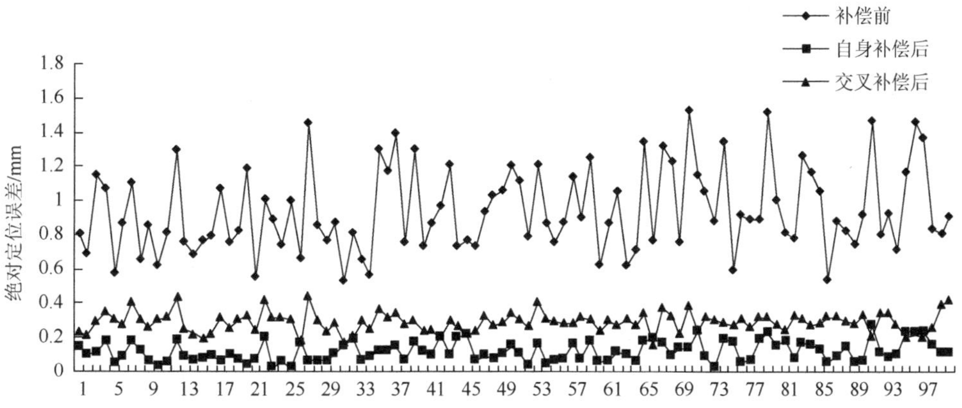


图 4.18　区域 2 补偿前后的绝对定位误差结果

从图 4.17 和图 4.18 中的补偿结果可以看出，某一区域内补偿的结果对选取区域以外的空间具有一定补偿效果，但其补偿的效果比本区域内的补偿效果差。

### 4.10.2　变参数误差的运动学精度补偿试验

选取 600 mm×600 mm×600 mm 的工作区域作为机器人的补偿空间，假设网格大小分别为 600 mm×600 mm×600 mm、300 mm×300 mm×300 mm、150 mm×

150 mm×150 mm 以及 100 mm×100 mm×100 mm，因此分别有 1 个网格、8 个网格、64 个网格以及 216 个网格。

在空间中随机选取 64 个点进行补偿，补偿结果如图 4.19 和表 4.8 所示。

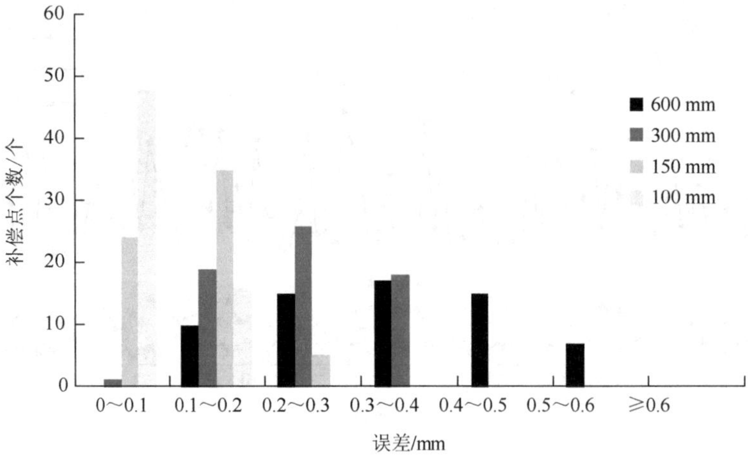


图 4.19 不同网格大小下精度补偿结果

**表 4.8 不同网格步长下精度补偿结果对比** （单位：mm）

| 数值类型 | 补偿前 | 600 mm 网格 | 300 mm 网格 | 150 mm 网格 | 100 mm 网格 |
|---|---|---|---|---|---|
| 平均值 | 1.069 | 0.341 | 0.246 | 0.121 | 0.076 |
| 标准差 | 0.118 | 0.124 | 0.076 | 0.047 | 0.032 |
| 最大值 | 1.401 | 0.581 | 0.392 | 0.229 | 0.147 |

可以看出，补偿前绝对定位精度平均值为 1.069 mm，标准差为 0.118 mm，最大值为 1.401 mm，精度分布不均。首先，采用 600 mm 网格补偿方法，绝对定位精度有了一定提升，均在 0.6 mm 以内，平均值为 0.341 mm，标准差为 0.124 mm，最大值为 0.581 mm，补偿后精度分布不均匀。究其原因主要是在较大范围内采用了恒定的参数误差，该参数误差只与其中部分随机位姿状态比较接近。其次，采用 300 mm 网格补偿方法，绝对定位精度平均值为 0.246 mm，标准差为 0.076 mm，最大值为 0.392 mm，精度又有了一定提升，均在 0.4 mm 以内，相较于 600 mm 网格的补偿，补偿后精度分布较为均匀。然后，采用 150 mm 网格进行补偿，补偿后绝对定位精度平均值为 0.121 mm，标准差为 0.047 mm，最大值为 0.229 mm，均在 0.25 mm 以内。相比 600 mm 网格和 300 mm 网格，无论在补偿的效果还是均匀性上均有较大的提升。最后，采用 100 mm 网格进行补偿，绝对定位精度平均

值为 0.076 mm，标准差为 0.032 mm，最大值为 0.147 mm，补偿效果相比 150 mm 网格有一定提升，但是效果不够明显，均匀性上的提升也比较有限。以上试验结果表明，网格划分得越细，补偿效果越好，但是细划到一定程度后，效果提升比较有限，而提升有限的精度需要的采样点数量则显著增加，因此针对不同的机器人需要根据期望达到的精度选择合适的网格大小。此外，可以证明机器人运动学参数误差在不同的位姿状态下确实是不同的，若在空间中采用固定的参数误差，则无法准确表征机器人在不同位姿状态下的误差模型，采用变参数误差能更好地表征机器人的误差模型，获得更佳的补偿效果。

图 4.20 给出了在相同空间大小内网格数和绝对定位精度之间的关系。从图中可以看出，补偿效果随着网格数的增加而变好，但是随着网格数的增加，补偿效果变好的幅度会慢慢减少，因此需要在保证补偿效果的前提下兼顾补偿效率。

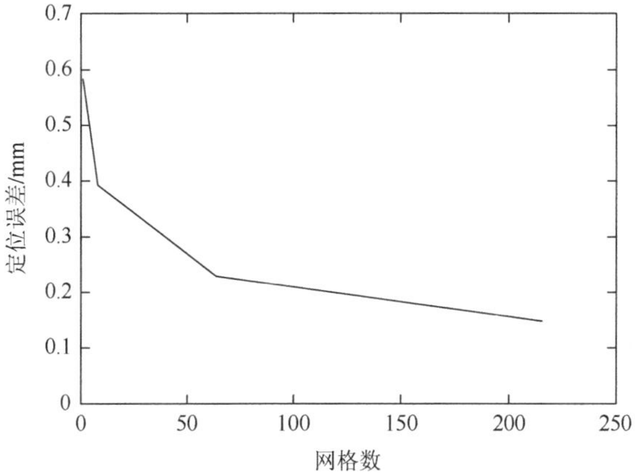


图 4.20　网格数和绝对定位精度关系图

图 4.21 表示网格大小为 150 mm 的情况下利用 L-M 算法求解单个网格参数误差当迭代次数满足 100 次时的情况，横轴表示迭代次数，纵轴表示单个网格的误差范数值。从图中可以看出，L-M 算法效率高，收敛性好。随机选取 50 个网格进行收敛速度统计，9 个采样点的平均收敛速度为 37.06，当迭代到第 37 次时收敛，而随着采样点数的增加，收敛的速度将会提升，但是难以保证目标点的精度。

图 4.22 给出当网格大小为 150 mm×150 mm×150 mm 时机器人连杆参数误差 $\Delta a_i$、$\Delta \alpha_i$、$\Delta d_i$、$\Delta \beta_i$ 的值。从图中可以看出，参数误差在空间中是变化且分布不均匀的。64 个网格的参数误差平均值如表 4.9 所示。从表中可以看出，参数误差 $\Delta a_i$、$\Delta \alpha_i$、$\Delta d_i$、$\Delta \beta_i$ 均比较小，因此它们不是造成机器人定位误差的主要原因。

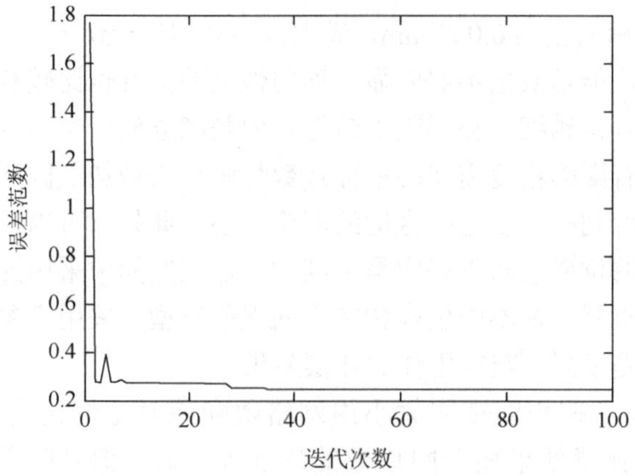


图 4.21　L-M 算法单个网格迭代过程图

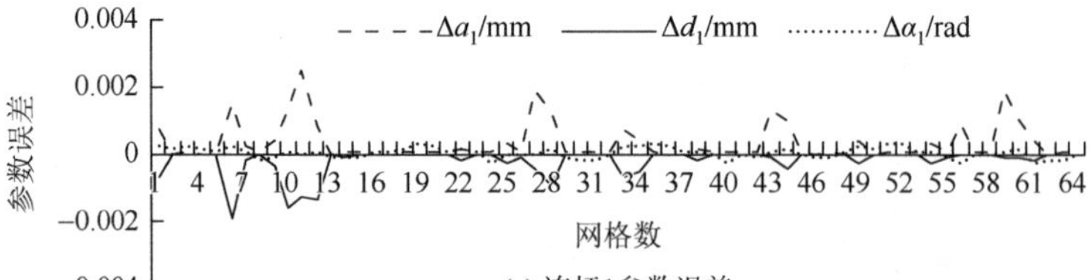


(a) 连杆1参数误差

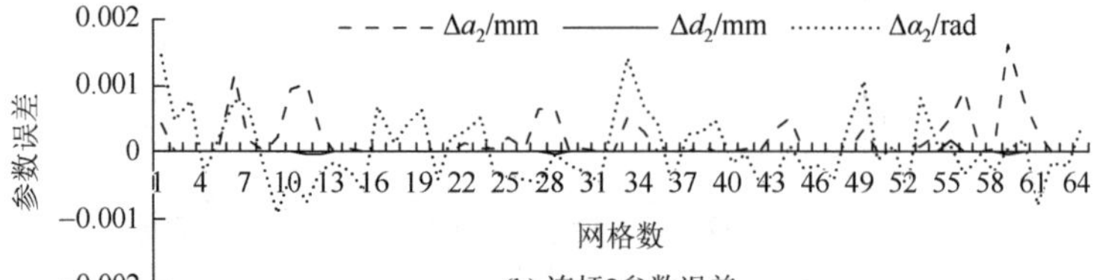


(b) 连杆2参数误差

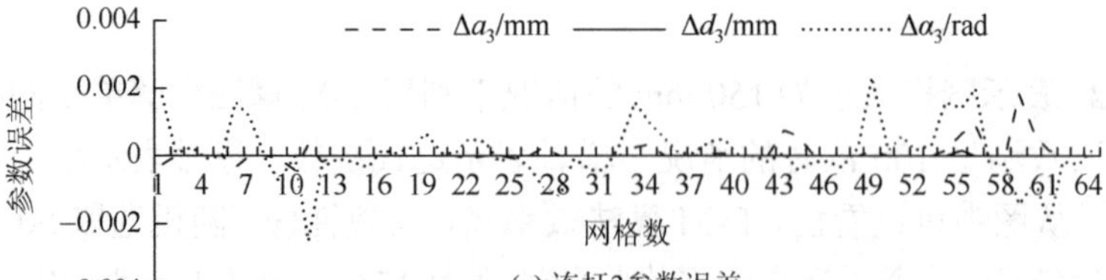


(c) 连杆3参数误差

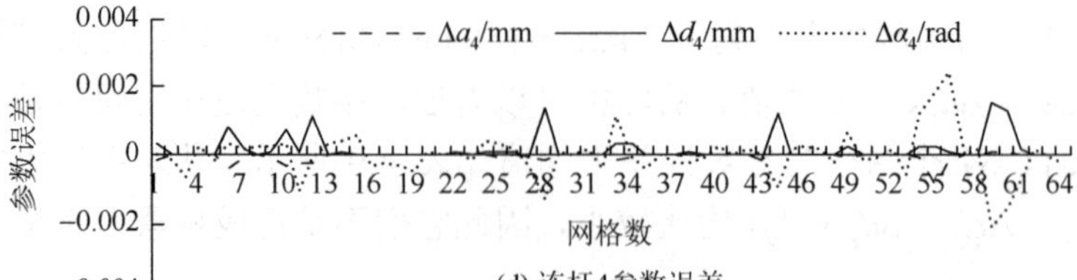


(d) 连杆4参数误差

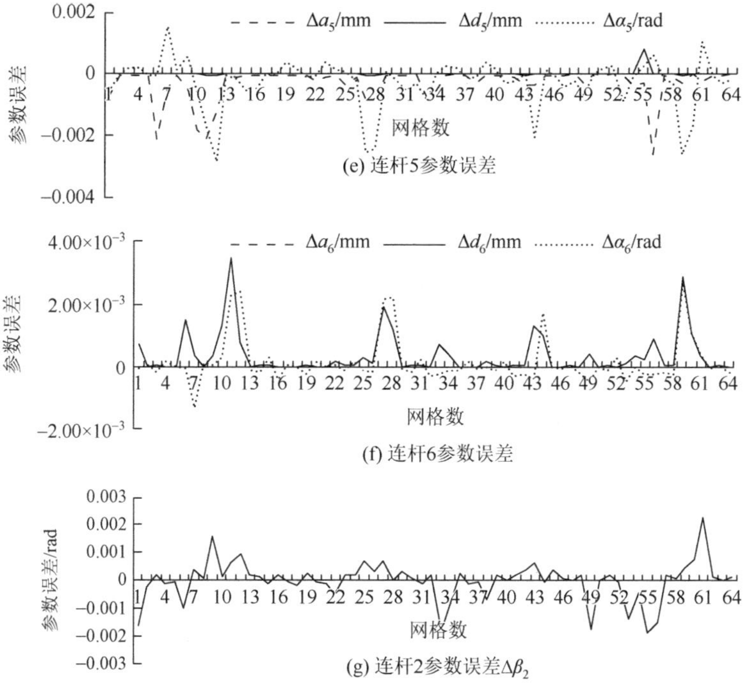


图 4.22　机器人连杆参数误差 $\Delta a_i$ 、 $\Delta\alpha_i$ 、 $\Delta d_i$ 、 $\Delta\beta_i$

**表 4.9　参数误差 $\Delta a_i$ 、 $\Delta\alpha_i$ 、 $\Delta d_i$ 、 $\Delta\beta_i$ 的平均值**

| 连杆序号 | $\Delta\overline{a}_i$ /mm | $\Delta\overline{d}_i$ /mm | $\Delta\overline{\alpha}_i$ /rad | $\Delta\overline{\beta}_i$ /rad |
|---|---|---|---|---|
| 1 | $3.28\times10^{-4}$ | $-2.07\times10^{-4}$ | $2.46\times10^{-5}$ | 0 |
| 2 | $2.09\times10^{-4}$ | $2.81\times10^{-6}$ | $5.14\times10^{-5}$ | $-1.30\times10^{-5}$ |
| 3 | $1.01\times10^{-4}$ | $1.78\times10^{-6}$ | $1.11\times10^{-4}$ | 0 |
| 4 | $-5.20\times10^{-5}$ | $1.74\times10^{-4}$ | $-1.50\times10^{-5}$ | 0 |
| 5 | $-2.90\times10^{-4}$ | $1.06\times10^{-5}$ | $-2.60\times10^{-4}$ | 0 |
| 6 | $-4.60\times10^{-6}$ | $3.65\times10^{-4}$ | $1.52\times10^{-4}$ | 0 |

从图 4.23 中可以看出，参数误差 $\Delta\theta_i$ 的变化比图 4.22 中的参数误差 $\Delta a_i$ 、$\Delta\alpha_i$ 、$\Delta d_i$ 、$\Delta\beta_i$ 剧烈。究其原因，主要是由于柔度变形存在于关节处，主要影响关节转角，对连杆长度和偏置影响较小。

从表 4.10 中可以看出，$\Delta\overline{\theta}_2$ 、$\Delta\overline{\theta}_3$ 和 $\Delta\overline{\theta}_5$ 相比其余轴的参数误差 $\Delta\overline{\theta}_i$ 以及 $a_i$、$d_i$、$\alpha_i$、$\beta_i$，出现了一个数量级上的提升，证明机器人误差主要产生在 $\Delta\overline{\theta}_2$ 、$\Delta\overline{\theta}_3$ 和 $\Delta\overline{\theta}_5$ 。这主要是由机器人的结构所决定的，轴 2、轴 3 以及轴 5 的柔度最大。$\Delta\overline{\theta}_2$ 和 $\Delta\overline{\theta}_3$ 由于柔度的变化与其对应的关节转角存在对应关系，且基本呈线性变化。

其中存在的变化是由于各轴之间存在耦合，如轴 2 的参数误差并非由轴 2 的关节转角单一确定，还受轴 3～轴 6 的影响，且受诸如齿轮齿隙等其他因素的影响。

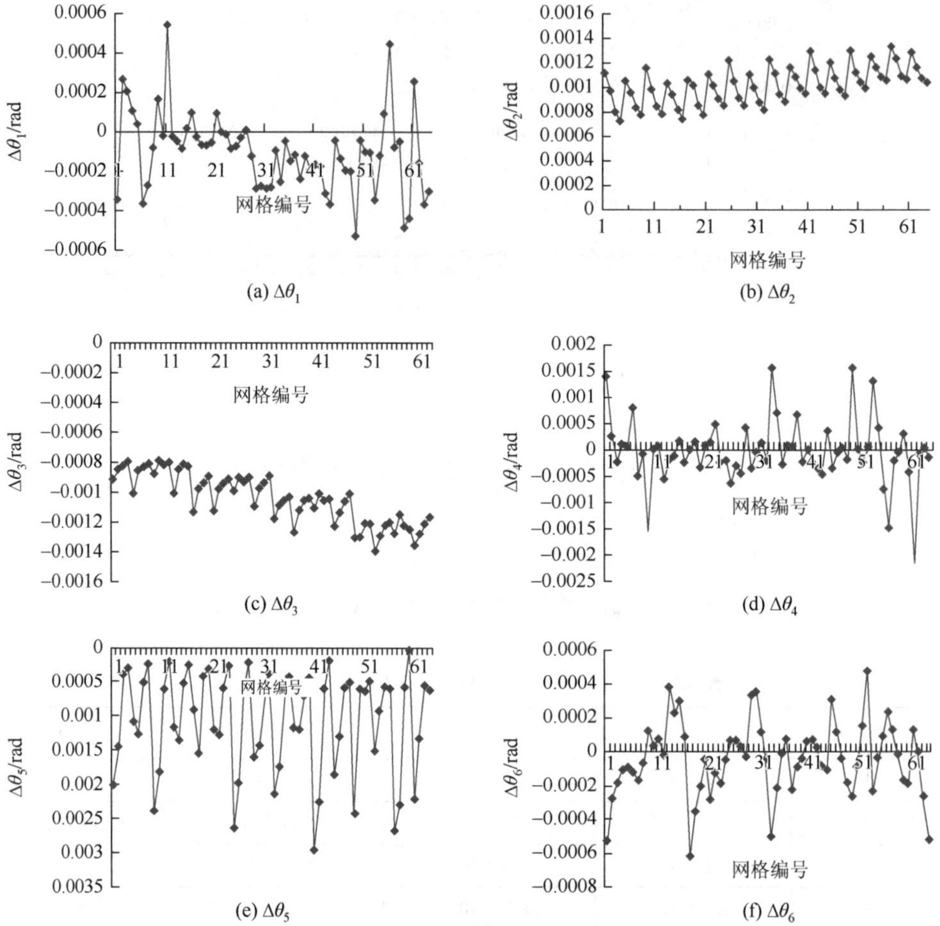


图 4.23　参数误差 $\Delta\theta_i$

**表 4.10　参数误差 $\Delta\overline{\theta_i}$**

| 连杆序号 | $\Delta\overline{\theta}_i$ /rad |
|---|---|
| 1 | $-1.018\times10^{-4}$ |
| 2 | $1.024\times10^{-3}$ |
| 3 | $-1.040\times10^{-3}$ |
| 4 | $-3.600\times10^{-5}$ |
| 5 | $-1.053\times10^{-3}$ |
| 6 | $-4.100\times10^{-5}$ |

由于机器人在笛卡儿空间上的左右对称性，试验最后选取了机器人左上方、中间、右下方的 3 个 600 mm×600 mm×600 mm 的空间，以 150 mm×150 mm×150 mm 的网格进行补偿，在空间中每个网格内随机选取了 1 个点，总共 192 个点，补偿效果如图 4.24 所示。从图中可以看出，补偿前绝对定位精度平均值为 0.901 mm，标准差为 0.260 mm，最大值为 1.529 mm；补偿后绝对定位精度平均值为 0.115 mm，标准差为 0.051 mm，最大值为 0.278 mm。补偿后绝对定位精度效果良好，均在 0.3 mm 以内，且分布均匀。而传统的恒定误差参数法补偿后的绝对定位精度平均值为 0.430 mm，标准差为 0.103 mm，最大值为 0.596 mm。

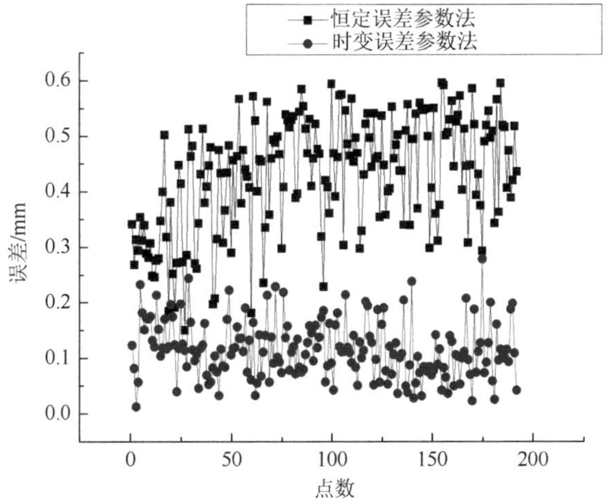


图 4.24　不同误差参数辨识法补偿后的定位精度

# 习　题

4-1　推导考虑运动学参数误差的机器人定位误差模型。

4-2　推导考虑坐标系建立误差的机器人定位误差模型。

4-3　推导考虑关节回差的机器人定位误差模型。

4-4　推导耦合柔度误差的机器人运动学误差模型。

4-5　L-M 算法的主要迭代过程包括哪些步骤？

4-6　在机器人运动学参数误差的精度补偿技术中为什么需要将运动学参数看成变化的？

4-7　归纳机器人定位误差的影响因素，并说明各因素是如何导致误差产生的。

4-8　归纳机器人定位误差精度补偿的具体流程。

4-9　分析柔性变形对各轴影响不同的原因。

4-10　说明机器人定位误差前馈补偿的优势。

4-11 说明进行精度补偿时需要采用网格化补偿方法的原因。

4-12 某 KUKA KR150 工业机器人各杆件的名义参数值如表 4.11 所示，各杆件的几何参数误差值如表 4.12 所示，在机器人工作空间选取如表 4.13 所示的 12 个点。试计算机器人各位姿点的预测定位误差和修正的位置指令。

**表 4.11 某 KUKA KR150 工业机器人 D-H 模型参数表**

| 序号 | $a$/mm | $d$/mm | $\alpha$/(°) | $\theta$/(°) |
|---|---|---|---|---|
| 1 | 350 | 750 | –90 | 0 |
| 2 | 1250 | 0 | 0 | –90 |
| 3 | 55 | 0 | 90 | 180 |
| 4 | 0 | 1100 | –90 | 0 |
| 5 | 0 | 0 | 90 | 0 |
| 6 | 0 | 230 | 0 | 0 |

**表 4.12 各杆件的几何参数误差**

| 连杆号 | $\Delta a$/mm | $\Delta d$/mm | $\Delta\alpha$/rad | $\Delta\theta$/rad |
|---|---|---|---|---|
| 1 | –0.00356 | –0.0618 | –0.00019 | –0.000012 |
| 2 | 0.0112 | –0.1056 | –0.00128 | 0.0000362 |
| 3 | –0.01018 | –0.0899 | 0.00239 | –0.0000301 |
| 4 | –0.012 | 0.22561 | 0.000305 | –0.0000166 |
| 5 | 0.00001 | 0.00002 | –0.000217 | 0.0000188 |
| 6 | 0.0078 | 0.1156 | 0.000018 | 0.0000061 |

**表 4.13 选定的 12 个位姿**

| 序号 | $x$/mm | $y$/mm | $z$/mm | $a$/(°) | $b$/(°) | $c$/(°) |
|---|---|---|---|---|---|---|
| 1 | 1950 | 750 | 1050 | 0 | 90 | 0 |
| 2 | 1950 | 650 | 1050 | 0 | 90 | 0 |
| 3 | 1950 | 750 | 950 | 0 | 90 | 0 |
| 4 | 1950 | 650 | 950 | 0 | 90 | 0 |
| 5 | 2050 | 750 | 1050 | 0 | 90 | 0 |
| 6 | 2050 | 650 | 1050 | 0 | 90 | 0 |
| 7 | 2050 | 750 | 950 | 0 | 90 | 0 |
| 8 | 2050 | 650 | 950 | 0 | 90 | 0 |
| 9 | 1300 | 350 | 1650 | 0 | 90 | 0 |
| 10 | 1300 | 50 | 1650 | 0 | 90 | 0 |
| 11 | 1300 | 350 | 1350 | 0 | 90 | 0 |
| 12 | 1300 | 50 | 1350 | 0 | 90 | 0 |

# 第5章 机器人误差相似度精度补偿技术

第 4 章建立了机器人运动学误差模型并给出了基于运动学模型的机器人精度补偿技术。此类方法只对机器人的几何误差源进行补偿，因此所能提高的机器人定位精度有限。如果需要包含更多的误差源，则必须在机器人误差模型中添加更多的误差参数，这将导致复杂度和计算量显著增加。此外，几何参数会随着机器人的类型而变化，不可避免地需要建立不同的误差参数模型来补偿不同类型机器人的精度。更重要的是，将运动学补偿方法应用到精度补偿中，需要对机器人本身的控制器参数进行修改，而获得机器人控制系统修改权限的成本较高。为了解决这一问题，机器人非运动学精度补偿技术应运而生，其具体思路是将机器人系统视为一个“黑盒子”，不考虑机器人误差源的具体作用机理，只研究机器人末端定位误差与理论位姿或者关节转角之间的映射关系，建立机器人定位误差数据库，对机器人进行精度补偿。

本章介绍一种机器人非运动学精度补偿方法，即误差相似度的精度补偿方法。该方法不依赖机器人运动学模型，只关注机器人定位误差的具体表现，不需要修改机器人的运动学参数，即可实现机器人精度补偿。为了阐述该非运动学精度补偿方法，首先，对机器人定位误差的相似度进行定性和定量分析，并给出误差相似度的数学表示。其次，基于误差相似度概念给出一种利用反距离加权插值技术进行精度补偿的方法。最后，介绍一种线性无偏估计与误差相似度相结合的精度补偿方法。

## 5.1 机器人定位误差相似度的基本概念

俗话说“近朱者赤，近墨者黑”，地理学第一定律也提出了相近的误差相似性原理。直观上来说，相近的事物是具有一定相似度的。类似地，机器人的定位误差在笛卡儿空间和关节空间中也具有一定的空间相似度，本节通过定性与定量分析，讨论定位误差的这种空间相似度。

### 5.1.1 定位误差相似度的定性分析

在转动关节串联机器人的运动学参数中，连杆杆长 $a_i$、连杆偏置 $d_i$、关节扭

角 $\alpha_i$ 和 MD-H 模型的附加参数 $\beta_i$ 均为常量，仅有关节转角 $\theta_i$ 是变量。另外，根据 2.4 节提出的机器人逆向运动学唯一封闭解求解方法，可以认为在给定的关节约束下机器人末端 TCP 的某一位姿与某一组关节输入 $\boldsymbol{\theta}$ 具有一一对应的关系。也就是说，机器人末端 TCP 的位姿可以视为机器人关节转角构型 $\boldsymbol{\theta}$ 的函数，在耦合关节约束的条件下，这种函数关系是可逆的，如图 5.1 所示。

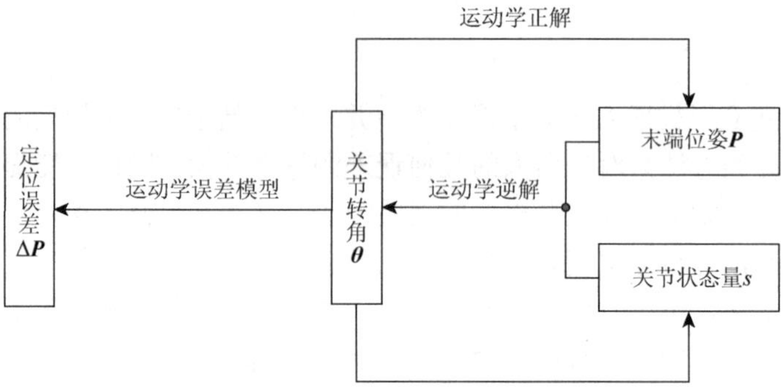


图 5.1　机器人关节转角与末端位姿的映射关系

同理，根据第 4 章建立的机器人定位误差模型，机器人各连杆参数误差也可以视为常量。也就是说，在机器人运动学误差模型中，仅有关节转角是变量。由此可以认为，在耦合关节约束的条件下机器人的每一组关节输入都对应一个位姿，而该位姿又相应地存在一个定位误差。机器人的定位误差包括几何误差和非几何误差，其中几何误差可以认为是确定性误差，非几何误差可以认为是随机性误差。当机器人的各关节输入确定时，由几何误差引起的定位误差可以看成关于关节构型 $\boldsymbol{\theta}$ 的确定性函数，由非几何误差引起的定位误差可以看成关于关节构型 $\boldsymbol{\theta}$ 的随机函数，总的定位误差可以看成这两部分误差的叠加。由于几何误差是机器人定位误差的主要因素，可以认为机器人的定位误差与各关节输入之间存在较强的空间相关性，即每一组关节输入都对应一个定位误差，且该定位误差的确定性远大于随机性。这也在一定程度上反映出机器人具有较高的重复定位精度。

另外，若仅考虑几何误差源，机器人的定位误差矢量在笛卡儿坐标系下的各个分量都是由机器人各连杆运动学参数组成的一系列三角函数来描述的。对转动关节机器人而言，只有各关节转角为变量，其他参数及参数误差均为常量。从数学角度来看，在机器人各关节可达范围内由这些三角函数描述的几何误差量是连续的。因此当两个目标定位点所对应的机器人各关节转角间相差较小时可认为它们所对应的定位误差向量间是具有一定的相似度的。由此可知，各关节转角间偏差越小，相似度就越高，此时机器人末端对应的两个定位点之间的距离也就越近。由于随机性误差对定位精度的影响很小，当机器人的各关节输入相近时对应的定位误差存在相似度。这里的“相似度”的含义是指，若某一组关节构型 $\boldsymbol{\theta}^{(i)}\in\mathbb{R}^n$ 所对应的定位误差 $\Delta\boldsymbol{P}[\boldsymbol{\theta}^{(i)}]$ 较大（或较小），在关节空间 $\mathbb{R}^n$ 中与之距离相近的另一组关节输入 $\boldsymbol{\theta}^{(j)}\in\mathbb{R}^n$ 所对应的定位误差 $\Delta\boldsymbol{P}[\boldsymbol{\theta}^{(j)}]$ 也趋于较大（或较小）。也就是说，若某一组关节输入 $\boldsymbol{\theta}^{(i)}\in\mathbb{R}^n$ 所对应的定位误差 $\Delta\boldsymbol{P}[\boldsymbol{\theta}^{(i)}]$ 较大（或较小），在关节空间 $\mathbb{R}^n$ 的另一组关节输入 $\boldsymbol{\theta}^{(j)}\in\mathbb{R}^n$ 与之越相似，那么它所对应的定位误差 $\Delta\boldsymbol{P}[\boldsymbol{\theta}^{(j)}]$ 较大（或较小）的概率就越大。

综上所述，通过定性分析，机器人的定位误差与关节输入之间是存在空间相似度的。

### 5.1.2　定位误差相似度的定量分析

根据上述定性分析，机器人的定位误差 $\Delta\boldsymbol{P}(\boldsymbol{\theta})$ 可以视为机器人关节空间中坐标 $\boldsymbol{\theta}$ 位置处所对应的一个随机变量的实现。可以看出，机器人的定位误差在关节空间中具有空间分布的特点。这种特点与地理统计学中的区域化变量所反映出的特点类似，因此可以将地理统计学中分析空间数据相似度的方法推广到机器人的定位误差相似度分析中，分析在机器人关节空间中两组关节输入 $\boldsymbol{\theta}^{(i)}$ 和 $\boldsymbol{\theta}^{(j)}$ 所对应的定位误差之间的关系，定量研究机器人定位误差的空间相似度。

在 $n$ 自由度机器人的关节运动范围内，机器人定位误差相似度可以表征为

$$\begin{aligned}\gamma(\boldsymbol{\theta},h)&=\frac{1}{2}\mathrm{Var}\left[\Delta\boldsymbol{P}(\boldsymbol{\theta})-\Delta\boldsymbol{P}(\boldsymbol{\theta}+h)\right]\\&=\frac{1}{2}E\left[\Delta\boldsymbol{P}(\boldsymbol{\theta})-\Delta\boldsymbol{P}(\boldsymbol{\theta}+h)\right]^2-\frac{1}{2}\left\{E\left[\Delta\boldsymbol{P}(\boldsymbol{\theta})-\Delta\boldsymbol{P}(\boldsymbol{\theta}+h)\right]\right\}^2\end{aligned}\tag{5.1}$$

式中，$\gamma(\boldsymbol{\theta},h)$ 称为变差函数（也称为半方差函数或半变异函数）；$\boldsymbol{\theta}$ 表示对应某一关节构型的转角向量；$h$ 表示关节空间中两组关节转角向量之间的欧氏距离，对于关节空间中两组关节输入 $\boldsymbol{\theta}^{(i)}$ 和 $\boldsymbol{\theta}^{(j)}$，它们之间的距离 $h_{i,j}$ 为

$$h_{i,j}=\sqrt{\sum_{k=1}^{6}\left[\theta_k^{(i)}-\theta_k^{(j)}\right]^2}\tag{5.2}$$

值得注意的是，这里的 $\boldsymbol{\theta}+h$ 并不表示加法，而是表示与 $\boldsymbol{\theta}$ 的分割量为 $h$ 的关节转角输入。变差函数的值是机器人定位误差在关节空间中的增量的方差的一半，能够定量地反映机器人定位误差的空间相似度。

在机器人的关节空间中，对任意关节输入其对应的定位误差的变化量有正有负，但总是在有限的范围内变化。因此为方便计算与分析，对机器人的定位误差进行如下假设。

（1）在整个研究区域内，定位误差的增量的数学期望为 0，即

$$E\left[\Delta\boldsymbol{P}(\boldsymbol{\theta})-\Delta\boldsymbol{P}(\boldsymbol{\theta}+h)\right]=0,\quad\forall\boldsymbol{\theta},\forall h\tag{5.3}$$

（2）在整个研究区域内，定位误差的增量的方差存在且平稳，即

$$\begin{aligned}\mathrm{Var}\left[\Delta\boldsymbol{P}(\boldsymbol{\theta})-\Delta\boldsymbol{P}(\boldsymbol{\theta}+h)\right]&=E\left[\Delta\boldsymbol{P}(\boldsymbol{\theta})-\Delta\boldsymbol{P}(\boldsymbol{\theta}+h)\right]^2-\left\{E\left[\Delta\boldsymbol{P}(\boldsymbol{\theta})-\Delta\boldsymbol{P}(\boldsymbol{\theta}+h)\right]\right\}^2\\&=E\left[\Delta\boldsymbol{P}(\boldsymbol{\theta})-\Delta\boldsymbol{P}(\boldsymbol{\theta}+h)\right]^2,\quad\forall\boldsymbol{\theta},\forall h\end{aligned}\tag{5.4}$$

基于上述两个基本假设，机器人定位误差的变差函数就可以写为

$$\gamma(h)=\frac{1}{2}E\left[\Delta\boldsymbol{P}(\boldsymbol{\theta})-\Delta\boldsymbol{P}(\boldsymbol{\theta}+h)\right]^2\tag{5.5}$$

此时，定位误差的变差函数也是存在且平稳的，$\gamma(h)$ 与关节构型 $\boldsymbol{\theta}$ 无关，仅依赖于关节输入的增量 $h$。变差函数 $\gamma(h)$ 的值越小，表明定位误差增量的期望与方差越小，也就说明定位误差的空间相似度越大。

式（5.5）反映了机器人定位误差在整个关节空间中的空间相似度，但是在实际的研究工作中无法对机器人的所有定位误差进行采样与统计分析，因此需要讨论如何使用有限的已知采样点数据进行定位误差空间相似度的分析。

在满足上述假设的前提下，可以通过对实际的采样数据求算术平均的方式对定位误差的变差函数进行计算，则式（5.5）的离散形式为

$$\gamma^*(h)=\frac{1}{2N(h)}\sum_{i=1}^{N(h)}\{\Delta\boldsymbol{P}[\boldsymbol{\theta}^{(i)}]-\Delta\boldsymbol{P}[\boldsymbol{\theta}^{(i)}+h]\}^2\tag{5.6}$$

式中，$\Delta\boldsymbol{P}[\boldsymbol{\theta}^{(i)}]$ 和 $\Delta\boldsymbol{P}[\boldsymbol{\theta}^{(i)}+h]$ 表示由 $h$ 分割的两组关节转角向量所对应的定位误差；$N(h)$ 表示满足分割量为 $h$ 的关节输入的成对数量。由于式（5.6）是根据实测数据进行计算的，因此 $\gamma^*(h)$ 称为试验变差函数。

实际的数据一般都是非均匀分布的，因此会导致在实测样本集合中满足分割量为 $h$ 的样本点对数量过少，从而影响计算结果。为解决这个问题，可以设定一个合理的容差 $\Delta h$，将样本数据按照区间 $[h-\Delta h, h+\Delta h]$ 进行分组后配对，凡是满足分割量为 $h\pm\Delta h$ 的样本点对均可计入 $N(h)$。实际中，可以仅对分割量小于等于最大分割量一半的采样点对进行分组操作，当分割量大于最大分割量一半时，可以认为其定位误差相似度不显著。

**【例 5-1】** 基于 4.2 节所建立的机器人运动学定位误差模型仿真计算机器人定位误差的变差函数，并分析定位误差的空间相似度。

**解** 定位误差相似度的计算流程如图 5.2 所示，具体步骤如下所述。

（1）建立机器人的理论运动学模型并随机生成各运动学参数误差，得到机器人运动学误差模型。

（2）确定机器人各关节轴运动范围，并在此范围内随机生成各轴的关节转角，组成 $N$ 组机器人的关节角输入。

（3）使用步骤（1）中的理论运动学模型和含误差的运动学模型分别计算各组关节角输入所对应的机器人末端理论位置和实际位置，并计算理论位置与实际位置的偏差，得到机器人的定位误差。

（4）在关节空间中根据关节角输入对所有定位误差进行两两配对，根据式（5.6）计算定位误差在关节空间中的变差函数，绘制定位误差变差函数的散点图，分析定位误差相似度的个体趋势。

（5）为更直观地展示出定位误差的变化趋势，设定一个合适的容差 $\Delta h$，根据 $h \pm \Delta h$ 对样本点对进行分组，使得每组步长与组数的乘积等于最大分割量的 1/2，保证各分组均具有足够数量的样本点对。

（6）使用式（5.6）计算各分组的变差函数，绘制变差函数的均值和标准差的点线图，分析定位误差相似度的整体趋势。

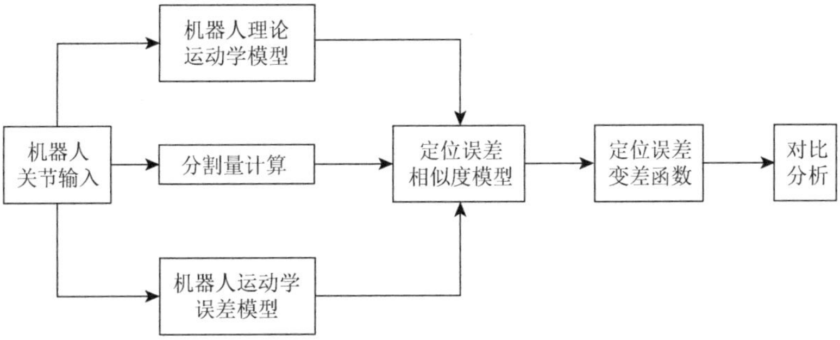


图 5.2　机器人定位误差变差函数计算流程图

根据上述仿真验证步骤，设定 KUKA KR210 工业机器人各关节轴的运动范围，如表 5.1 所示。

**表 5.1　各关节轴的运动范围设定**

| 轴序号 | 转角范围/(°) |
|---|---|
| A1 | [−45, 45] |
| A2 | [−90, −30] |
| A3 | [80, 120] |
| A4 | [−15, 15] |
| A5 | [−15, 15] |
| A6 | [−15, 15] |

在设定的运动范围内，随机生成 200 组关节转角，同时计算得到各组关节转角所对应的定位误差。以关节空间中的欧氏距离为分割量，分别计算定位误差在机器人基坐标系下的 $x$、$y$、$z$ 三个方向上的变差函数，结果如图 5.3 所示。图中的每一个点代表一个采样点对，横坐标表示该点对的分割量大小，纵坐标表示该点对所对应的变差函数大小。

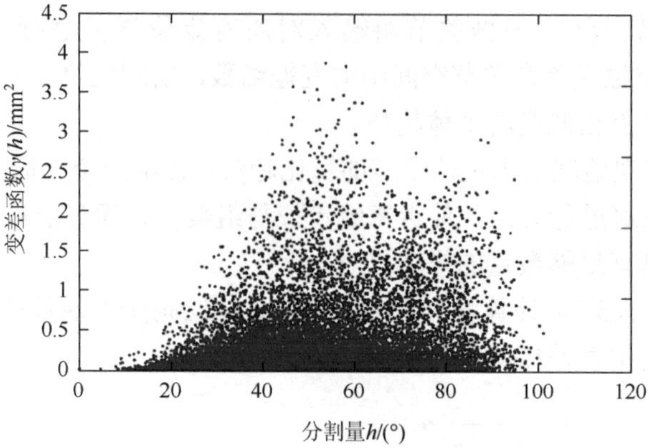


(a) $x$方向

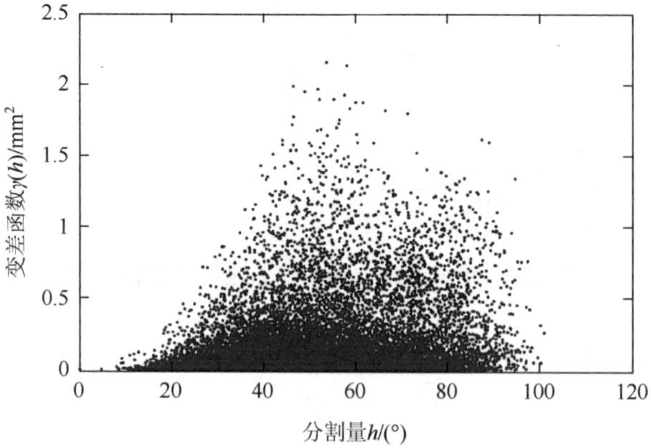


(b) $y$方向

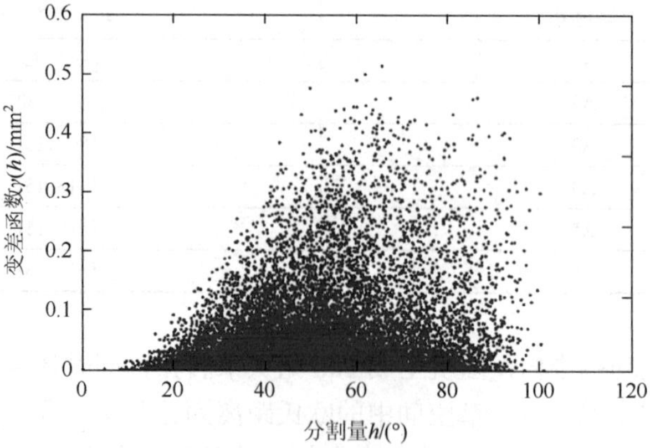


(c) $z$方向

图 5.3　定位误差的变差函数

从图 5.3 中可以看出，当两组关节转角之间的欧氏距离较小时，也就意味着这两组关节转角较为相似，它们所对应的定位误差的差异也较小；随着关节转角之间的欧氏距离的增加，定位误差之间的差异也逐渐增大，表明定位误差之间相似的概率减小。可以看出，机器人的定位误差在关节空间中具有比较明显的相似度。值得注意的是，定位误差差异的极值大约出现在最大分割量的 1/2 处，而当分割量进一步增大时，定位误差的相似度变化并不明显，可以认为分割量过大时，样本点的定位误差不具有空间相似度。从统计的角度看，研究分割量小于等于最大分割量的 1/2 的样本数据的空间相似度更有意义。

根据步骤（4），将分割量小于等于最大分割量的 1/2 的样本点数据按照欧氏距离平均分为 10 组，根据式（5.6）分别计算各组数据所对应的变差函数的均值和标准差，结果如图 5.4 和图 5.5 所示。

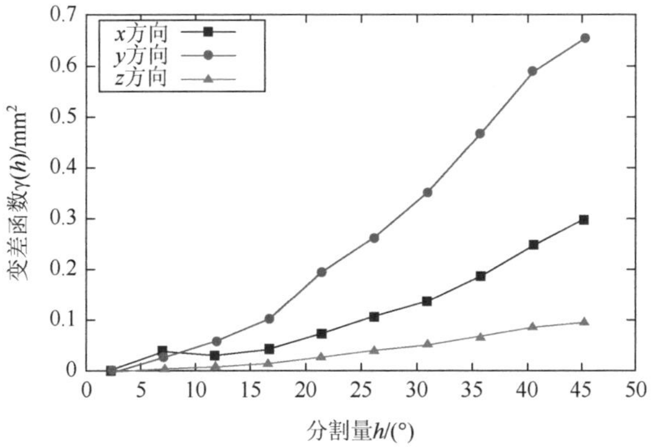


图 5.4　分组后定位误差的变差函数均值

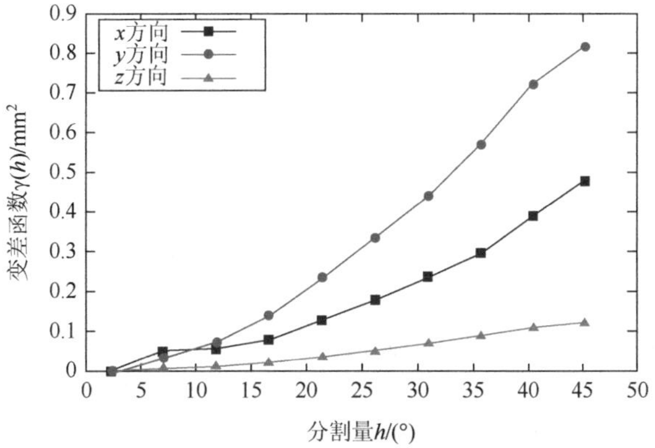


图 5.5　分组后定位误差的变差函数标准差

从图中可以看出，经过分组机器人定位误差在关节空间中的整体变化趋势得到了直观的体现，定位误差的变差函数的均值与标准差均随着分割量的增加而增加，说明定位误差相似的概率随着分割量的增加而降低；同时，还能看出定位误差在 $x$、$y$、$z$ 三个方向上存在各向异性，其原因在于机器人的关节转角输入对机器人各方向的误差的影响程度是不同的。另外，从接近原点的数据中可以看出，变差函数的变化趋势接近线性或抛物线，证明定位误差具有空间连续性，该结果与前面内容对定位误差的定性分析是吻合的。

## 5.2　基于误差相似度的权重度量的精度补偿方法

机器人精度补偿的核心问题是要得到待补偿点在无补偿状态下的定位误差。由 5.1 节的分析可知，机器人的定位误差在关节空间中具有一定的连续性和空间相似度。当机器人关节空间位置接近时，对应的末端位姿误差具有一定相似度，且相似度应与各关节转角之间的偏差大小相关。这种误差相似度能够为精度补偿技术的创新提供有利的条件与支撑。本节将基于定位误差的空间相似理论，提出一种基于误差相似度的权重度量的机器人精度补偿方法，通过以一定的步长把机器人的工作空间划分为一系列的立方体网格，对于工作空间内的任一目标定位点，通过包含它的最小的立方体网格的八个顶点的绝对定位误差来估算出该点的定位误差，继而将该误差补偿到理论定位坐标上，从而实现对该点的定位精度补偿。

由于定位误差向量是三维的，容易知道一个定位误差向量可以由其他三个定位误差向量来进行唯一的线性表示；而当其他定位误差向量多于三个时则存在一个最小二乘表示。反之，当需要用几个已知的定位误差向量来表示一个与它们都相似的未知定位误差向量时就需要求得每个已知定位误差向量对它的影响系数，即权重。

### 5.2.1　反距离加权法

反距离加权法是 20 世纪 60 年代末提出的一种方法，其实质是一种加权平均算法，被广泛用于地理信息系统进行空间插值。所谓空间插值即对一组已知的空间数据，或离散点的形式抑或分区数据的形式，从它们当中找到隐含的某种函数关系式，使得该关系式不仅能够很好地逼近已知的空间数据，而且也能通过其求得区域范围内的其他任意点或者分区的值。反距离加权法，以两点之间的距离的倒数作为权重，即距离越近它们之间相互影响的权重因子越大，距离越远则相互之间影响的权重因子就越小，其数学表达式为

$$z=\begin{cases}\dfrac{\sum\limits_{i=1}^{n}\dfrac{z_i}{d_i^p}}{\sum\limits_{j=1}^{n}\dfrac{1}{d_j^p}}, & z\neq z_i; i=1,2,\cdots,n\\ z_i, & z=z_i; i=1,2,\cdots,n\end{cases} \tag{5.7}$$

式中，$z_i$ 是已知的空间数据点；$z$ 是未知的数据点；$d_i$ 是 $z$ 到 $z_i$ 的距离，$i=1,2,\cdots,n$；$p$ 是一个大于 0 的常数，称为加权幂指数。容易看出，$z$ 是对 $z_1,z_2,\cdots,z_n$ 的加权平均。

式（5.7）虽然是用分段表达式来表达的，但实际上是连续的，证明过程如下所述。

$$\begin{aligned}\lim_{z\to z_i} z&=\lim_{z\to z_i}\frac{\sum\limits_{i=1}^{n}\dfrac{z_i}{d_i^p}}{\sum\limits_{j=1}^{n}\dfrac{1}{d_j^p}}=\lim_{d_i\to 0}\frac{\dfrac{z_1}{d_1^p}+\cdots+\dfrac{z_{i-1}}{d_{i-1}^p}+\dfrac{z_i}{d_i^p}+\dfrac{z_{i+1}}{d_{i+1}^p}+\cdots+\dfrac{z_n}{d_n^p}}{\dfrac{1}{d_1^p}+\cdots+\dfrac{1}{d_{i-1}^p}+\dfrac{1}{d_i^p}+\dfrac{1}{d_{i+1}^p}+\cdots+\dfrac{1}{d_n^p}}\\&=\lim_{d_i\to 0}\frac{\dfrac{z_1d_i^p}{d_1^p}+\cdots+\dfrac{z_{i-1}d_i^p}{d_{i-1}^p}+z_i+\dfrac{z_{i+1}d_i^p}{d_{i+1}^p}+\cdots+\dfrac{z_nd_i^p}{d_n^p}}{\dfrac{d_i^p}{d_1^p}+\cdots+\dfrac{d_i^p}{d_{i-1}^p}+1+\dfrac{d_i^p}{d_{i+1}^p}+\cdots+\dfrac{d_i^p}{d_n^p}}=z_i\end{aligned} \tag{5.8}$$

式（5.7）中的加权幂指数 $p$ 可以用来调节插值函数曲面的形状，它控制着权重如何随着两点之间距离的增大而下降。如图 5.6 所示，对于较大的 $p$，两点之间距离越近所占的权重就越高，因此在节点处函数曲面越平坦。对于较小的 $p$，权重就比较平均地分配给各个数据点，因此在节点处函数曲面越尖锐。

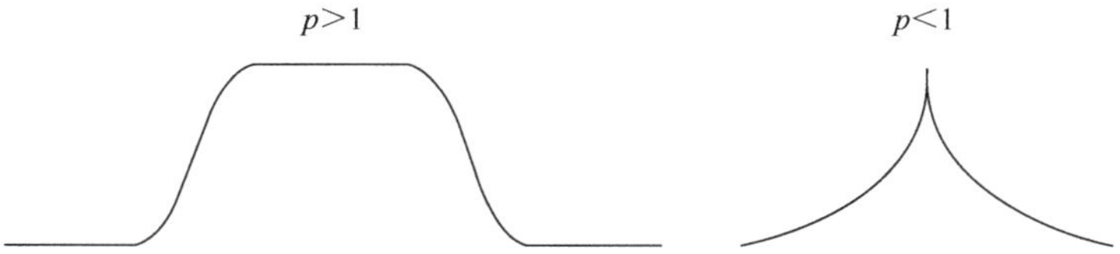


图 5.6　插值函数曲面

据相关研究，已知样本点 $z_i$ 分布比较均匀时，反距离加权法对于插值点 $z$ 的逼近程度也比较好，且计算过程比较简单、运算速度快。但它的缺点是不能计算比已知样本点最大值更大或最小值更小的值。此外，用反距离加权法进行插值还容易受样本点集群的影响，插值结果会出现某个孤立点的值明显高于其周边数据点的分布情况，针对这种情况通常采取增加圆滑系数的方式来解决。即使已知样

本点与待插值样本点重合，大于零的圆滑系数也可以保证所有样本点不被赋予全部的权重。其在数学上的描述可以表示为

$$z=\frac{\sum_{i=1}^{n}\frac{z_i}{h_i^p}}{\sum_{j=1}^{n}\frac{1}{h_j^p}} \tag{5.9}$$

$$h_i=\sqrt{d_i^2+\delta^2} \tag{5.10}$$

式中，$\delta$ 为圆滑系数。

### 5.2.2　融合误差相似度和反距离加权的精度补偿方法

由于反距离加权法具有运算简单、速度快、逼近效果好等优点，对于机器人在任一定位点处的定位误差向量，如果已知其他几个与它有较高相似度的定位误差向量，则理论上可以通过反距离加权法对已知的定位误差向量进行插值来求取。

为了使已知样本点分布均匀以有利于插值的逼近程度，同时也为了方便对机器人的工作空间进行划分，以一定的步长把机器人待加工的工作空间划分为一系列的立方体网格，以立方体网格的顶点作为采样点。这样对于工作空间内的其他任意一点，它的定位误差向量可以由包含它的立方体网格的八个顶点对应的定位误差向量来进行插值。如图 5.7 所示，定义立方体网格的八个顶点为 $K_i$ ($i=1, 2, \cdots, 8$)，其对应的理论定位坐标分别是（$X_i, Y_i, Z_i$），通过测量工具实际测得的定位坐标是（$X_i', Y_i', Z_i'$），将理论值与实际值进行比较得到相应的绝对定位误差为（$\Delta X_i, \Delta Y_i, \Delta Z_i$）。

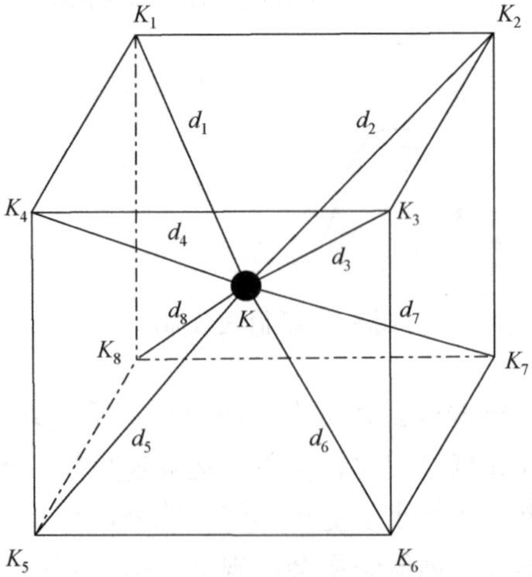


图 5.7　空间立体网格精度补偿原理图

对于立方体网格中任一目标定位点（$X, Y, Z$），其绝对定位误差预测方法如下所述。

（1）计算立方体网格各个顶点对 $K$ 点的影响权值。首先，分别计算网格 8 个顶点的实际定位坐标 $K_i$ 与目标定位点的理论定位坐标 $K$ 间的距离 $d_i$，接着依据距离的大小反向求取权重 $q_i$，即

$$q_i = \frac{\dfrac{1}{d_i}}{\sum_{j=1}^{8} \dfrac{1}{d_j}}, \quad i = 1, 2, \cdots, 8 \tag{5.11}$$

式中

$$d_i = \sqrt{(X - X_i')^2 + (Y - Y_i')^2 + (Z - Z_i')^2} \tag{5.12}$$

为 $K$ 点到 $K_i$ 点的实际定位坐标之间的距离。对照前面的公式，式（5.9）和式（5.10）中的加权幂指数和圆滑系数取值均为 1。

（2）预测 $K$ 点的定位误差。根据网格 8 个顶点对 $K$ 点的影响权重的大小，对坐标系三个方向上的定位误差分别进行加权平均，从而插值出 $K$ 点在各方向上的定位误差：

$$\begin{cases} \Delta X = \sum_{i=1}^{8} \Delta X_i q_i \\ \Delta Y = \sum_{i=1}^{8} \Delta Y_i q_i \\ \Delta Z = \sum_{i=1}^{8} \Delta Z_i q_i \end{cases} \tag{5.13}$$

（3）用预测得到的 $K$ 点的定位误差对其理论坐标进行修正，然后用修正后的坐标值来驱动机器人从而实现提高机器人绝对定位精度的目的。

**【例 5-2】** 设计一个验证性方案对基于误差相似度的权重度量的机器人精度补偿方法进行验证。在机器人工作空间中选取任一位姿的试验点，然后以它为中心，分别以不同的网格步长确定相应的立方体网格顶点，接着用第 4 章建立的机器人定位误差模型计算出立方体网格的各个顶点的理论定位误差，随后采用基于误差相似度的权重度量的机器人精度补偿方法预测出选定试验点处的误差，最后再将预测出的误差和用定位误差模型计算出的该点的误差作比较得到残差，通过残差的大小来判断精度补偿方法的有效性。

**解**　（1）选定任一位姿的试验点。选取（2000 mm, 700 mm, 1000 mm, 0, 90°, 0）和（1450 mm, 200 mm, 1500 mm, 0, 90°, 0）作为试验点，前三个参数表示目标点位置，后三个参数表示目标点姿态，这里姿态采用的是 RPY 表示方式。

（2）确定立方体网格顶点的位姿。以选定的试验点为中心，选定 100 mm、300 mm 不同的网格步长以确定立方体网格各顶点的位置参数。

（3）计算试验点和立方体网格顶点的定位误差。通过给定的试验点和立方体网格各个顶点的位姿条件，首先进行运动学逆解，从而得到机器人各关节的转角，接着把得到的关节转角值代入机器人定位误差模型中求得各定位点的绝对定位误差，其中机器人各运动学几何参数的误差，采用表 5.2 中随机生成的各几何参数的误差值。

（4）预测试验点的定位误差。将选定的试验点位姿作为目标定位位姿，使用基于误差相似度的权重度量的机器人精度补偿方法预测出该点的绝对定位误差。

（5）比较步骤（3）中用误差模型计算出的试验点的定位误差与步骤（4）中预测出的定位误差。

表 5.3 给出了用机器人误差模型求得的以定位点（2000 mm, 700 mm, 1000 mm, 0, 90°, 0）为中心的 100 mm 步长立方体网格的各顶点的绝对定位误差，表 5.4 给出了用机器人定位误差模型求得的以定位点（1450 mm, 200 mm, 1500 mm, 0, 90°, 0）为中心的 300 mm 步长立方体网格的各顶点的绝对定位误差，表 5.5 给出了用基于误差相似度的权重度量的机器人精度补偿方法预测出的（2000 mm, 700 mm, 1000 mm, 0, 90°, 0）和（1450 mm, 200 mm, 1500 mm, 0, 90°, 0）的绝对定位误差和用机器人定位误差模型分别求得的理论绝对定位误差之间比较的结果。

**表 5.2　预给定的机器人各运动学几何参数误差**

| 连杆号 | $\Delta a_i$ /mm | $\Delta d_i$ /mm | $\Delta \alpha_i$ /rad | $\Delta \theta_i$ /rad |
|---|---|---|---|---|
| 1 | −0.00356 | −0.0618 | −0.00019 | −0.000012 |
| 2 | 0.0112 | −0.1056 | −0.00128 | 0.0000362 |
| 3 | −0.01018 | −0.0899 | 0.00239 | −0.0000301 |
| 4 | −0.012 | 0.22561 | 0.000305 | −0.0000166 |
| 5 | 0.00001 | 0.00002 | −0.000217 | 0.0000188 |
| 6 | 0.0078 | 0.1156 | 0.000018 | 0.0000061 |

**表 5.3　以（2000 mm, 700 mm, 1000 mm, 0, 90°, 0）为中心 100 mm 步长网格顶点实际定位误差**

| 序号 | 名义位置/mm | 定位误差/mm | 序号 | 名义位置/mm | 定位误差/mm |
|---|---|---|---|---|---|
| 1 | 1950<br>750<br>1050 | 0.0173<br>1.0105<br>−0.2189 | 3 | 1950<br>750<br>950 | 0.0191<br>0.9860<br>−0.2353 |
| 2 | 1950<br>650<br>1050 | 0.0634<br>1.0094<br>−0.2116 | 4 | 1950<br>650<br>950 | 0.0644<br>0.9835<br>−0.2286 |

续表

| 序号 | 名义位置/mm | 定位误差/mm | 序号 | 名义位置/mm | 定位误差/mm |
|---|---|---|---|---|---|
| 5 | 2050<br>750<br>1050 | 0.0288<br>0.9971<br>−0.2345 | 7 | 2050<br>750<br>950 | 0.0283<br>0.9760<br>−0.2492 |
| 6 | 2050<br>650<br>1050 | 0.0692<br>1.0104<br>−0.2253 | 8 | 2050<br>650<br>950 | 0.0682<br>0.9880<br>−0.2406 |

**表 5.4　以（1450 mm, 200 mm, 1500 mm, 0, 90°, 0）为中心 300 mm 步长网格顶点实际定位误差**

| 序号 | 名义位置/mm | 定位误差/mm | 序号 | 名义位置/mm | 定位误差/mm |
|---|---|---|---|---|---|
| 1 | 1300<br>350<br>1650 | 0.2142<br>0.7123<br>0.0195 | 5 | 1600<br>350<br>1650 | 0.1806<br>1.0200<br>−0.0575 |
| 2 | 1300<br>50<br>1650 | 0.3508<br>0.5894<br>−0.0554 | 6 | 1600<br>50<br>1650 | 0.3509<br>0.9472<br>−0.0839 |
| 3 | 1300<br>350<br>1350 | 0.3428<br>0.3471<br>−0.0236 | 7 | 1600<br>350<br>1350 | 0.2363<br>0.7877<br>−0.1021 |
| 4 | 1300<br>50<br>1350 | 0.3553<br>0.1806<br>−0.1258 | 8 | 1600<br>50<br>1350 | 0.3429<br>0.6915<br>−0.1490 |

**表 5.5　基于误差相似度的权重度量的机器人精度补偿方法仿真验证结果**

| 序号 | 名义位置/mm | 网格步长/mm | 理论误差/mm | 预测误差/mm | 残差/mm |
|---|---|---|---|---|---|
| 1 | 2000<br>700<br>1000 | 100 | 0.0430<br>1.0011<br>−0.2303 | 0.0449<br>0.995<br>−0.2304 | 0.001979<br>−0.00595<br>−0.000159 |
| 2 | 1450<br>200<br>1500 | 300 | 0.3005<br>0.6606<br>−0.0698 | 0.2968<br>0.6592<br>−0.0722 | 0.00367<br>0.001302<br>0.002441 |

从表 5.5 中比较得到的残差结果可以看出，采用基于误差相似度的权重度量的机器人精度补偿方法预测出来的绝对定位误差与用机器人定位误差模型求得的绝对定位误差几乎一致。

## 5.3　基于误差相似度的线性无偏最优估计精度补偿方法

针对基于权重度量的机器人精度补偿方法的局限性，提出另外一种机器人定位误差的估计方法，该方法能够使用不规则采样点的实测定位误差数据，且能够对不同方向上的权值进行相应的计算，实现待补偿点定位误差的线性无偏最优估计。

### 5.3.1 基于误差相似度的机器人定位误差映射

机器人定位误差映射的实质，是通过有限的定位误差采样数据，建立定位误差与关节转角输入之间的关系模型。本书在 4.2 节阐述了一种基于机器人运动学参数的误差模型，这种建模方法就是一种实现机器人定位误差映射的方法。然而，对于机器人精度补偿而言，这种定位误差的映射模型存在一定的局限性。这种局限性主要体现在该误差模型仅仅包含了机器人的几何误差源，而未包含非几何误差源。也就是说，基于参数建模的定位误差映射方法的通用性较差，在一定程度上限制了机器人精度补偿技术的普及，机器人精度补偿技术需要创新。

由于机器人的定位误差具有连续性与空间相似性，其在空间中的分布可以被视为一个连续表面。既然在关节空间中相似的关节转角输入会产生相似的定位误差，那么就可以利用机器人定位误差的空间相似度，根据有限的采样点的定位误差数据，对其他未知点的定位误差进行估计而获得的定位误差即可应用于误差补偿。这样，机器人定位误差的映射问题就将转化为“将离散的空间采样点数据转化为连续表面”的问题。

为解决这一核心问题，本节介绍一种基于空间相似度的机器人定位误差线性无偏估计。设机器人的自由度为 $n$，在机器人的关节空间中有 $m$ 个采样点，这些采样点所对应的关节转角可以组成一个矩阵：

$$\bar{\boldsymbol{\Theta}}=\begin{bmatrix}\bar{\boldsymbol{\theta}}^{(1)} & \bar{\boldsymbol{\theta}}^{(2)} & \cdots & \bar{\boldsymbol{\theta}}^{(m)}\end{bmatrix}_{m\times n}^{\mathrm{T}} \tag{5.14}$$

式中，$\bar{\boldsymbol{\theta}}^{(i)}\in \mathrm{R}^{n}$。

通过测量可以得到这些采样点在机器人运动空间中笛卡儿坐标系下的定位误差，这些定位误差也可组成一个矩阵：

$$\bar{\boldsymbol{E}}=\begin{bmatrix}\bar{\boldsymbol{e}}^{(1)} & \bar{\boldsymbol{e}}^{(2)} & \cdots & \bar{\boldsymbol{e}}^{(m)}\end{bmatrix}_{m\times 3}^{\mathrm{T}} \tag{5.15}$$

式中，$\bar{\boldsymbol{e}}^{(i)}\in \mathrm{R}^{3}$。此处字母上方的横线是一个记号，表示数据为原始数据。

为便于计算，需要对矩阵 $\bar{\boldsymbol{\Theta}}$ 和 $\bar{\boldsymbol{E}}$ 中的每一列元素进行归一化操作，即

$$\theta_j^{(i)}=\frac{\bar{\theta}_j^{(i)}-\mu(\bar{\boldsymbol{\theta}}_j)}{\sigma(\bar{\boldsymbol{\theta}}_j)},\quad i=1,2,\cdots,m;\ j=1,2,\cdots,n \tag{5.16}$$

$$e_\ell^{(i)}=\frac{\bar{e}_\ell^{(i)}-\mu(\bar{\boldsymbol{e}}_\ell)}{\sigma(\bar{\boldsymbol{e}}_\ell)},\quad i=1,2,\cdots,m;\ell=x,y,z \tag{5.17}$$

式中，$\mu(\cdot)$ 和 $\sigma(\cdot)$ 分别表示平均值与标准差；$\bar{\theta}_j^{(i)}$ 和 $\theta_j^{(i)}$ 分别表示第 $i$ 个采样点的第 $j$ 轴转角的原始值与归一化值；$\bar{e}_\ell^{(i)}$ 和 $e_\ell^{(i)}$ 分别表示第 $i$ 个采样点在笛卡儿坐标

系的$\ell$方向上的定位误差的原始值与归一化后的值。

经过归一化处理，有

$$\mu(\boldsymbol{\theta}_j)=0,\quad \sigma(\boldsymbol{\theta}_j)=1,\quad j=1,\ 2,\ \cdots,\ m \tag{5.18}$$

$$\mu(\boldsymbol{e}_\ell)=0,\quad \sigma(\boldsymbol{e}_\ell)=1,\quad \ell=x,y,z \tag{5.19}$$

即机器人的各轴转角与机器人运动空间中各个方向上的定位误差构成两个新的矩阵$\boldsymbol{\Theta}$和$\boldsymbol{E}$，且这两个矩阵中的元素均满足归一化条件。后面内容中如无特殊说明，均在满足归一化条件的前提下进行阐述。

定位误差在机器人运动空间的三个坐标方向上的映射方法是相同的，因此可以任意一个方向$\ell$为例，对基于空间相似度的定位误差映射方法进行讨论。机器人的定位误差由确定性误差和随机性误差组成，因此，当机器人各轴转角构型为$\boldsymbol{\theta}\in \mathrm{R}^n$时，机器人在$\ell$方向上的定位误差的映射函数可以写成如下形式：

$$e_\ell(\boldsymbol{\theta})=F(\boldsymbol{\beta}_\ell,\ \boldsymbol{\theta})+g_\ell(\boldsymbol{\theta}),\qquad \ell=x,y,z \tag{5.20}$$

式中，$F(\boldsymbol{\beta}_\ell,\ \boldsymbol{\theta})$是$\boldsymbol{\theta}$的线性回归模型，表示机器人的确定性误差，可写为

$$\begin{aligned} F(\boldsymbol{\beta}_\ell,\boldsymbol{\theta}) &= \beta_{1,\ell}+\beta_{2,\ell}\theta_1+\cdots+\beta_{n+1,\ell}\theta_n \\ &= \begin{bmatrix}1 & \theta_1 & \cdots & \theta_n\end{bmatrix}\boldsymbol{\beta}_\ell \\ &= \boldsymbol{f}^{\mathrm{T}}(\boldsymbol{\theta})\boldsymbol{\beta}_\ell \end{aligned} \tag{5.21}$$

式中，$\boldsymbol{\beta}_\ell$表示$\ell$方向上回归模型的待拟合系数。$g_\ell(\boldsymbol{\theta})$是关于$\boldsymbol{\theta}$的一个随机过程（即随机函数），表示机器人的随机性误差，该随机过程的期望为 0，且任意两组关节转角所对应的随机过程$g_\ell[\boldsymbol{\theta}^{(i)}]$和$g_\ell[\boldsymbol{\theta}^{(j)}]$之间的协方差为

$$\mathrm{Cov}\{g_\ell[\boldsymbol{\theta}^{(i)}],\ g_\ell[\boldsymbol{\theta}^{(j)}]\}=\sigma_\ell^2 R[\boldsymbol{\xi},\ \boldsymbol{\theta}^{(i)},\ \boldsymbol{\theta}^{(j)}] \tag{5.22}$$

式中，$\sigma_\ell^2$是随机过程在$\ell$方向上的方差；$R[\boldsymbol{\xi},\ \boldsymbol{\theta}^{(i)},\ \boldsymbol{\theta}^{(j)}]$是以$\boldsymbol{\xi}$为参数的相关性模型

$$R[\boldsymbol{\xi},\ \boldsymbol{\theta}^{(i)},\ \boldsymbol{\theta}^{(j)}]=\prod_{k=1}^{n}\exp\{-\xi_k[\theta_k^{(i)}-\theta_k^{(j)}]^2\} \tag{5.23}$$

该相关性模型取决于机器人各组关节转角输入之间的差值，参数$\boldsymbol{\xi}$的大小反映了各轴转角变化对定位误差影响程度的大小。可以发现，当任意两个关节转角输入越接近时，其相关性越高，表明这两个关节转角输入所对应的定位误差越相似；反之，相关性函数值将接近于 0，表明此时两个关节转角输入所对应的定位误差不相似。因此，通过该相关性模型能够将机器人定位误差在关节空间中的空间相似度引入定位误差的映射方法。

为了能够使用采样点的实测定位误差数据，建立定位误差与关节转角输入之间的映射关系，需要对式（5.20）中的待确定系数进行求解。对所有采样点，构造一个矩阵$\boldsymbol{F}$如下：

$$\boldsymbol{F}=\begin{bmatrix}\boldsymbol{f}\{\boldsymbol{\theta}^{(1)}\} & \boldsymbol{f}\{\boldsymbol{\theta}^{(2)}\} & \cdots & \boldsymbol{f}\{\boldsymbol{\theta}^{(m)}\}\end{bmatrix}^{\mathrm{T}} \tag{5.24}$$

另外，对所有采样点定义一个 $m\times m$ 的相关性矩阵 $\boldsymbol{R}$，该矩阵中的元素为

$$R_{ij}=R(\boldsymbol{\xi},\ \boldsymbol{\theta}^{(i)},\ \boldsymbol{\theta}^{(j)}),\quad i,\ j=1,\ 2,\ \cdots,\ m \tag{5.25}$$

构造系数矩阵：

$$\boldsymbol{\beta}=\begin{bmatrix}\boldsymbol{\beta}_x & \boldsymbol{\beta}_y & \boldsymbol{\beta}_z\end{bmatrix} \tag{5.26}$$

则求解 $\boldsymbol{\beta}$ 的问题可以转化为如下回归问题：

$$\boldsymbol{F\beta}\simeq\boldsymbol{E} \tag{5.27}$$

设 $\boldsymbol{\beta}^*$ 是 $\boldsymbol{\beta}$ 的最大似然估计值，有如下关系：

$$(\boldsymbol{F}^{\mathrm{T}}\boldsymbol{R}^{-1}\boldsymbol{F})\boldsymbol{\beta}^*=\boldsymbol{F}^{\mathrm{T}}\boldsymbol{R}^{-1}\boldsymbol{E} \tag{5.28}$$

则

$$\boldsymbol{\beta}^*=(\boldsymbol{F}^{\mathrm{T}}\boldsymbol{R}^{-1}\boldsymbol{F})^{-1}\boldsymbol{F}^{\mathrm{T}}\boldsymbol{R}^{-1}\boldsymbol{E} \tag{5.29}$$

其对应的估计误差的方差的最大似然估计值为

$$\sigma^2=\frac{1}{m}(\boldsymbol{E}-\boldsymbol{F\beta}^*)^{\mathrm{T}}\boldsymbol{R}^{-1}(\boldsymbol{E}-\boldsymbol{F\beta}^*) \tag{5.30}$$

由于矩阵 $\boldsymbol{R}$ 取决于 $\boldsymbol{\xi}$，$\boldsymbol{\beta}^*$ 与 $\sigma^2$ 也取决于 $\boldsymbol{\xi}$，因此求解 $\boldsymbol{\beta}$ 的问题最终可以转化为对 $\boldsymbol{\xi}$ 进行优化。设 $\boldsymbol{\xi}^*$ 为 $\boldsymbol{\xi}$ 的最大似然估计值，则 $\boldsymbol{\xi}^*$ 的选取应使式（5.31）最大化：

$$-\frac{1}{2}\left(m\ln\sigma^2+\ln\left|\boldsymbol{R}\right|\right) \tag{5.31}$$

式中，$\left|\boldsymbol{R}\right|$ 表示矩阵 $\boldsymbol{R}$ 的行列式。

令

$$\psi(\boldsymbol{\xi})=\left|\boldsymbol{R}(\boldsymbol{\xi})\right|^{\frac{1}{m}}\cdot\sigma^2(\boldsymbol{\xi}) \tag{5.32}$$

则上述优化过程等价于

$$\underset{\boldsymbol{\xi}}{\arg\min}[\psi(\boldsymbol{\xi})] \tag{5.33}$$

即 $\boldsymbol{\xi}^*$ 应使得函数 $\psi(\boldsymbol{\xi})$ 最小化。根据优化获得的 $\boldsymbol{\xi}^*$，即可计算得到 $\boldsymbol{R}$、$\boldsymbol{\beta}^*$ 和 $\sigma^2$，最终完成机器人定位误差与关节转角输入之间的空间映射关系模型的建立。

可以看出，基于空间相似度的机器人定位误差映射方法并不依赖任何机器人运动学参数，所需要的原始数据仅仅是机器人各采样点所对应的关节转角构型和实测定位误差，因此该方法能够适用于不同型号的工业机器人，具有较强的通用性。

### 5.3.2 机器人定位误差的线性无偏最优估计法

为了能够实现机器人定位误差的补偿，在完成机器人定位误差映射的工作之后，还必须获得机器人待补偿点在无补偿状态下的定位误差。由于机器人的定位误差在机器人的关节空间具有空间相似度，我们能够比较容易地想到，可以使用

与待补偿点相似的已知点所对应的定位误差来估计待补偿点的定位误差。估计待补偿点的定位误差的关键，在于求得各个采样点所对应的权重。原则上，与待补偿点较为相似的采样点所对应的权重应该较大，相似度较低的采样点所对应的权重应较小。

若已知采样点所对应的定位误差，则待补偿点在机器人运动空间笛卡儿坐标系的 $\ell$ 方向上的定位误差可以通过式（5.34）进行估计：

$$\hat{e}_\ell = \sum_{i=1}^{m} w_i e_\ell^{(i)}, \quad \ell = x,\ y,\ z \tag{5.34}$$

式中，$\hat{e}_\ell$ 为 $\ell$ 方向上的机器人定位误差的估计值；$e_\ell^{(i)}$ 为第 $i$ 个采样点在 $\ell$ 方向上的实测定位误差值；$w_i$ 为第 $i$ 个采样点所对应的权重。

可以看出，对待补偿点的定位误差进行估计，就是对所有 $m$ 个采样点的实测定位误差求加权平均值。

将式（5.34）写为矩阵形式：

$$\hat{e}_\ell = \boldsymbol{w}^{\mathrm{T}} \boldsymbol{e}_\ell \tag{5.35}$$

式中，$\boldsymbol{e}_\ell \in \mathrm{R}^{m\times 1}$ 是所有 $m$ 个采样点在 $\ell$ 方向上对应的定位误差所组成的列向量；$\boldsymbol{w} \in \mathrm{R}^{m\times 1}$ 是所有采样点对应的权重所组成的列向量。

现已知一组个数为 $m$ 的采样点集合 $\boldsymbol{\Theta}$ 以及各采样点所对应的实测定位误差 $\boldsymbol{E}$，通过对这些采样点进行基于空间相似度的机器人定位误差映射后，回归模型矩阵 $\boldsymbol{F}$ 与相关性矩阵 $\boldsymbol{R}$ 也随之确定。对于工作空间中的任意一个待补偿点，设其对应的机器人关节转角构型为 $\boldsymbol{\theta} \in \mathrm{R}^{n}$，构造一个相关性向量 $\boldsymbol{r} \in \mathrm{R}^{m}$ 表示待补偿点与各个采样点之间的相关性：

$$\boldsymbol{r}(\boldsymbol{\theta}) = \left[ R(\boldsymbol{\xi},\ \boldsymbol{\theta}^{(1)},\ \boldsymbol{\theta}) \ \ R(\boldsymbol{\xi},\ \boldsymbol{\theta}^{(2)},\ \boldsymbol{\theta}) \ \ \cdots \ \ R(\boldsymbol{\xi},\ \boldsymbol{\theta}^{(m)},\ \boldsymbol{\theta}) \right]^{\mathrm{T}} \tag{5.36}$$

由于机器人在笛卡儿坐标系三个方向上的定位误差估计方法相同，为便于描述，仅讨论在 $\ell(\ell = x, y, z)$ 方向上的定位误差估计。定位误差估计值与真实值之间的误差为

$$\begin{aligned} \hat{e}_\ell(\boldsymbol{\theta}) - e_\ell(\boldsymbol{\theta}) &= \boldsymbol{w}^{\mathrm{T}} e_\ell - e_\ell(\boldsymbol{\theta}) \\ &= \boldsymbol{w}^{\mathrm{T}}(\boldsymbol{F}\boldsymbol{\beta} + \boldsymbol{G}) - [\boldsymbol{f}^{\mathrm{T}}(\boldsymbol{\theta})\boldsymbol{\beta} + g_\ell(\boldsymbol{\theta})] \\ &= \boldsymbol{w}^{\mathrm{T}}\boldsymbol{G} - g_\ell(\boldsymbol{\theta}) + [\boldsymbol{F}^{\mathrm{T}}\boldsymbol{w} - \boldsymbol{f}(\boldsymbol{\theta})]^{\mathrm{T}}\boldsymbol{\beta} \\ &= \boldsymbol{w}^{\mathrm{T}}\boldsymbol{G} - g + [\boldsymbol{F}^{\mathrm{T}}\boldsymbol{w} - \boldsymbol{f}(\boldsymbol{\theta})]^{\mathrm{T}}\boldsymbol{\beta} \end{aligned} \tag{5.37}$$

式中，$g = g_\ell(\boldsymbol{\theta})$；$\boldsymbol{w} \in \mathrm{R}^{m}$ 为采样点的权重；$\boldsymbol{G} \in \mathrm{R}^{m}$ 为各采样点在 $\ell$ 方向上所对应的估计误差。

$$\begin{aligned} \boldsymbol{G} &= \left[ g_\ell\{\boldsymbol{\theta}^{(1)}\} \quad g_\ell\{\boldsymbol{\theta}^{(2)}\} \quad \cdots \quad g_\ell\{\boldsymbol{\theta}^{(m)}\} \right]^{\mathrm{T}} \\ &= \left[ g_1 \quad g_2 \quad \cdots \quad g_m \right]^{\mathrm{T}} \end{aligned} \tag{5.38}$$

为了保证估计过程是无偏的，需要满足

$$\boldsymbol{F}^{\mathrm{T}}(\boldsymbol{\theta})\boldsymbol{w}=\boldsymbol{f}(\boldsymbol{\theta}) \tag{5.39}$$

在满足无偏的条件下，使用式（5.35）进行估计的均方差为

$$\begin{aligned}\varphi(\boldsymbol{\theta})&=E\{[\hat{e}_\ell(\boldsymbol{\theta})-e_\ell(\boldsymbol{\theta})]^2\}\\&=E[(\boldsymbol{w}^{\mathrm{T}}\boldsymbol{G}-g)^2]\\&=E(g^2+\boldsymbol{w}^{\mathrm{T}}\boldsymbol{G}\boldsymbol{G}^{\mathrm{T}}\boldsymbol{w}-2\boldsymbol{w}^{\mathrm{T}}\boldsymbol{G}g)\\&=\sigma^2(1+\boldsymbol{w}^{\mathrm{T}}\boldsymbol{R}\boldsymbol{w}-2\boldsymbol{w}^{\mathrm{T}}\boldsymbol{r})\end{aligned} \tag{5.40}$$

由此可以看出，式（5.39）和式（5.40）均取决于权重 $\boldsymbol{w}$ 的大小，因此最优权重应满足如下两个条件。

（1）无偏条件。最优权重 $\boldsymbol{w}$ 应保证式（5.35）的估计结果是无偏的，即最优权重需满足式（5.39）的无偏条件。

（2）最优条件。最优权重 $\boldsymbol{w}$ 应使得式（5.35）的估计过程的均方差最小，即最优权重应使得估计结果最优。

若使用数学语言描述这一问题，有

$$\begin{cases}\arg\min\limits_{\boldsymbol{w}}\ \varphi(\boldsymbol{\theta})=(1+\boldsymbol{w}^{\mathrm{T}}\boldsymbol{R}\boldsymbol{w}-2\boldsymbol{w}^{\mathrm{T}}\boldsymbol{r})\\ \text{s.t. }\boldsymbol{F}^{\mathrm{T}}\boldsymbol{w}=\boldsymbol{f}\end{cases} \tag{5.41}$$

在数学上，这是一个典型的带有约束的条件极值问题，可以使用拉格朗日乘数法对该问题进行求解。式（5.41）的拉格朗日函数为

$$L(\boldsymbol{w},\boldsymbol{\lambda})=\sigma^2(1+\boldsymbol{w}^{\mathrm{T}}\boldsymbol{R}\boldsymbol{w}-2\boldsymbol{w}^{\mathrm{T}}\boldsymbol{r})-\boldsymbol{\lambda}^{\mathrm{T}}(\boldsymbol{F}^{\mathrm{T}}\boldsymbol{w}-\boldsymbol{f}) \tag{5.42}$$

式中，$\boldsymbol{\lambda}$ 是拉格朗日乘子。

式（5.42）关于权重 $\boldsymbol{w}$ 的梯度为

$$L'_{\boldsymbol{w}}(\boldsymbol{w},\boldsymbol{\lambda})=2\sigma^2(\boldsymbol{R}\boldsymbol{w}-\boldsymbol{r})-\boldsymbol{F}\boldsymbol{\lambda} \tag{5.43}$$

根据拉格朗日乘数法的一阶必要条件，令

$$L'_{\boldsymbol{w}}=0$$

有

$$2\sigma^2(\boldsymbol{R}\boldsymbol{w}-\boldsymbol{r})=\boldsymbol{F}\boldsymbol{\lambda} \tag{5.44}$$

令

$$\tilde{\boldsymbol{\lambda}}=-\boldsymbol{\lambda}/(2\sigma^2) \tag{5.45}$$

则式（5.44）可以写成如下矩阵形式：

$$\begin{bmatrix}\boldsymbol{R} & \boldsymbol{F}\\ \boldsymbol{F}^{\mathrm{T}} & \boldsymbol{0}\end{bmatrix}\begin{bmatrix}\boldsymbol{w}\\ \tilde{\boldsymbol{\lambda}}\end{bmatrix}=\begin{bmatrix}\boldsymbol{r}\\ \boldsymbol{f}\end{bmatrix} \tag{5.46}$$

对式（5.46）进行求解可得

$$\begin{cases}\tilde{\boldsymbol{\lambda}} = (\boldsymbol{F}^{\mathrm{T}}\boldsymbol{R}^{-1}\boldsymbol{F})^{-1}(\boldsymbol{F}^{\mathrm{T}}\boldsymbol{R}^{-1}\boldsymbol{r} - \boldsymbol{f}) \\ \boldsymbol{w} = \boldsymbol{R}^{-1}(\boldsymbol{r} - \boldsymbol{F}\tilde{\boldsymbol{\lambda}})\end{cases} \tag{5.47}$$

这样即可求得最优的权重 $\boldsymbol{w}$ 。最后，将求得的最优权重 $\boldsymbol{w}$ 和各采样点所对应的实测定位误差 $\boldsymbol{e}_\ell$ 代入式（5.35），即可求得待补偿点在 $\ell$ 方向上的定位误差的估计值 $\hat{e}_\ell$ 。

与基于反距离加权的定位误差估计方法相比，线性无偏最优估计方法的优势在于：

（1）最优权重在笛卡儿坐标系的不同方向上具有不同的计算结果，能够体现机器人定位误差在空间中表现出的各向异性；

（2）最优权重的计算需要待补偿点与采样点、采样点与采样点之间的相关性矩阵，而该相关性矩阵的计算需要输入待补偿点与采样点的各关节转角，这就意味着最优权重不仅取决于待补偿点与采样点的位置，还取决于待补偿点与采样点的姿态，能够体现定位误差在关节空间中的空间相似度，对于机器人姿态的变化没有反距离加权方法敏感；

（3）对于采样点在空间中的分布情况没有特殊的要求，无论随机分布的采样点还是均匀分布的采样点，其实测的定位误差数据均可用来进行待补偿点的定位误差估计。

采用基于误差相似度的权重度量的精度补偿方法和基于误差相似度的线性无偏最优估计精度补偿方法估计出机器人的定位误差后，即可通过 4.9 节的前馈补偿方法实现机器人定位精度补偿。

**【例 5-3】** 利用第 4 章建立的机器人运动学误差模型模拟实际的机器人的定位误差，根据已知采样点的定位误差数据，采用基于空间相似度的机器人定位误差映射方法和定位误差线性无偏最优估计方法，对验证点的定位误差进行估计，最后将定位误差的估计值与理论值进行对比。

**解** 机器人定位误差映射及估计方法验证的流程如图 5.8 所示，具体步骤如下所述。

（1）根据工业机器人的理论运动学参数，建立机器人的理论运动学模型；随机生成各运动学参数的参数误差，建立含有误差的机器人运动学模型，以模拟机器人的真实运动学模型。

（2）确定机器人各关节的运动范围，在此范围内随机生成若干采样点和若干验证点所对应的关节转角，将这些值输入步骤（1）中建立的机器人理论运动学模型和含误差的运动学模型，分别计算各点所对应的机器人末端理论位置和实际位置，继而计算出各点所对应的定位误差。其中，采样点所对应的定位误差用于模拟真实的实测定位误差，而验证点的定位误差可以视为验证点的真实定位误差，用于与验证点的定位误差估计值进行对比分析。

（3）根据基于空间相似度的机器人定位误差映射方法，利用步骤（2）中随机生成的采样点所对应的各关节输入和定位误差值，建立两者之间的映射关系。

（4）根据机器人定位误差线性无偏最优估计方法，将各验证点所对应的关节转角值输入步骤（3）所建立的机器人定位误差映射模型中，计算各验证点所对应的最优权重，并进行定位误差估计，将定位误差的估计值与真实值进行对比与分析，验证机器人定位误差线性无偏最优估计方法的可行性与正确性。

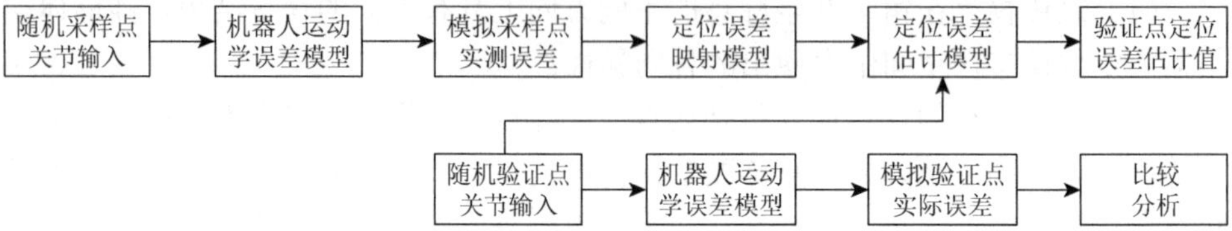


图 5.8　机器人定位误差映射及估计方法验证流程图

以 KUKA KR210 工业机器人作为研究对象，所设定的机器人各关节轴的运动范围如表 5.1 所示。为进行仿真验证，在机器人的运动范围内随机生成了 100 个采样点。根据上述步骤，在随机生成机器人的运动学参数误差之后，获得了这 100 个采样点所对应的定位误差，并使用基于空间相似度的机器人定位误差映射方法建立了采样点的定位误差与采样点关节转角输入之间的映射关系模型。

在上述运动范围内随机选取 20 个验证点，根据仿真验证的步骤，分别计算验证点的定位误差的理论值与估计值，仿真结果如表 5.6 所示。通过对比机器人在笛卡儿坐标系三个方向上定位误差的理论值与估计值可以发现，定位误差的估计误差在 $x$、$y$、$z$ 三个方向上的平均值分别为−0.0059 mm、−0.003 mm 和−0.0013 mm，标准差分别为 0.0046 mm、0.0024 mm 和 0.0034 mm，说明使用基于空间相似度的机器人定位误差线性无偏最优估计方法，能够准确估计待补偿点的定位误差。

**表 5.6　机器人定位误差的线性无偏最优估计仿真验证结果**　（单位：mm）

| 序号 | 理论值 | | | 估计值 | | | 估计误差 | | |
|---|---|---|---|---|---|---|---|---|---|
| | $x$ | $y$ | $z$ | $x$ | $y$ | $z$ | $x$ | $y$ | $z$ |
| 1 | −0.8692 | −1.538 | −0.8177 | −0.8684 | −1.5363 | −0.8176 | 0.0008 | 0.0017 | 0.0001 |
| 2 | −0.8043 | −1.3438 | −1.3883 | −0.8216 | −1.3462 | −1.3972 | −0.0173 | −0.0023 | −0.0089 |
| 3 | −0.0235 | −1.5819 | −1.0643 | −0.0232 | −1.5827 | −1.0631 | 0.0004 | −0.0008 | 0.0011 |
| 4 | −1.0655 | −0.8698 | −1.3162 | −1.0653 | −0.8729 | −1.3158 | 0.0002 | −0.003 | 0.0004 |
| 5 | −0.6446 | −1.4581 | −0.8149 | −0.6455 | −1.4589 | −0.8141 | −0.0009 | −0.0008 | 0.0008 |
| 6 | −0.2194 | −2.0554 | −0.9043 | −0.2189 | −2.0556 | −0.9054 | 0.0005 | −0.0001 | −0.001 |

续表

| 序号 | 理论值 | | | 估计值 | | | 估计误差 | | |
|---|---|---|---|---|---|---|---|---|---|
| | $x$ | $y$ | $z$ | $x$ | $y$ | $z$ | $x$ | $y$ | $z$ |
| 7 | −0.845 | −1.489 | −0.6871 | −0.8439 | −1.4869 | −0.6872 | 0.001 | 0.0021 | −0.0001 |
| 8 | 0.146 | −1.8495 | −1.1678 | 0.1471 | −1.8514 | −1.1703 | 0.0011 | −0.0019 | −0.0025 |
| 9 | −1.5945 | −0.8905 | −1.0761 | −1.5929 | −0.8872 | −1.0752 | 0.0017 | 0.0033 | 0.0009 |
| 10 | 0.5838 | −1.3464 | −1.329 | 0.5809 | −1.3537 | −1.3346 | −0.0029 | −0.0073 | −0.0056 |
| 11 | −0.4684 | −1.4341 | −1.5211 | −0.4731 | −1.4358 | −1.5272 | −0.0047 | −0.0017 | −0.0061 |
| 12 | −1.1472 | −1.5221 | −1.3305 | −1.1437 | −1.5233 | −1.3275 | 0.0035 | −0.0011 | 0.003 |
| 13 | 0.1201 | −1.825 | −0.8482 | 0.124 | −1.8225 | −0.8437 | 0.0039 | 0.0025 | 0.0045 |
| 14 | −1.5514 | −1.3098 | −1.1965 | −1.5532 | −1.3095 | −1.1979 | −0.0018 | 0.0004 | −0.0014 |
| 15 | 0.4806 | −1.9138 | −1.2654 | 0.4822 | −1.9129 | −1.2657 | 0.0016 | 0.0008 | −0.0003 |
| 16 | −0.4359 | −1.6519 | −0.4701 | −0.4345 | −1.653 | −0.4714 | 0.0013 | −0.0011 | −0.0013 |
| 17 | −1.6314 | −0.948 | −1.2787 | −1.634 | −0.9466 | −1.2798 | −0.0026 | 0.0014 | −0.001 |
| 18 | −1.3578 | −0.7518 | −1.1166 | −1.3586 | −0.7524 | −1.1174 | −0.0009 | −0.0006 | −0.0008 |
| 19 | 0.0927 | −2.0732 | −0.8446 | 0.098 | −2.0704 | −0.8527 | 0.0053 | 0.0027 | −0.0081 |
| 20 | −1.2937 | −1.2721 | −1.0185 | −1.2956 | −1.2721 | −1.0182 | −0.0019 | −0.0001 | 0.0003 |

机器人定位误差的理论值与估计值之间的关系如图 5.9 所示，横坐标为机器人定位误差的理论值，纵坐标为机器人定位误差的估计值。图中的每一个点的坐标都代表一个验证点所对应的定位误差理论值和估计值。可以看出，各点的分布具有很高的线性度，且均距离直线 $y=x$ 很近，说明定位误差的估计值与理论值之间具有很高的吻合度。

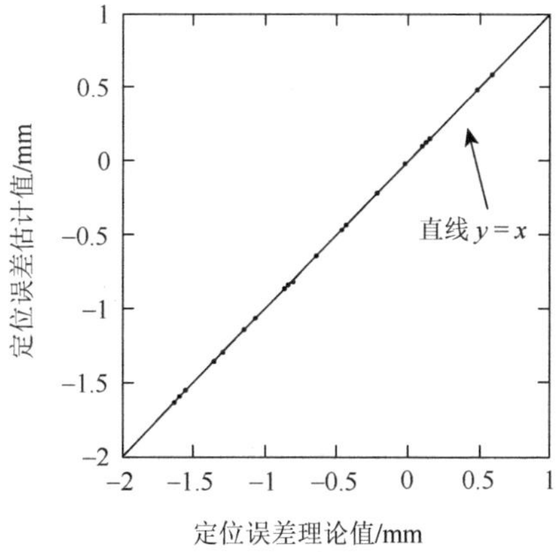


(a) $x$方向

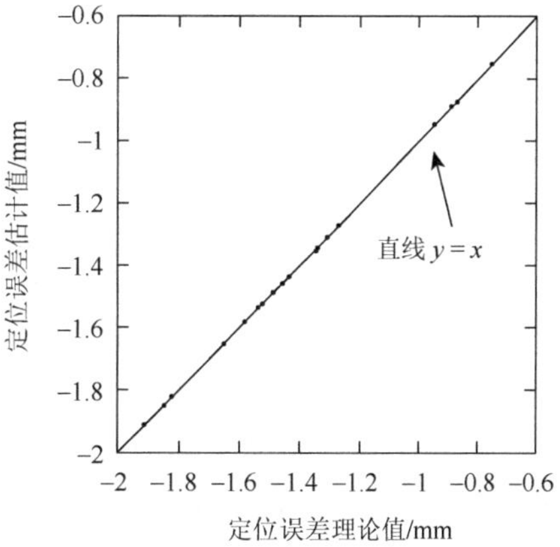


(b) $y$方向

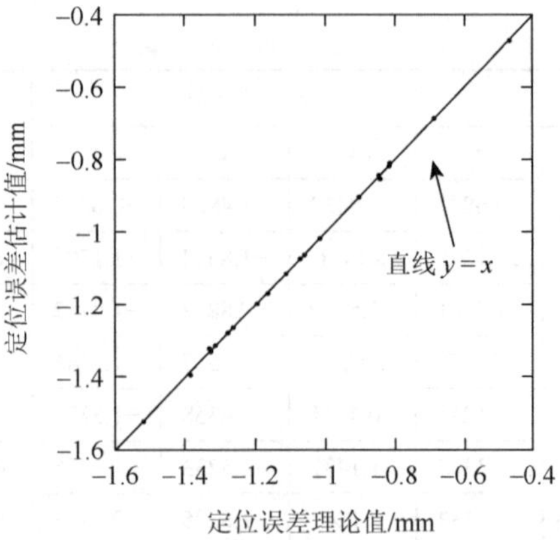


(c) $z$方向

图 5.9　定位误差理论值与估计值的对比

综上所述，根据数值仿真试验的结果可以发现，在不使用机器人运动学参数的前提下，通过基于空间相似度的机器人定位误差映射方法，能够不针对特定的机器人型号，建立机器人定位误差与机器人关节转角输入的空间映射关系，具有较强的通用性；使用机器人定位误差线性无偏最优估计方法，能够快速准确地对待补偿点的定位误差进行估计。

## 5.4　应 用 实 例

### 5.4.1　机器人定位误差相似度试验

在 KUKA KR210 工业机器人上进行机器人的定位误差相似度试验研究，平台如图 5.10 所示。机器人定位误差相似度试验验证流程如图 5.11 所示，主要包括以下几点。

（1）在机器人工作空间中选择一个立方体的测量区域，并在该测量区域中随机生成 $N$ 个采样点，每个采样点的位置和姿态角相对于机器人基坐标系都是随机的。

（2）使用激光跟踪仪测量并建立试验所需要的各个坐标系，并在机器人基坐标系下测量步骤（1）中生成的 $N$ 个采样点的实际位置，与理论位置进行对比，获得并分析各采样点在机器人基坐标系下的定位误差。

（3）将机器人运动空间中的采样点两两配对，基于机器人的逆运动学模型计算各点位姿所对应的关节转角，根据关节转角设定分割量 $h$，分别计算各对采样点之间定位误差的变差函数，对小于等于最大分割量 1/2 的点对，绘制定位误差变差函数的散点图。

（4）设定一个合适的容差 $\Delta h$，根据 $h\pm\Delta h$ 对样本点进行分组，保证各分组均满足具有足够数量的采样点对，计算各分组的变差函数，并绘制变差函数均值和标准差的点线图。

（5）根据绘制的机器人定位误差变差函数图，分析机器人定位误差的空间相似度。

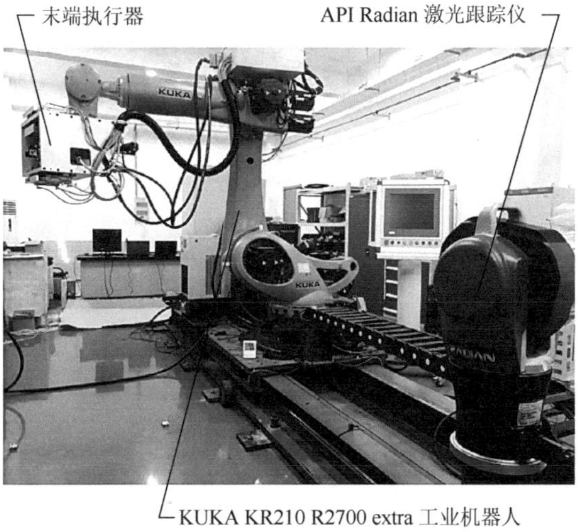


图 5.10　KUKA KR210 工业机器人试验平台

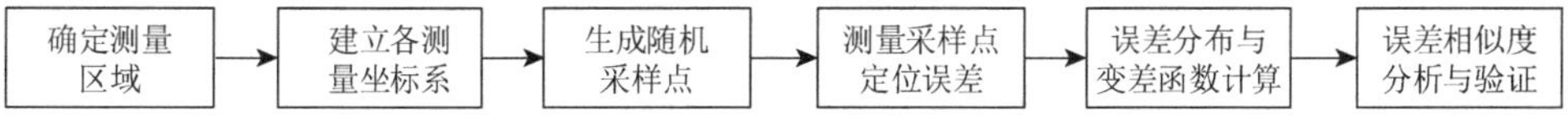


图 5.11　机器人定位误差相似度试验验证流程

根据上述试验步骤，在机器人的工作空间中规划一个尺寸为 665 mm×1100 mm×900 mm 的长方体区域，如图 5.12 所示。在该长方体区域中随机生成 500 个采样点位，每个采样点的三个姿态角分别在±15°、±10°、±10°的范围内随机选取。本试验在控制机器人定位到各采样点时，采用统一的关节约束状态量 $s=010$，保证机器人在工作空间中运动时具有唯一的运动学逆解，使得机器人定位至采样点时各轴具有相似的转角，有利于定位误差相似度的试验与分析。

使用激光跟踪仪测量并建立世界坐标系、机器人的基坐标系、法兰坐标系以及工具坐标系，以理论位姿为 NC 指令控制机器人运动至上述随机采样点的位置，并测量各采样点的绝对定位误差，结果如图 5.13 所示。图中各点的三维坐标代表各采样点在机器人基坐标系下的理论位置，各点的颜色深浅代表各采样点在该图对应方向上的定位误差。

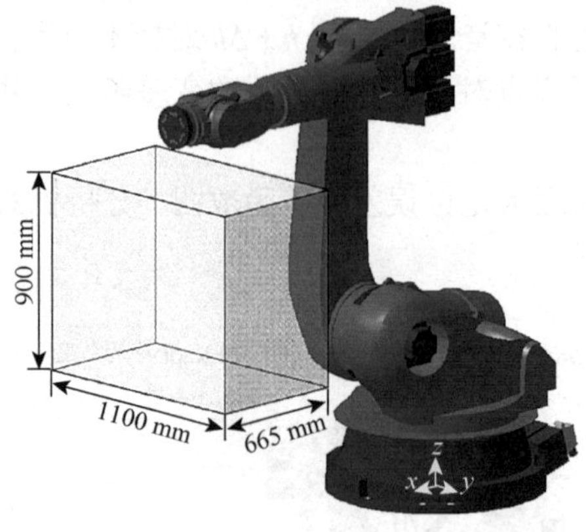


图 5.12　试验验证测量范围示意图

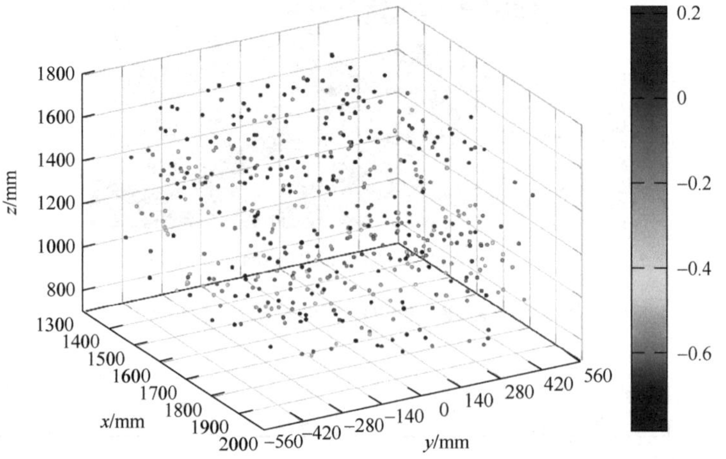


(a) x方向

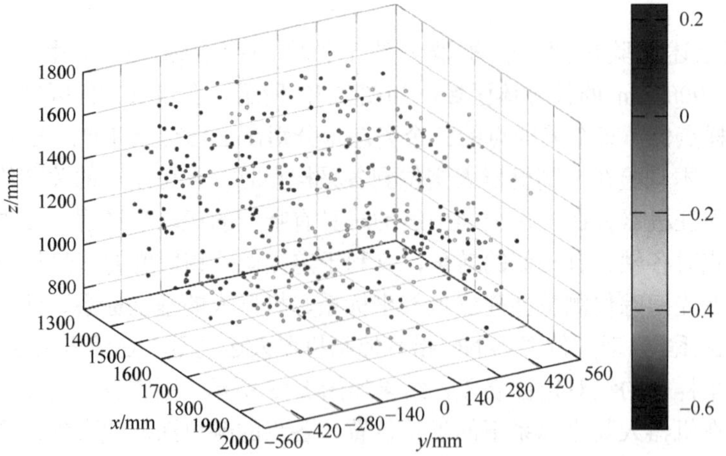


(b) y方向

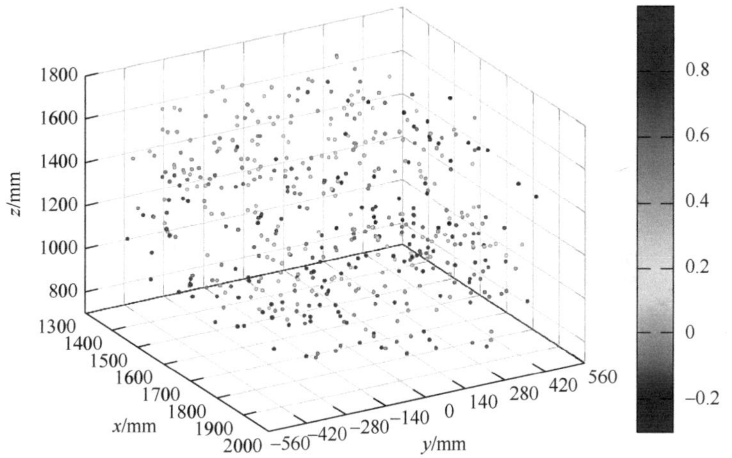


(c) z方向

图 5.13　采样点定位误差分布（彩图见二维码）

扫一扫　看彩图

从图 5.13 中可以看出，红色的点的邻近区域内出现蓝色点的概率较小，说明对单个采样点而言，当其定位误差在机器人基坐标系的某一方向上较大（或较小）时，在其邻近区域内的其他点在该方向上的定位误差也是趋于较大（或较小）的，因此各采样点的定位误差与该点在机器人基坐标系下的位置具有较强的相关性。当任意两点相距较近时，其定位误差也趋于相似；当任意两点相距较远时，其定位误差的相似度则不显著。从图中也能发现，采样点的定位误差在机器人基坐标系的 $x$、$y$、$z$ 三个方向上的分布是不一样的，存在比较明显的各向异性，这种各向异性是机器人定位误差在 $x$、$y$、$z$ 三个方向上的表达式不同的实际表现，同时也反映了机器人各关节转角对不同方向上定位误差的影响的差异性。

为分析采样点定位误差的整体变化趋势，将图 5.12 所示的长方体区域沿 $x$、$y$、$z$ 方向平均划分为一个 $2\times4\times3$ 的网格区域，并统计各网格内采样点的定位误差，将各网格内定位误差的平均值用颜色深浅进行表示，结果如图 5.14 所示。图中的三排网格在笛卡儿坐标系中实际上是连续的，只是为了方便观察，将其沿 $z$ 方向分离。

从图 5.14 中能够看出，机器人在基坐标系三个方向上的定位误差均呈现出了比较明显的变化趋势。具体来看，$x$ 方向上的定位误差的绝对值随着定位点在 $z$ 方向上的位置的降低而增大，$y$ 方向上的定位误差的绝对值随着定位点在 $y$ 方向上的位置的增大而增大，$z$ 方向上的定位误差的绝对值随着定位点在 $z$ 方向上的位置的降低而增大。与个体所表现出的性质相同，距离较近的网格的平均定位误差比距离较远的网格的平均定位误差更为相似，且各方向上定位误差的分布具有明显的各向异性。由于试验中机器人是在相同的关节约束状态量下进行定位的，因此位

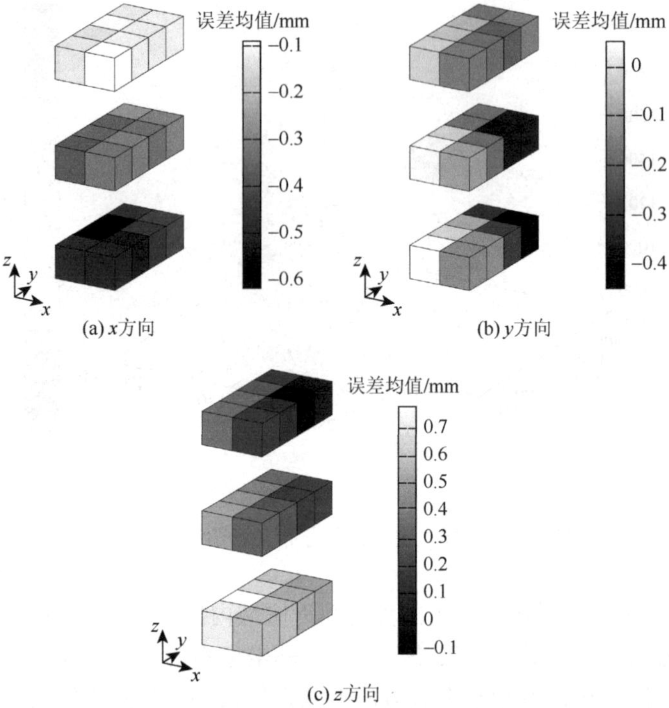


图 5.14　定位误差分区域对比

置邻近的采样点的前三个关节转角也较为相似，由前面内容分析可知，机器人定位误差主要受前三个关节影响，因此机器人定位误差在笛卡儿空间下的相似度也能够在一定程度上反映其在关节空间的相似度。

使用变差函数对测得的定位误差数据进行统计分析。根据前面内容的分析，在确定分割量时为考虑机器人各轴转角对定位误差的不同影响，根据式（5.23）确定如下分割量：

$$h=\sqrt{\sum_{k=1}^{n}\xi_k\left[\theta_k^{(i)}-\theta_k^{(j)}\right]^2},\quad \boldsymbol{\theta}^{(i)},\boldsymbol{\theta}^{(j)}\in \mathrm{R}^{n} \tag{5.48}$$

式中，参数 $\xi_k$ 可通过式（5.33）计算得到。

根据变差函数的计算结果，分析分割量小于等于最大分割量 1/2 的点对，绘制机器人定位误差变差函数的散点图，结果如图 5.15 所示。

从定位误差的变差函数散点图中能够看出，当某采样点对所对应的分割量较小时，这两个采样点所对应的关节转角输入是相似的，而这两个采样点所对应的绝对定位误差的差异是比较小的，说明这两个采样点的定位误差在关节空间中存在相似度；随着采样点对在机器人关节空间中的分割量的增大，两个位姿之间的定位误差的差异也逐渐显著，其对应的定位误差的相似度也逐渐减弱。

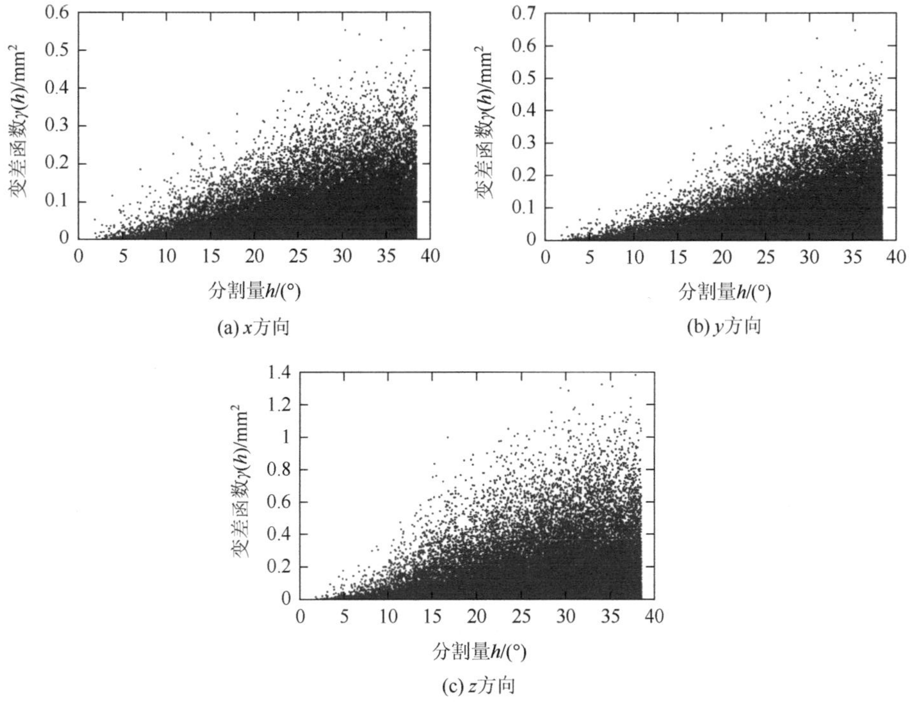


图 5.15　定位误差的变差函数散点图

对图 5.15 中的数据进行分组操作，按照分割量的大小将其平均分为 10 组，计算各分组中定位误差变差函数的均值和标准差，结果如图 5.16 和图 5.17 所示。从图中可以明显看出，整体上机器人定位误差的相似度随着关节转角输入分割量的增加而降低；同时，变差函数的标准差随着关节转角输入分割量的增加而增加，说明随着分割量的增加，定位误差的随机性逐渐增加，相似度逐渐减弱。

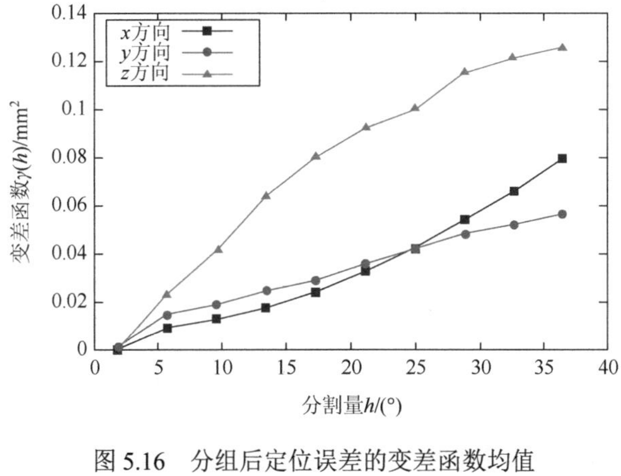


图 5.16　分组后定位误差的变差函数均值

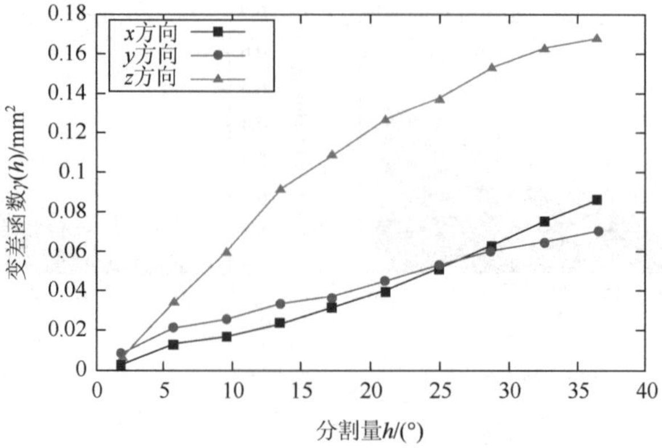


图 5.17　分组后定位误差的变差函数标准差

## 5.4.2　基于误差相似度的权重度量的机器人精度补偿试验

### 1. 广区域精度补偿方法试验

本节在 KUKA KR150-2 工业机器人处于空载时设计广区域精度补偿试验，研究基于误差相似度的权重度量的机器人精度补偿方法。当机器人处于机械零点时，以 300 mm 作为网格边长对沿机器人坐标系 $x$ 轴方向的广区域工作空间进行网格划分，如图 5.18 所示，共划分出 209 个立方体网格。利用激光跟踪仪建立世界坐标系、机器人基坐标系以及工具坐标系后，控制机器人对划分的立方体网格的所有顶点进行定位并测量实际定位坐标。采集完所有网格顶点的定位数据后，在每个划分的立方体网格中随机选取一个目标定位点进行验证，最后统计所有验证点的定位误差。

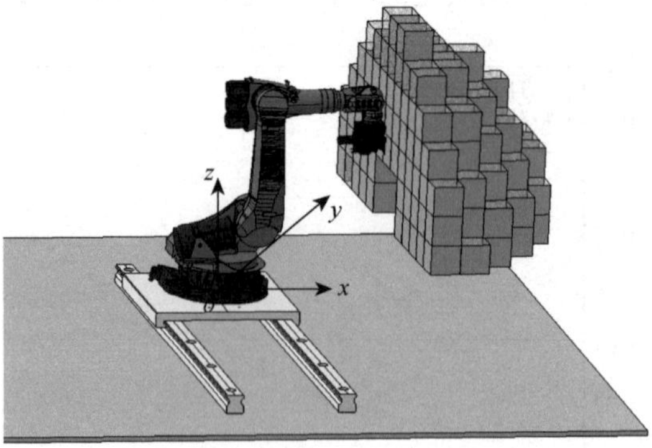


图 5.18　空间网格划分示意图

试验中在机器人工作空间中划分的立方体网格各顶点的位置坐标都是相对于

机器人基坐标系的。因此，在建立了世界坐标系、机器人基坐标系、工具坐标系后，需要把激光跟踪仪坐标系转换到机器人基坐标系下，此后的测量工作也都是在机器人基坐标系中进行的。对于定位点的姿态的确定，定义所有网格顶点的目标姿态与机器人处于机械零点位置时的法兰坐标系姿态一致，即其姿态都为（0, 90°, 0）。

试验过程可以总结为以下几个步骤。

（1）建立坐标系。分别建立世界坐标系、机器人基坐标系、法兰坐标系、工具坐标系，并将激光跟踪仪坐标系转换到机器人基坐标系下。

（2）编制机器人定位离线程序。在确定的机器人包络空间内，按照给定的 300 mm 步长进行空间立体网格划分，确定各个立方体网格顶点的理论坐标，结合目标姿态（0, 90°, 0），编制机器人定位离线程序。

（3）采集数据。控制机器人按照编制的程序进行定位，用激光跟踪仪测量每个网格顶点的实际定位坐标并记录下来。需要说明的是，在对每个网格顶点进行定位时，为了避免机器人定位误差的累积对定位点的绝对定位精度的影响，机器人都是以机械零点为起点的。

（4）补偿验证。在每个划分的立方体网格中，随机选取一个目标定位点作为验证点进行验证。对于每个验证点，用基于误差相似度的权重度量的机器人精度补偿方法对其理论坐标进行修正，并用修正后的坐标数据控制机器人进行定位并测量，最后将机器人实际到达的坐标与理论坐标进行比较来评估精度补偿方法的效果。验证时定位点的目标姿态与采集网格顶点定位数据时的姿态一致，同为（0, 90°, 0）。

试验结果如图 5.19 所示，图中共有 5 个子图，其纵坐标为验证点的绝对定位误差，横坐标为验证点的序号，子图与图 5.18 中的划分面对应，图 5.18 中最左边划分面中包含的 63 个网格对应着图 5.19 第一个子图中 63 个点，其余类推。结果表明，随机选取的 209 个目标定位点经补偿后的绝对定位误差平均值为 0.156 mm，最大值为 0.386 mm，相比补偿前的 1～3 mm 有了近一个数量级的提高。

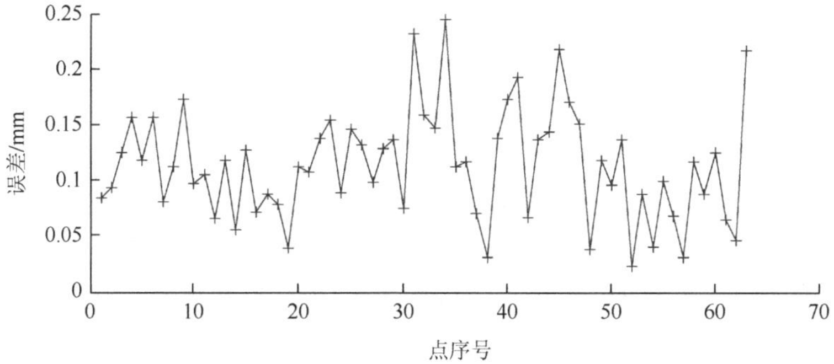

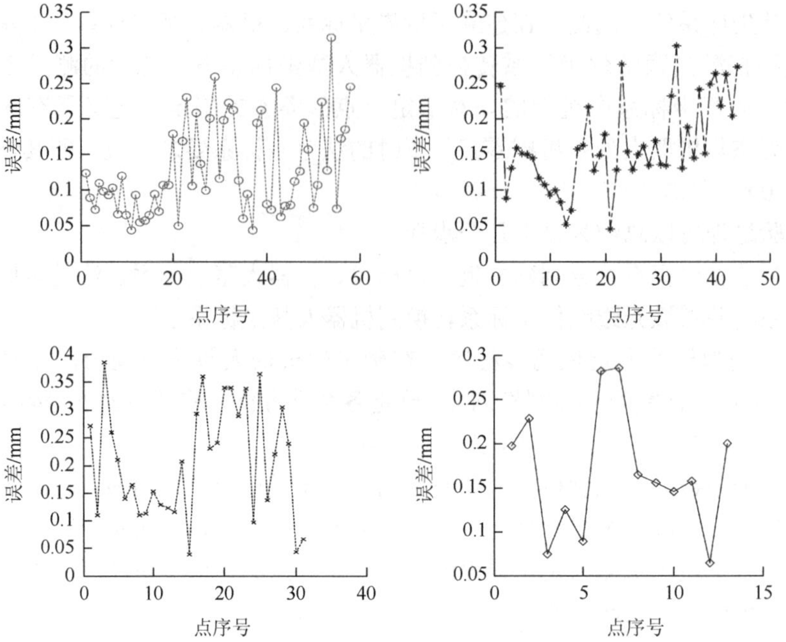


图 5.19　基于误差相似度的权重度量的机器人精度补偿方法试验结果

## 2. 给定区域精度补偿方法试验

广区域精度补偿方法试验一节对位于机器人正前方的一个广大区域进行了试验研究，本节按照《工业机器人 性能规范及其试验方法》（GB/T 12642—2013）的规定对某一给定工作区域的机器人定位精度做出评价，在世界坐标系下机器人机械零点位置的前部包络空间范围内选取一块区域作为机器人待加工区域。试验步骤如下所述。

（1）划分网格并测量网格顶点的实际定位坐标。将选定的工作区域划分为一系列立方体网格，为了便于划分，选取的区域的大小恰好为单个立方体网格边长的整数倍。控制机器人对所有划分的立方体网格的顶点进行定位并测量其实际坐标。需要说明的是，此次输入机器人控制器的网格顶点的坐标是相对于世界坐标系的，对于KUKA工业机器人只需要在其控制器中将当前基坐标系设定为世界坐标系即可。

（2）计算定位点理论坐标。根据给定的待加工区域，按照 1.3 节精度评估与检测的规定计算出待定位的 $P_1$ 点～$P_5$ 点的理论定位坐标。选取平面 $C_1$-$C_2$-$C_7$-$C_8$ 作为位姿试验选用的平面，$P_1$ 点～$P_5$ 点按照规定均在该平面内选取。

（3）精度补偿并测量。利用基于误差相似度的权重度量的机器人精度补偿方法对定位点的理论坐标进行修正，并用修正后的坐标控制机器人定位并测量其实际定位坐标。

（4）循环测量。按照标准要求，对选定的 $P_1$ 点～$P_5$ 点重复步骤（2）过程 30 次。

（5）计算定位精度。对测量得到的 30 组实际定位数据计算 $P_1$ 点～$P_5$ 点的定位精度。

按照上述步骤，$P_1$ 点～$P_5$ 点经过补偿后的定位精度如表 5.7 所示。

**表 5.7 给定区域机器人精度补偿后平均定位坐标** （单位：mm）

| 序号 | 理论定位坐标 | | | 实际定位坐标 | | |
|---|---|---|---|---|---|---|
| | $x$ | $y$ | $z$ | $\bar{x}$ | $\bar{y}$ | $\bar{z}$ |
| 1 | −70 | −2250 | 590 | −69.8793 | −2250.1 | 589.8443 |
| 2 | 170 | −2250 | 590 | 170.1149 | −2250.16 | 589.8485 |
| 3 | 170 | −1050 | 1310 | 169.8523 | −1050.11 | 1310.126 |
| 4 | −70 | −1050 | 1310 | −70.1497 | −1050.11 | 1310.114 |
| 5 | 50 | −1650 | 950 | 49.90174 | −1650.14 | 949.855 |

由表 5.7 中 $P_1$ 点～$P_5$ 点的理论定位坐标和补偿后的实际定位坐标数据，可以计算出补偿后验证点的绝对定位误差，结果如表 5.8 和图 5.20 所示。

**表 5.8 给定区域机器人精度补偿后绝对定位误差** （单位：mm）

| 序号 | 补偿后绝对定位误差 | | | |
|---|---|---|---|---|
| | $AP_x$ | $AP_y$ | $AP_z$ | $AP_p$ |
| 1 | 0.1206 | −0.0959 | −0.1556 | 0.2190 |
| 2 | 0.1148 | −0.164 | −0.1515 | 0.2511 |
| 3 | −0.1477 | −0.1105 | 0.1262 | 0.2235 |
| 4 | −0.1496 | −0.1108 | 0.1137 | 0.2182 |
| 5 | −0.0982 | −0.1427 | −0.1449 | 0.225 |

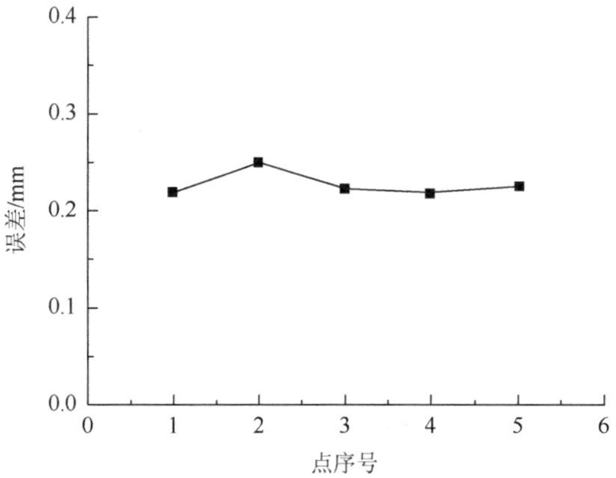


图 5.20 给定区域机器人精度补偿后绝对定位误差

从试验结果可以看出，补偿后 5 个验证点的最大定位误差为 0.2511 mm，最小定位误差为 0.2182 mm，平均定位误差为 0.2275 mm，较未补偿前的 1～3 mm 有了近一个数量级的提高。因此，基于误差相似度的权重度量的机器人精度补偿方法在实际应用中是可行的。

### 5.4.3 基于误差相似度的线性无偏最优估计精度补偿试验

在 5.4.1 节 500 个采样点中选取 209 个采样点的定位误差作为精度补偿的原始数据，其余 291 个采样点作为验证点。使用基于空间相似度的定位精度线性无偏最优估计方法对这 500 个点的定位误差进行估计，计算时仅使用 209 个采样点的原始定位误差数据，这样既可对其他点的误差估计和补偿效果进行验证，又可对采样点自身的误差估计和补偿效果进行验证。随后根据基于空间相似度的机器人定位误差补偿方法，生成各验证点在精度补偿后的 NC 代码，控制机器人运动到对应的位置，使用激光跟踪仪测量各点在机器人基坐标系下的定位误差，并将补偿前与补偿后的定位误差进行对比分析，结果如图 5.21 和表 5.9 所示。

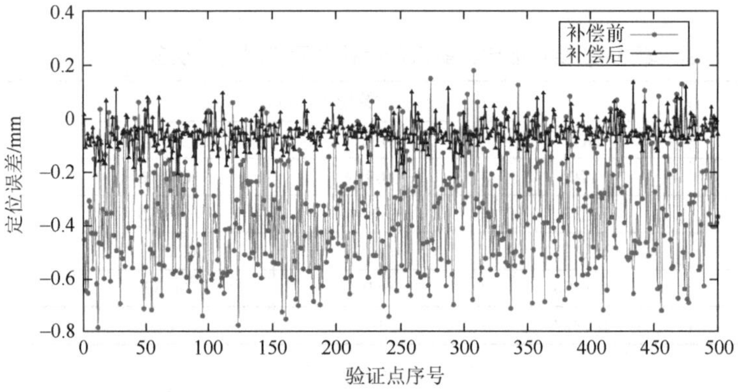


(a) $AP_x$

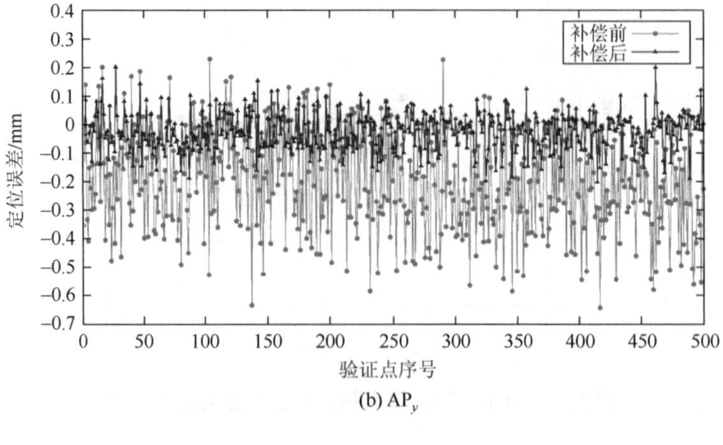


(b) $AP_y$

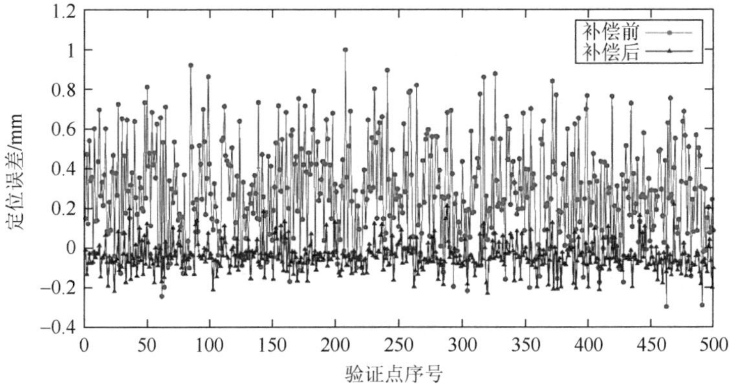


(c) $AP_z$

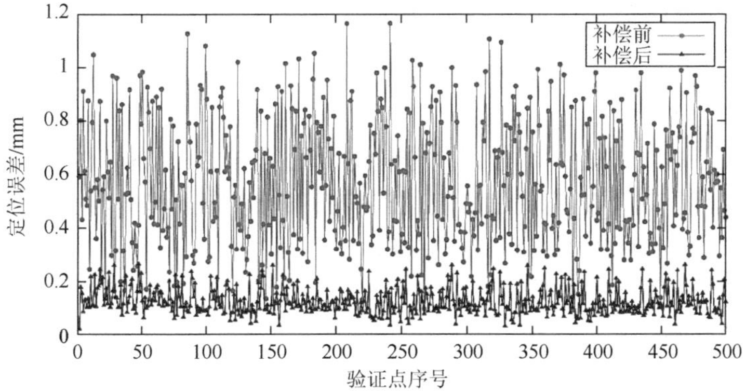


(d) $AP_p$

图 5.21　基于误差相似度的线性无偏最优估计精度补偿试验结果

**表 5.9　基于误差相似度的线性无偏最优估计精度补偿结果的统计数据**（单位：mm）

| 误差类型 | 状态 | 定位误差范围 | 均值 | 标准差 |
|---|---|---|---|---|
| $AP_x$ | 补偿前 | [−0.78, 0.22] | −0.35 | 0.22 |
| | 补偿后 | [−0.22, 0.14] | −0.05 | 0.05 |
| $AP_y$ | 补偿前 | [−0.64, 0.23] | −0.20 | 0.17 |
| | 补偿后 | [−0.20, 0.20] | −0.02 | 0.07 |
| $AP_z$ | 补偿前 | [−0.30, 1.00] | 0.27 | 0.25 |
| | 补偿后 | [−0.23, 0.21] | −0.05 | 0.07 |
| $AP_p$ | 补偿前 | [0.09, 1.16] | 0.57 | 0.24 |
| | 补偿后 | [0.02, 0.26] | 0.12 | 0.05 |

对上述试验数据进行分析，可以得出如下信息。

（1）由图 5.21（a）～图 5.21（c）中机器人在精度补偿前的定位误差数据可

以看出，在无补偿状态下，机器人基坐标系的 $x$、$y$、$z$ 三个方向上的定位误差均超出±0.5 mm，且误差的变化范围较大。

（2）通过观察机器人在精度补偿前的定位误差可以发现，在机器人基坐标系 $x$、$y$、$z$ 三个方向上的定位误差的平均值分别为−0.35 mm、−0.20 mm、0.27 mm，表明机器人在精度补偿前的定位误差分量并不是在 0 mm 上下波动，且不同方向上的定位误差的偏移方向也不一致。造成这种现象的原因主要有两个方面：一方面，根据 4.1 节中建立的机器人运动学误差模型，由于在 $x$、$y$、$z$ 三个方向上定位误差的表达式并不相同，在运动学参数误差确定的情况下，三个方向上的定位误差将存在各向异性；另一方面，机器人的基坐标系是通过拟合机器人的关节轴线而进行构造得到的，因此构造得到的基坐标系与机器人控制器中的理论基坐标系之间必然存在一定的误差，这一误差将反映在机器人最终的定位误差之中，使得定位误差的各个分量表现出不同的分布。

（3）在经过定位精度补偿之后，机器人的定位误差明显减小，在机器人基坐标系 $x$、$y$、$z$ 三个方向上的定位误差分量均降低到±0.25 mm 以内，定位误差的波动幅度也大幅减少；同时，补偿后定位误差在三个方向上的平均值也回归到 0 mm 附近，较补偿前表现出了更高的稳定性。

（4）通过精度补偿，机器人的最大定位误差由 1.16 mm 减小至 0.26 mm，降幅达到了 77.59%。

## 习　　题

5-1　试解释机器人误差相似度的概念。

5-2　试采用线性无偏最优估计法推导机器人定位误差权重。

5-3　试阐述采用误差相似度的权重度量的方法预测空间中任一点绝对定位误差的流程。

5-4　什么是反距离加权法？

5-5　参考笛卡儿空间中欧氏距离的表达方式，构造一种评价关节空间中以 $ZYX$ 欧拉角表达的两个姿态之间相似度的指标。

5-6　对反距离加权法进行拓展，使其能够满足位置与姿态六个维度的补偿。

5-7　简述式（5.26）中的 $\boldsymbol{\beta}$ 为 $m\times3$ 矩阵的原因。

5-8　若式(5.26)中的 $\boldsymbol{\beta}$ 拓展至 $m\times6$ 矩阵，则误差采样过程需要有哪些变化？

5-9　若采用误差相似度精度补偿方法后机器人精度仍无法满足要求，可从哪些方面进一步优化补偿过程？

5-10　线性无偏最优估计法相较于反距离加权法有哪些优缺点？

5-11　请依据图 5.15 定性分析机器人在空间中的相似度特征。

# 第 6 章　机器人神经网络精度补偿技术

第 5 章介绍了一种非运动学的精度补偿方法——误差相似度精度补偿方法，该方法无须建立机器人运动学模型即可补偿机器人定位精度，但它只考虑了定位点的理论位置，忽略了姿态对实际定位误差的影响。本章介绍另一种非运动学精度补偿方法——基于神经网络的机器人定位精度补偿法。首先，介绍 BP 神经网络和遗传粒子群优化（genetic particle swarm optimization，GPSO）算法的基本概念。然后，介绍利用 GPSO 构建神经网络实现工业机器人的定位误差预测和补偿的基本流程。最后，给出考虑姿态影响和温度影响的神经网络定位误差建模与预测方法。

## 6.1　BP 神经网络

### 6.1.1　人工神经网络概述

人工神经网络简称神经网络，是对人脑或生物神经系统的抽象与建模，它采用类似于大脑神经突触连接的结构来进行信息处理，并且可以从环境中进行学习，如图 6.1 所示。人工神经网络的研究是从人脑的生理结构出发来研究人的智能行为，模拟人脑神经系统的信息处理能力。作为智能技术的重要组成部分，神经网络拓展了智能信息处理方法，为解决最优化、模式识别、自动控制等复杂问题提供了一种有效的解决途径。

神经网络实质是一种数学模型，由大量的神经元相互连接构成，通过改变内部神经元之间的连接强度，达到处理信息的目的。每个神经元都代表某种特定的输出函数，称为激励函数。每两个神经元间的连接也都表示通过该连接信号的加权值，称为权重。网络的输出因其网络中各神经元的连接方式、权重以及激励函数的不同而各异。神经网络通常用于逼近自然界中存在的某种规律或者函数，也用于表达某种逻辑策略。

为了模拟大脑的信息处理过程，神经网络通常具有以下四个基本特征。

（1）非线性。自然界中普遍存在的关系是非线性的，大脑的信息处理过程也

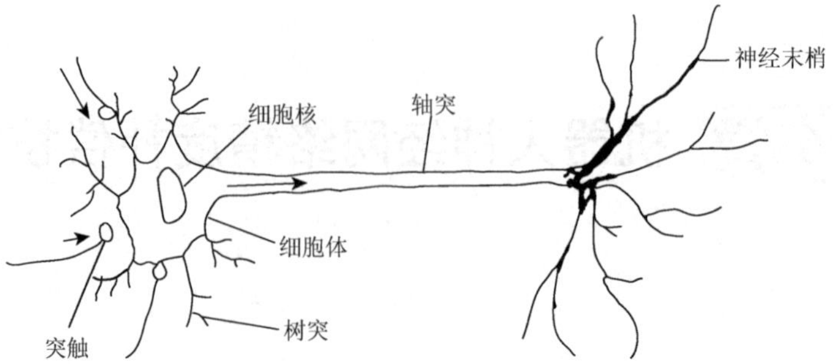


(a) 生物神经元

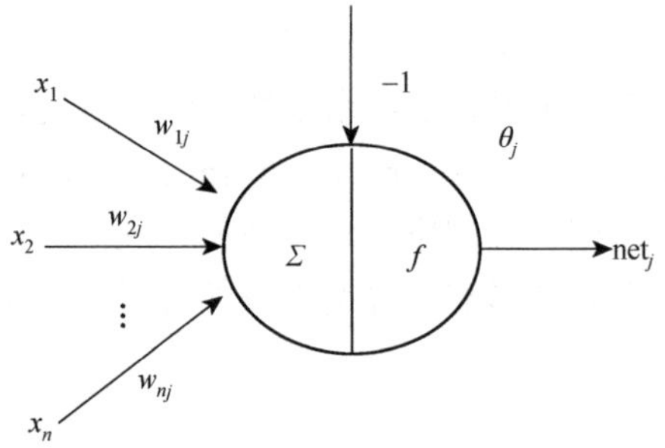


(b) 人工神经元

图 6.1　生物神经元与人工神经元模型

是一种非线性现象。人工神经元处于抑制状态或者激活状态的一种，在数学上可以将这种方式描述为某种非线性关系。当构成神经网络的神经元具有阈值时，由此构成的网络往往具有更优的性能，不但可以提高存储容量而且可以提高网络的容错性。

（2）非凸性。对于一个不确定的系统，在一定条件下某个特定的状态函数将决定它的演变方向。以能量函数为例，系统处于相对稳定的状态才会出现极值。当某个状态函数具有多个极值时，它就具有非凸性，此时它所对应的系统相应地就具有多个较稳定的平衡态，因此系统的演化也就具有多样性。

（3）非定常性。人工神经网络具有自组织、自适应和自学习的能力，因此它不但可以处理多种变化的信息，而且在处理信息的同时系统本身也可以进行不断的变化。

（4）非局限性。多个神经元通过相互连接形成一个神经网络，因此网络所模拟的系统的整体行为不仅取决于单个神经元的特征，并且主要是由单元之间连接的相互作用所决定的。

### 6.1.2　BP 神经网络模型

BP（back propagation）神经网络，是一种典型的多层前馈型神经网络，结构模型如图 6.2 所示。它由神经元组成的多个层构成，依次为输入层、隐含层和输出层。每一层中的每个节点表示一个神经元，相邻层之间的神经元通过连接相互作用，整个网络通过输入层来输入信号，传递到隐含层后经过隐含层各节点的处理后传递到输出层各节点，最后由输出层来输出结果。BP 神经网络的过程主要分为两个阶段：第一阶段是信号的前向传播，从输入层经过隐含层，最后到达输出层；第二阶段是误差的反向传播，指误差的调整过程是从最后的输出层依次向之前的各层逐渐进行的，也就是说，从输出层到隐含层再到输入层，根据性能函数的负梯度方向依次调节隐含层到输出层的权重和阈值以及输入层到隐含层的权重和阈值，也就是所谓的梯度下降算法。

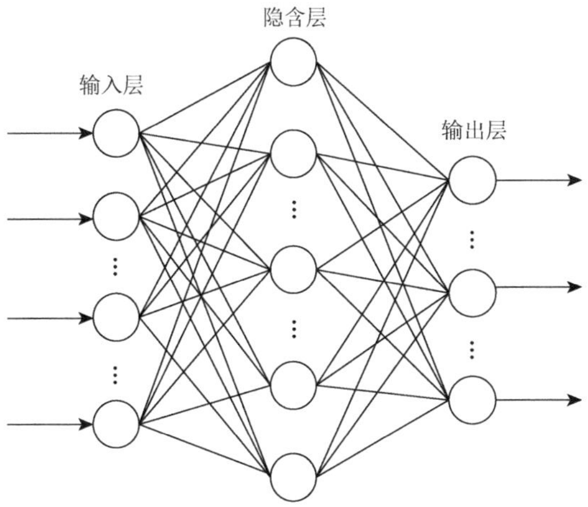


图 6.2　BP 神经网络模型

BP 神经网络中常用的神经元激活函数主要有 tan-sigmoid 型函数 tansig、log-sigmoid 型函数 logsig 以及线性函数 purelin，如图 6.3 所示。

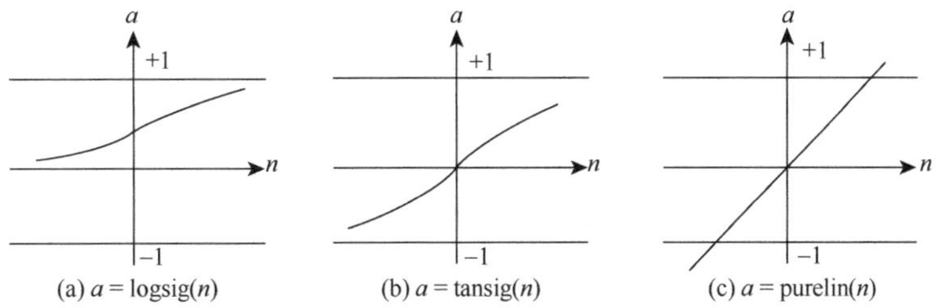


图 6.3　BP 神经网络神经元常用的激活函数

### 6.1.3 BP 算法

BP 神经网络的学习是有监督的学习，即给定的学习样本包括输入和期望的输出。BP 神经网络学习的基本思想是对于网络的权重和阈值的调节要沿着使得网络性能函数的下降最快的方向，即负梯度方向来进行。BP 算法的迭代公式为

$$x_{k+1}=x_k-a_k g_k \tag{6.1}$$

式中，$x_k$ 表示当前的权重或阈值；$g_k$ 表示当前网络性能函数的梯度；$a_k$ 表示学习速率。

以含有一个输入层、一个隐含层和一个输出层的三层 BP 神经网络为例，对其学习算法进行推导。定义输入层为 $I$ 层，包含有 $I$ 个节点，其任一神经元表示为 $x_i$；隐含层为 $J$ 层，包含有 $J$ 个节点，其任一节点为 $y_i$；输出层为 $K$ 层，包含有 $K$ 个节点，其任一节点为 $z_i$；$I$ 层与 $J$ 层间的网络权重为 $w_{ij}$；$J$ 层与 $K$ 层间的网络权重为 $v_{jk}$。同时定义每个节点的输入为 $u$、输出为 $v$，如 $u_i^J$ 表示第 $J$ 层的第 $i$ 个节点的输入。

隐含层任一节点的输入为

$$u_i^J=\sum_{i=1}^{I} w_{ij}x_i-\theta_j \tag{6.2}$$

隐含层任一节点的输出为

$$v_j^J=\left(\sum_{i=1}^{I} w_{ij}x_i-\theta_j\right)=f(\text{net}_j) \tag{6.3}$$

式中

$$\text{net}_j=\sum_{i=1}^{I} w_{ij}x_i-\theta_j \tag{6.4}$$

输出层任一节点的输入为

$$u_k^K=\sum_{i=1}^{J} v_{jk}v_j^J-\theta_k \tag{6.5}$$

输出层任一节点的输出为

$$v_k^K=f\left(\sum_{j=1}^{J} v_{jk}v_j^J-\theta_k\right)=f(\text{net}_k) \tag{6.6}$$

式中

$$\text{net}_k=\sum_{j=1}^{J} v_{jk}v_j^J-\theta_k \tag{6.7}$$

定义网络的期望输出为 $t_k^K$，输出层任一节点的输出误差为 $e_k$，则

$$e_k = t_k^K - v_k^K \tag{6.8}$$

定义网络的输出总误差为 $E$：

$$E = \frac{1}{2}\sum_{k=1}^{K} e_k^2 = \frac{1}{2}\sum_{k=1}^{K}\left(t_k^K - v_k^K\right)^2 \tag{6.9}$$

将式（6.3）和式（6.6）代入式（6.9）可得

$$\begin{aligned} E &= \frac{1}{2}\sum_{k=1}^{K}\left(t_k^K - v_k^K\right)^2 = \frac{1}{2}\sum_{k=1}^{K}\left[t_k^K - f\left(\sum_{j=1}^{J} v_{jk} v_j^J - \theta_k\right)\right]^2 \\ &= \frac{1}{2}\sum_{k=1}^{K}\left\{t_k^K - f\left[\sum_{j=1}^{J} v_{jk} f(w_{ij}x_i - \theta_j) - \theta_k\right]\right\}^2 \end{aligned} \tag{6.10}$$

从式（6.10）可以看出，网络输出的误差是各层的权重和阈值的函数。在误差进行反向传播的过程中，调整权重和阈值的目的是减少网络输出的误差，因此权重和阈值的调整量应该与网络输出误差的梯度下降方向一致，即有

$$\Delta v_{jk} = -\eta \frac{\partial E}{\partial v_{jk}} \tag{6.11}$$

$$\Delta w_{ij} = -\eta \frac{\partial E}{\partial w_{ij}} \tag{6.12}$$

输出层与隐含层之间的权重调整公式为

$$\frac{\partial E}{\partial v_{jk}} = \frac{\partial E}{\partial e_k}\cdot\frac{\partial e_k}{\partial v_k^K}\cdot\frac{\partial v_k^K}{\partial u_k^K}\cdot\frac{\partial u_k^K}{\partial v_{jk}} \tag{6.13}$$

按照误差 $E$ 的定义以及各变量之间的关系，有

$$\frac{\partial E}{\partial e_k} = e_k \tag{6.14}$$

$$\frac{\partial e_k}{\partial v_k^K} = -1 \tag{6.15}$$

$$\frac{\partial v_k^K}{\partial u_k^K} = f'\left(u_k^K\right) \tag{6.16}$$

$$\frac{\partial u_k^K}{\partial v_{jk}} = v_j^J \tag{6.17}$$

将式（6.14）～式（6.17）代入式（6.13）得

$$\frac{\partial E}{\partial v_{jk}} = -e_k \cdot f'\left(u_k^K\right)\cdot v_j^J \tag{6.18}$$

假设输出层神经元的激活函数为 sigmoid 型函数，则有

$$f(x) = \frac{1}{1+\mathrm{e}^{-x}} \tag{6.19}$$

此时有

$$f'\left(u_k^K\right)=f\left(u_k^K\right)\cdot\left[1-f\left(u_k^K\right)\right]\\=v_k^K\cdot\left(1-v_k^K\right) \tag{6.20}$$

将式（6.8）和式（6.20）代入式（6.18）可得

$$\frac{\partial E}{\partial v_{jk}}=-e_k\cdot f'\left(u_k^K\right)\cdot v_j^J=-\left(t_k^K-v_k^K\right)\cdot v_k^K\cdot\left(1-v_k^K\right)\cdot v_j^J \tag{6.21}$$

将式（6.21）代入式（6.11）可得

$$\Delta v_{jk}=-\eta\frac{\partial E}{\partial v_{jk}}=\eta\cdot\left(t_k^K-v_k^K\right)\cdot v_k^K\cdot\left(1-v_k^K\right)\cdot v_j^J \tag{6.22}$$

因此，隐含层与输出层之间权重的迭代公式为

$$v_{jk}=v_k^K+\Delta v_k^K \tag{6.23}$$

同理，输入层到隐含层的权重调整公式为

$$\frac{\partial E}{\partial w_{ij}}=\frac{\partial E}{\partial e_k}\cdot\frac{\partial e_k}{\partial v_k^K}\cdot\frac{\partial v_k^K}{\partial u_k^K}\cdot\frac{\partial u_k^K}{\partial v_j^J}\cdot\frac{\partial v_j^J}{\partial u_j^J}\cdot\frac{\partial u_j^J}{\partial w_{ij}} \tag{6.24}$$

进一步地，式（6.24）可以转化为

$$\begin{aligned}\frac{\partial E}{\partial w_{ij}}&=\frac{\partial E}{\partial e_k}\cdot\frac{\partial e_k}{\partial v_k^K}\cdot\frac{\partial v_k^K}{\partial u_k^K}\cdot\frac{\partial u_k^K}{\partial v_j^J}\cdot\frac{\partial v_j^J}{\partial u_j^J}\cdot\frac{\partial u_j^J}{\partial w_{ij}}\\&=-e_k\cdot f'\left(u_k^K\right)\cdot\sum_{k=1}^{K}v_{jk}\cdot f'\left(u_k^K\right)\cdot v_i^I\\&=-\sum_{k=1}^{K}v_{jk}\cdot\left(t_k^K-v_k^K\right)\cdot v_k^K\cdot\left(1-v_k^K\right)\cdot v_j^J\cdot\left(1-v_j^J\right)\cdot v_i^I\end{aligned} \tag{6.25}$$

将式（6.25）代入式（6.12），得

$$\Delta w_{ij}=-\eta\frac{\partial E}{\partial w_{ij}}=\eta\sum_{k=1}^{K}v_{jk}\cdot\left(t_k^K-v_k^K\right)\cdot v_k^K\cdot\left(1-v_k^K\right)\cdot v_j^J\cdot\left(1-v_j^J\right)\cdot v_i^I \tag{6.26}$$

阈值的调整策略与上述过程类似，这里不再进一步推导。使用 BP 神经网络进行预测前，需要先使用一定数量的样本对建立的神经网络模型进行训练，通过训练使网络能够模拟某种客观存在的规律。

### 6.1.4 BP 神经网络的优点和缺点

目前在神经网络的应用中多数采用的是 BP 神经网络及其变化形式，BP 神经网络是前向型神经网络的核心部分，具有如下优点。

（1）BP 神经网络的本质是进行某种从输入到输出的映射，相关的数学理论也已经证明它具有模拟任意复杂的非线性映射的能力。这个特点使得 BP 神经网络

特别适用于求解那些内部规律十分复杂、难以用数学公式进行表达的问题。通过任意配置网络结构中隐含层的神经元，建立的网络可以通过学习给定的学习样本，建立输入样本到输出样本之间的映射关系。而隐含层的神经元的数量也直接影响着 BP 神经网络的记忆容量，因此可以通过增加隐含层神经元的数量来扩充网络的记忆容量。

（2）BP 神经网络通过学习给定的数据样本来模拟某种内在的规律，因此具有自学习的能力，它能够以任意精度模拟某种复杂的非线性映射。

（3）BP 神经网络具有泛化的能力，即通过数据样本进行学习，可以抽象出其中内含的一般性规律。它的泛化能力不但与其自身的记忆容量有关，而且与用来学习的数据样本所含的信息量也息息相关。

虽然 BP 神经网络已经在诸多领域得到了广泛应用，也取得了一定的成效，但在实际应用中有时效果并不理想，其原因在于 BP 神经网络还存在如下缺点。

（1）学习速度比较慢。其原因在于：一是 BP 算法在本质上是梯度下降法，由于通常需要优化的目标函数相当复杂，因此在训练过程中经常会出现“锯齿形现象”，这就会导致算法的低效；二是当目标函数比较复杂时，神经元输出在接近目标值的情况下容易出现平坦区，在这些平坦区域内，权重修正量相对很小，因此会导致训练的过程缓慢。

（2）网络训练可能失败。其原因在于：一是 BP 算法实际上是一种在局部区域内进行搜索的优化方法，然而它的目标却是搜索某种复杂非线性函数的全局极值，因此当算法陷入局部极值时，网络训练就会失败；二是训练出来的神经网络的效果同用来学习的样本数据的代表性密切相关，但是选取合适数量的具有代表性的训练样本仍然是一个比较困难的问题。

（3）难以解决网络规模和需解决的问题的实例规模间的矛盾。这个问题涉及学习的复杂性问题。

（4）网络的选择还没有成熟可靠的理论指导，通常靠经验来选定。网络的结构对网络的逼近能力起着直接的影响，因此针对实际的应用，如何选择合适的网络结构是一个需要十分重视的问题。

（5）当增加新的学习样本时会对已经学习成功的网络产生影响，需要对网络重新进行训练，并且每个新增样本的特征的数目也必须一致。

（6）网络的逼近能力和泛化能力之间的矛盾。通常情况下逼近能力差时泛化能力也比较差，此后随着逼近能力的提高，泛化能力也得以相应地提高。然而这种变化趋势也不是无限制的，当达到某种界限时，进一步提高逼近能力，泛化能力却出现了下降，即出现过拟合的现象，原因在于学习了样本的过多细节，导致内含的客观规律不能被正确地表示。

## 6.2 粒子群优化算法

### 6.2.1 算法概述

粒子群优化(particle swarm optimization,PSO)算法最早是由美国的 Kennedy 和 Eberhart 在 1995 年提出来的，它起源于对鸟类群体觅食行为的研究。研究发现，鸟类群体在觅食时，每只鸟找到食物最简单的方法就是搜索当前距离食物最近的鸟所处位置的周围区域。这种现象表明，在一个生物群体中个体之间以及个体与群体之间都会因相互作用而相互影响，它们之间存在着信息共享。PSO 算法正是利用群体中存在的这种信息共享机制，使得群体中的个体之间可以相互借鉴已有的经验，进而促进整个群体的进化。因此，PSO 算法属于一种群体智能的优化算法。

### 6.2.2 算法原理

粒子群优化算法首先需要对种群中的每个粒子进行初始化，对于每个粒子分别用位置、速度以及适应度这三项指标来表征。其中适应度值由选取的适应度函数来获得，它也是评价一个粒子优劣程度的指标，因此通常选取需要被优化的函数作为适应度函数。单个粒子在解空间中的位置通过跟踪本身的个体极值和整个群体的群体极值来更新，个体极值代表粒子个体在整个运动过程中适应度最佳时所对应的位置，群体极值是指群体中的所有粒子在运动过程中的最佳适应度所对应的位置。粒子通过不断地更新位置来更新适应度，从而引起粒子个体极值和整个群体极值的更新，不断地搜索解空间中的最优解。

以一个粒子群为例，假设它的粒子数为 $n$，粒子的维数为 $M$，则第 $i$ 个粒子的位置和速度分别是一个 $M$ 维矢量 $\boldsymbol{X}_i=(X_{i1},X_{i2},\cdots,X_{iM})$ 和 $\boldsymbol{V}_i=(V_{i1},V_{i2},\cdots,V_{iM})$，其中 $i=1,2,\cdots,n$。定义粒子群中每个粒子的个体最佳极值为 $\boldsymbol{B}_i=(B_{i1},B_{i2},\cdots,B_{iM})$，整个粒子群的最佳极值为 $\boldsymbol{B}=(B_1,B_2,\cdots,B_M)$。

于是 PSO 算法的表达式为

$$\boldsymbol{V}_i(t+1)=\omega\boldsymbol{V}_i(t)+c_1r_1(t)[\boldsymbol{B}_i(t)-\boldsymbol{X}_i(t)]+c_2r_2(t)[\boldsymbol{B}_i(t)-\boldsymbol{X}_i(t)] \tag{6.27}$$

$$\boldsymbol{X}_i(t+1)=\boldsymbol{X}_i(t)+\boldsymbol{V}_i(t+1) \tag{6.28}$$

式中，$t$ 表示当前迭代次数；$c_1$ 和 $c_2$ 为非负常数，通常称为加速度常数，取值一般在 0～2，$c_1$ 用来调节粒子向自身最优位置靠近，$c_2$ 用来调节粒子向全局最优位置靠近；$r_1$ 和 $r_2$ 为两个相互独立的随机数，服从[0，1]上的均匀分布；

$V_i(t) \in [-V_{\max}, V_{\max}]$ 表示粒子当前的速度，其中 $V_{\max}$ 是一个预设的非负常数，因此当式（6.27）中出现 $V_i > V_{\max}$ 或者 $V_i < -V_{\max}$ 情况时，就相应地令 $V_i = V_{\max}$ 和 $V_i = -V_{\max}$；$\omega$ 称为惯性因子，也是非负数，可以调整全局和局部搜索能力，有效改善 PSO 算法的性能。$\omega$ 值较大时，全局寻优能力强，局部寻优能力弱；其值较小时，全局寻优能力弱，局部寻优能力强。通过调整 $\omega$ 来进一步调整粒子的搜索方向，直至寻到最好的解。

可以看出式（6.27）由三部分组成，第一部分表示粒子当前的速度，表明了粒子当前所处的状态；第二部分是认知部分，即该粒子先前的最好位置对它当前所处位置的影响；第三部分为群体的社会部分，该部分体现了群体中粒子之间的信息共享。粒子在这三个部分的共同作用下才能到达最佳的位置。PSO 算法的算法流程如图 6.4 所示。

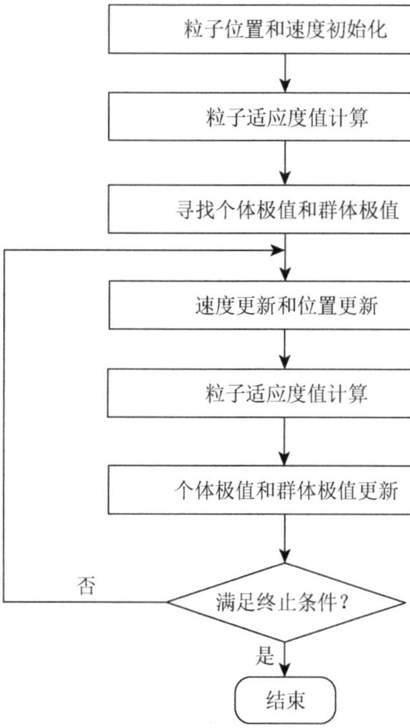


图 6.4　PSO 算法流程

PSO 算法实施的具体步骤可以总结为如下几点。

（1）初始化。主要包括种群的粒子位置初始化和速度初始化，其中还包括一些常数如加速度常数 $c_1$ 和 $c_2$、粒子速度的最大值 $V_{\max}$、总的迭代次数等。

（2）计算种群中各粒子的适应度值。根据选定的适应度函数以及各粒子的初始化值来计算每个粒子对应的适应度值。

（3）寻找个体极值和群体极值。根据步骤（2）中算得的粒子的适应度值，来确定各个粒子本身的个体极值以及整个种群的群体极值。

（4）速度更新和位置更新。根据步骤（3）中得到的粒子的个体极值和种群的群体极值，通过式（6.27）和式（6.28）来对所有粒子的速度和位置进行更新。

（5）进行粒子适应度计算。根据步骤（4）中更新后的各粒子的位置值，对每个粒子进行适应度计算，并更新各粒子本身的个体极值和种群的群体极值。

（6）进行满足条件判断。检查终止条件，如果满足，则停止寻优；否则，转至步骤（4），继续进行寻优。终止条件可以是给定的误差容限或者是最大的迭代次数。

## 6.3 基于遗传粒子群优化算法的 BP 神经网络

相关理论已经证明，神经网络的初始权重和阈值的选择会对网络最终的训练效果产生重要影响。而标准 BP 神经网络的初始权重和阈值往往通过随机选取的方式来产生，这就使得 BP 神经网络很容易陷入局部最小值。PSO 算法是全局寻优算法，因此利用 PSO 算法来对 BP 神经网络的初始权重和阈值进行优化，理论上可以使得 BP 神经网络训练避免陷入局部最小值。这样既发挥了神经网络自学习、可以实现任何复杂的非线性映射的能力的优点，又发挥了 PSO 算法全局寻优的能力。利用 PSO 算法优化 BP 神经网络的基本思想是：使用 PSO 算法对 BP 神经网络的初始权重和阈值进行优化，选取 BP 神经网络输出误差为 PSO 算法的适应度函数，这样做的好处在于随着寻优过程不断地迭代，网络的权重和阈值就得到了不断的优化，直至到达规定的迭代次数或者适应度不再降低为止。在完成了对初始权重和阈值的优化以后，再用 BP 算法对建立的神经网络模型进行进一步优化，直到训练出的网络达到最优的拟合精度为止。

本节提出一种 GPSO 算法优化神经网络来获得神经网络最优的隐含层节点数、隐含层层数、初始权重和阈值，使优化后的神经网络模型能更好地实现数据预测。GPSO 算法利用遗传算法中的选择和交叉操作产生新的种群，拓展粒子群的搜索空间，最终实现粒子群的更新。其位置和速度如下：

$$\boldsymbol{X}_{\text{child}_1}=(1-p)\cdot\boldsymbol{X}_{\text{parent}_1}+p\cdot\boldsymbol{X}_{\text{parent}_2} \tag{6.29}$$

$$\boldsymbol{X}_{\text{child}_2}=p\cdot\boldsymbol{X}_{\text{parent}_1}+(1-p)\cdot\boldsymbol{X}_{\text{parent}_2} \tag{6.30}$$

$$V_{\text{child}_1} = \frac{|V_{\text{parent}_1}|}{|V_{\text{parent}_1} + V_{\text{parent}_2}|}(V_{\text{parent}_1} + V_{\text{parent}_2}) \tag{6.31}$$

$$V_{\text{child}_2} = \frac{|V_{\text{parent}_2}|}{|V_{\text{parent}_1} + V_{\text{parent}_2}|}(V_{\text{parent}_1} + V_{\text{parent}_2}) \tag{6.32}$$

式中，$X_{\text{child}_t}$ 和 $X_{\text{parent}_t}$（$t = 1, 2$）分别表示子代和父代粒子的位置；$V_{\text{child}_t}$ 和 $V_{\text{parent}_t}$ 分别表示子代和父代粒子的速度；交叉概率 $p$ 为区间[0, 1]内的随机数。

结合 PSO 算法的特点，用 GPSO 算法优化 BP 神经网络的主要步骤包括以下几点。

（1）确定 BP 神经网络的拓扑结构。根据所要优化问题的输入向量、输出向量确定 BP 神经网络的输入层和输出层的神经元的数目，根据问题的复杂程度和训练样本的数目进一步确定隐含层的数目以及各个隐含层所对应的神经元的数目。

（2）初始化粒子种群。根据确定的神经网络的拓扑结构，将神经元之间所有连接权重和阈值的数量作为粒子搜索空间的维数，并将各个粒子进行初始化。其次，确定种群中粒子的数量、各粒子的初始位置、初始速度、加速度常数、最大速度、最大进化迭代次数以及动量系数等常量。

（3）计算粒子适应度值。将每个初始化的粒子作为 BP 神经网络的权重和阈值，对所有训练样本进行训练，将这些 BP 神经网络的实际输出与训练样本的期望输出之间的偏差的平方和作为该粒子的适应度值。

（4）个体极值与群体极值更新。根据步骤（3）中求得的种群中各个粒子的适应度值，进行粒子个体的极值更新和整个群体的极值更新。

（5）速度更新和位置更新。根据式（6.27）和式（6.28）对各个粒子进行速度更新和位置更新。

（6）计算误差并判断是否满足结束条件。根据给定的允许误差条件或者最大的进化迭代次数来决定是否终止计算。如果训练误差满足给定的允许误差条件，则粒子群中的群体极值即为 BP 神经网络最优的权重与阈值；如果达到了最大的进化迭代次数，此时群体极值即为给定迭代次数下的 BP 神经网络最优的权重与阈值；否则，返回到步骤（3），继续进行进化计算。

利用 GPSO 算法优化 BP 神经网络的流程如图 6.5 所示，它包括 GPSO 算法和 BP 神经网络两部分。GPSO 算法部分负责给已确定网络拓扑结构的 BP 神经网络提供最优的初始权重和阈值，以及隐含层层数和节点数，以防止网络在训练过程中陷入局部极小值。BP 神经网络以试验获得数据样本进行训练直至满足结束条件为止。

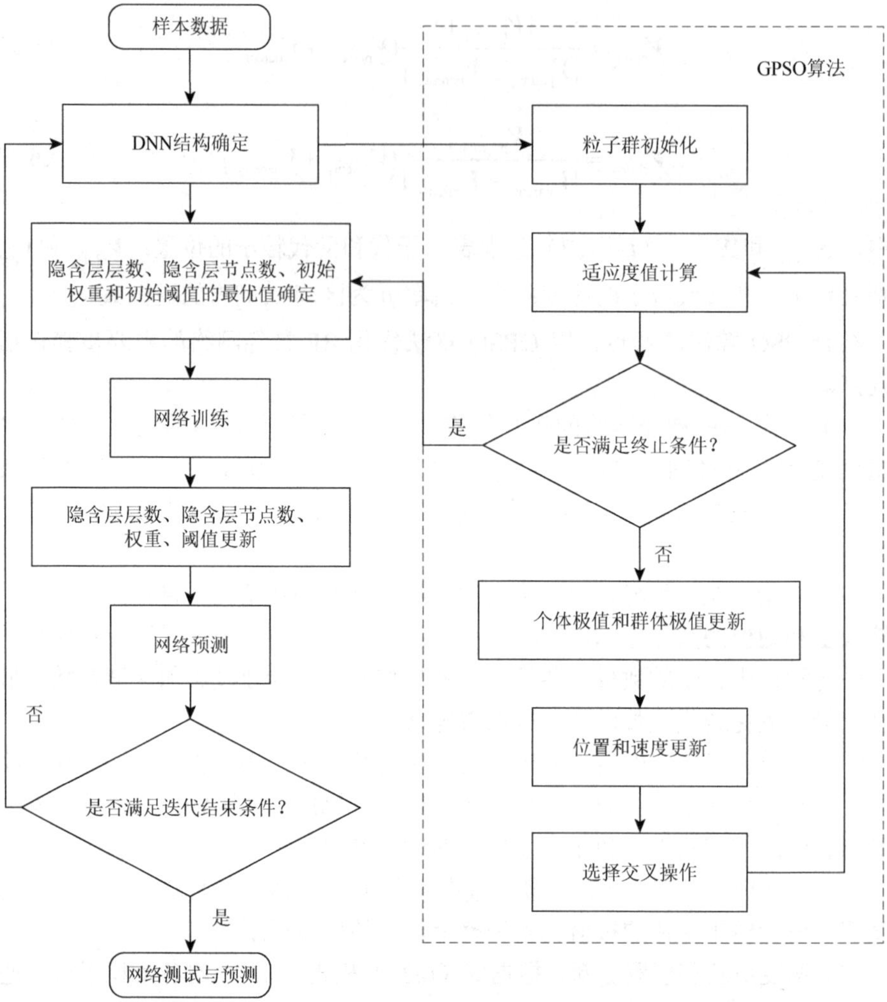


图 6.5 利用 GPSO 算法优化 BP 神经网络的算法流程

## 6.4 基于粒子群优化神经网络的机器人精度补偿方法

### 6.4.1 考虑姿态影响的神经网络定位误差建模与预测

本节利用多层 BP 神经网络建立并预测机器人的误差模型，其图如图 6.6 所示。其中，$\boldsymbol{x}=[x \quad y \quad z \quad a \quad b \quad c]^{\mathrm{T}}$ 为神经网络的输入，即机器人理论点的位姿，$\boldsymbol{y}=[\Delta x \quad \Delta y \quad \Delta z]^{\mathrm{T}}$ 为神经网络的输出，即机器人理论点的位置误差预测值。

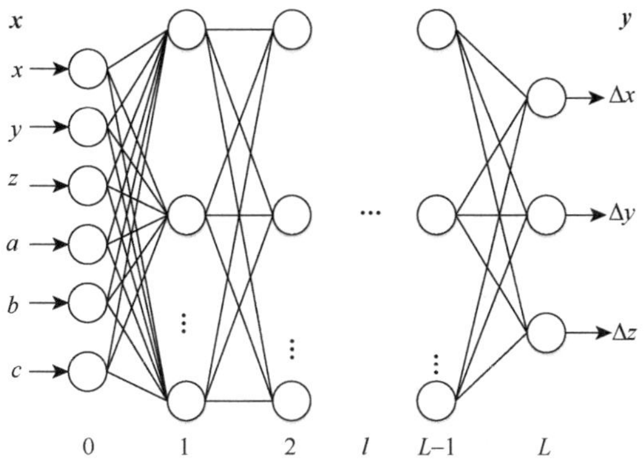


图 6.6　多层 BP 神经网络结构示意图

假设神经网络层数为 $L$，第 $l\ (l=1,2,\cdots,L)$ 层的节点数和激活函数分别为 $o^{[l]}$ 和 $f^{[l]}(\cdot)$，第 $l-1$ 层到第 $l$ 层神经元的权重矩阵为 $\boldsymbol{W}^{[l]} \in \mathscr{R}^{o^{[l]}\times o^{[l-1]}}$，第 $l$ 层阈值向量为 $\boldsymbol{b}^{[l]} \in \mathscr{R}^{o^{[l]}}$，则第 $l$ 层网络的输出为 $\boldsymbol{a}^{[l]} \in \mathscr{R}^{o^{[l+1]}}$：

$$\boldsymbol{a}^{[l]} = f^{[l]}(\boldsymbol{W}^{[l]}\boldsymbol{a}^{[l-1]} + \boldsymbol{b}^{[l]}) \tag{6.33}$$

值得注意的是，输入层的输出直接接收输入层的输入 $\boldsymbol{x}$，即

$$\boldsymbol{a}^{[0]} = \boldsymbol{x} \tag{6.34}$$

数据 $\boldsymbol{x}$ 输入多层 BP 神经网络，然后按照式（6.33）经过逐层传递和计算，即可获得网络的输出 $\boldsymbol{a}^{[L]}$。

选取神经网络的实际输出与期望输出间的均方误差作为 GPSO 算法的适应度函数：

$$f = \frac{1}{N}\sum_{i=1}^{N}\sum_{j=1}^{m}(y_{ij} - y'_{ij})^2 \tag{6.35}$$

式中，$N$ 表示样本的总数；$m$ 表示网络输出维度；$y$ 表示样本的网络期望输出值；$y'$ 表示样本的网络实际输出值。可以看出，适应度值越小，神经网络模型的实际输出与期望输出的误差越小，这意味着神经网络模型的预测精度越高。

采用 6.3 节的 GPSO 算法对神经网络进行训练，训练得到的神经网络模型即为机器人定位误差预测模型，基于此预测模型就能实现对目标点定位误差的预测。神经网络训练就是通过多次的正、反向传播计算不断调整每层参数 $\boldsymbol{W}^{[l]}$ 和 $\boldsymbol{b}^{[l]}$ 使损失函数最小，每次参数更新后，重新计算损失函数值，判断是否继续更新参数。

针对 BP 神经网络，一般选择 ReLU 函数作为神经元的激活函数，其原因是：①相较于 sigmoid 和 tanh 函数，ReLU 计算简单且能在训练过程中快速收敛，有利于提升训练效率；②ReLU 函数不存在饱和性问题导致的梯度消失现象，有助于提高训练精度；③ReLU 函数造成的神经元随机失活现象，提高了网络的稀疏

性，降低了网络过拟合的程度。但在使用 ReLU 函数过程中要注意避免出现较多神经元失活的现象，通常只需要避免设置较大的学习率和不恰当的参数初始化方法就能解决此问题。

### 6.4.2 考虑温度影响的神经网络定位误差建模与预测

采用基于误差相似度的权重度量的机器人精度补偿方法，在机器人负载确定的情况下，需要测量在其工作空间内划分的立方体网格的各个顶点的实际定位坐标，然后才能通过加权平均的方法来对工作空间内的每个点进行精度补偿，此时并没有考虑环境温度发生变化带来的影响。因此当机器人采集数据时的温度与在实际应用中加工时的温度相差较大时，由于机器人在两个不同温度条件下的绝对定位精度会发生变化，此时如果仍然采用采集的数据来进行补偿和定位，机器人的绝对定位精度将得不到保证。当引入了温度影响因素后，尽管划分的立方体网格的顶点数量是有限的，然而由于温度是个连续变化的变量，所以理论上不能通过试验的方式来获得在任意温度条件下所划分的各个网格顶点的实际定位坐标。而神经网络通过训练可以模拟某种客观存在的内在规律，因此可以考虑在负载恒定、温度发生变化的情形下利用神经网络来模拟机器人定位误差的内在规律。

输入到神经网络的元素包括三个坐标数据和温度，因此可以确定输入向量为一个四维向量；网络输出的则是对应网格顶点的实际定位坐标，因此可以确定输出向量为一个三维向量。图 6.7 为神经网络的输入输出示意图，其中 $x$、$y$、$z$ 分别为立方体网格顶点的理论定位坐标，$t$ 为检测到的环境温度，$x'$、$y'$、$z'$ 分别为神经网络预测出的在当前温度 $t$ 下相应网格顶点的实际定位坐标。当工作温度与采集数据时的温度一致时，神经网络的预测作用就相当于一个查表过程。

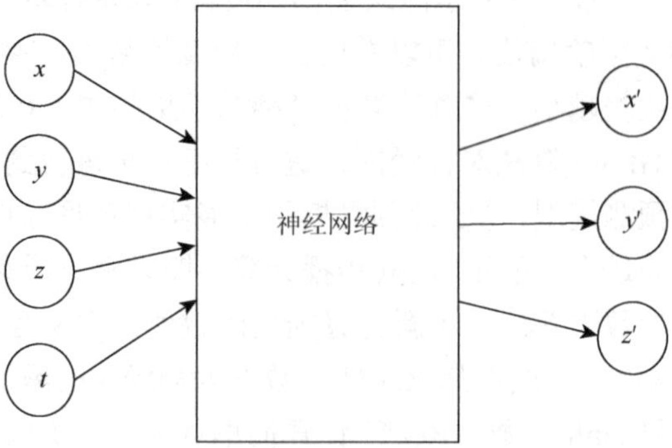


图 6.7 神经网络输入输出示意图

当基于 PSO 算法的 BP 神经网络经过训练满足给定的精度要求后，就获得了在负载恒定、温度发生变化条件下的机器人的定位误差规律。此时就可以结合基于误差相似度的权重度量的机器人精度补偿方法对位于机器人工作空间内的任一点的绝对定位精度进行补偿。图 6.8 给出了综合精度补偿方法的流程。

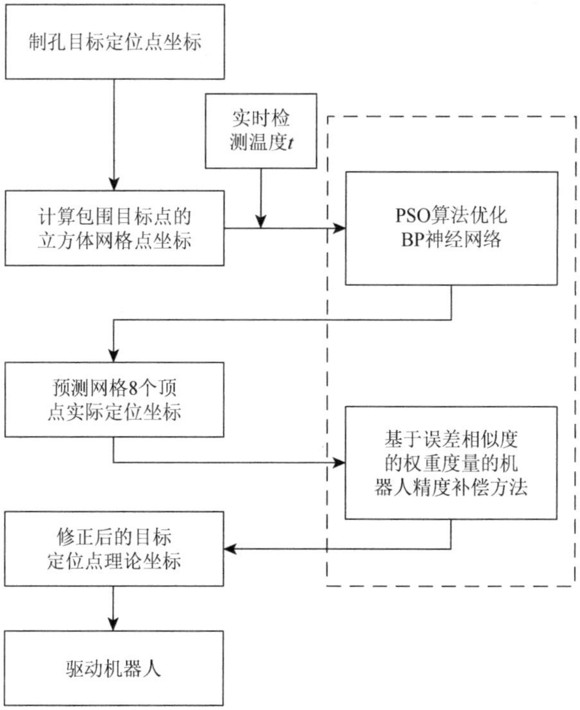


图 6.8　综合精度补偿方法流程图

**【例 6-1】**　依据第 4 章介绍的机器人定位误差模型，以 KUKA KR500-3 工业机器人为研究对象，假设机器人的运动变量参数误差服从正态分布，连杆结构参数误差服从均匀分布，进行机器人神经网络误差模型预测数值仿真。

**解**

### 1. 仿真样本数据获取与处理

设定 KUKA KR500-3 工业机器人 D-H 参数的随机误差分布如下：

（1）连杆长度 $\boldsymbol{a}$ 的误差服从区间[−0.50, 0.87]上的均匀分布；

（2）连杆偏置 $\boldsymbol{d}$ 的误差服从区间[0, 0.15]上的均匀分布；

（3）关节扭角 $\boldsymbol{\alpha}$ 的误差服从均值为 0、标准差为 0.0029 的正态分布；

（4）关节转角 $\boldsymbol{\theta}$ 的误差服从均值为 0、标准差为 0.0035 的正态分布。

以上述参数误差分布为依据，利用蒙特卡罗法生成 KUKA KR500-3 工业机器人的 D-H 参数随机误差值，从而可以得到机器人末端定位误差的模拟数据，其中随机生成的机器人的 24 个 D-H 参数误差值如表 6.1 所示。

**表 6.1　蒙特卡罗法生成的 D-H 参数随机误差值**

| 连杆序号 | $\Delta a_i$ /mm | $\Delta d_i$ /mm | $\Delta\alpha_i$ /rad | $\Delta\theta_i$ /rad |
|---|---|---|---|---|
| 1 | 0.5142 | 1.4087 | −0.0015 | $-9.2321\times10^{-4}$ |
| 2 | 0.0555 | $3.0697\times10^{-5}$ | $3.2730\times10^{-4}$ | $4.4851\times10^{-4}$ |
| 3 | −0.0034 | $1.8861\times10^{-5}$ | 0.0011 | $3.4009\times10^{-4}$ |
| 4 | −0.0034 | 0.0997 | −0.0033 | 0.0016 |
| 5 | −0.4767 | $5.0185\times10^{-5}$ | 0.0043 | 0.0039 |
| 6 | 0.8690 | 1.2701 | −0.0034 | −0.0064 |

### 2. 仿真样本获取

在第 2 章建立的机器人的理论运动学模型的基础上，引入表 6.1 中的随机参数误差，即可得到模拟的机器人运动学误差模型，机器人的实际 D-H 参数分别为

$$a_i' = a_i + \Delta a_i \tag{6.36}$$

$$d_i' = d_i + \Delta d_i \tag{6.37}$$

$$\alpha_i' = \alpha_i + \Delta\alpha_i \tag{6.38}$$

$$\theta_i' = \theta_i + \Delta\theta_i \tag{6.39}$$

得到 KUKA KR500-3 工业机器人的实际 D-H 参数值后，即可得到机器人实际正向运动学模型。

### 3. 样本数据归一化

为了缩小数据间相对关系和消除指标间的量纲差别，需要对数据进行归一化处理。对于面向机器人定位误差预测的神经网络算法，样本存在数据间差值较大且量纲不同等问题，为保证样本的每个数据都能发挥作用以及消除数据间差异，采用最为常用的最值归一化方法对采样点样本数据进行归一化预处理，即将原始数据进行线性变换，将其映射到区间[0, 1]内，变换函数为

$$x^* = \frac{x - x_{\min}}{x_{\max} - x_{\min}} \tag{6.40}$$

式中，$x^*$ 为归一化后数据；$x$ 为原始数据；$x_{\min}$ 为原始数据最小值；$x_{\max}$ 为原始数据最大值。

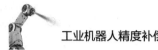

#### 4. 模型训练与预测

1）训练样本数确定

训练样本数是影响神经网络的重要因素，因此对于神经网络而言，研究其训练样本数对模型预测精度的影响规律并确定其最优取值范围，对于保证机器人定位误差补偿精度和效率是十分必要的。

为获取机器人绝对定位精度与训练样本量之间的关系，通过以下仿真进行研究。首先，在 KUKA KR500-3 工业机器人工作空间中随机生成 2500 组理论位姿和实际定位误差作为仿真样本，设定神经网络的隐含层节点数为[10, 5]；其次，依次利用 100，200，…，2400，2500 组随机样本来训练神经网络模型；然后，将另外随机生成的 100 组采样点数据作为测试样本来测试优化好的神经网络模型的预测精度，将测试样本中的采样点理论位姿输入至优化好的模型中，输出模型预测的定位误差；最后，通过计算得到模型预测的定位误差与采样点的实际定位误差间的偏差，仿真结果如图 6.9 和图 6.10 所示。

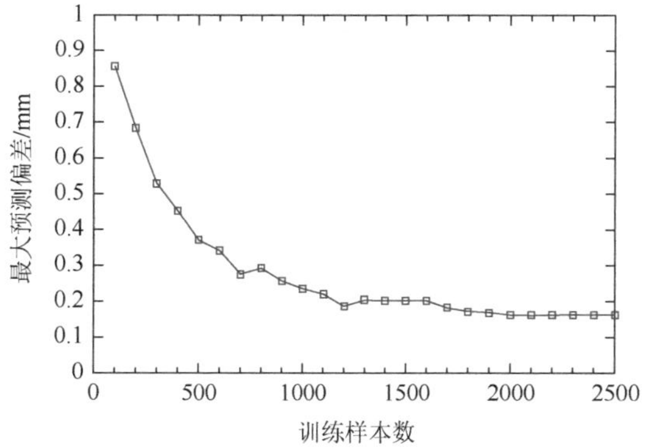


图 6.9　模型最大预测偏差与训练样本数的关系曲线

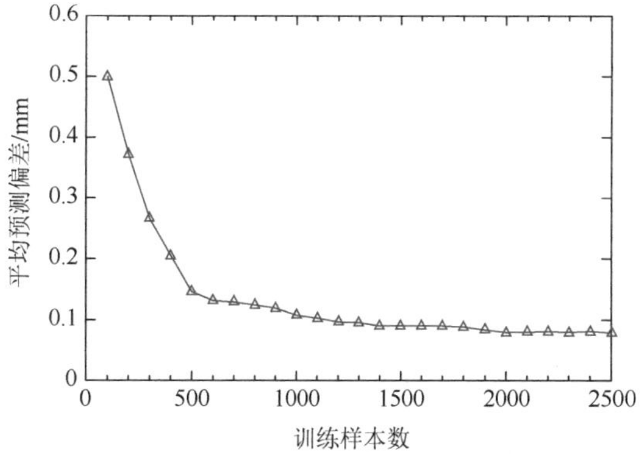


图 6.10　模型平均预测偏差与训练样本数的关系曲线

通过对上述仿真获得的模型预测偏差数据进行分析可得：①当训练样本数小于 1000 时，模型的最大预测偏差随训练样本数增加呈现下降趋势；而当训练样本数大于 1000 时，最大预测偏差随训练样本数的增加保持趋于平缓的状态，最大预测偏差基本稳定在 0.17 mm 左右；②与最大预测偏差相似，平均预测偏差随训练样本数的增加呈现先下降后保持基本稳定的趋势，当训练样本数超过 1400 时，平均预测偏差基本保持在 0.08 mm 左右。

采样点定位误差的测量过程是机器人精度补偿过程耗时最长的一个步骤，因此为提高精度补偿的效率，应在保证误差补偿精度的基础上尽量减少训练样本的数量。在前面训练样本数对机器人预测偏差影响规律的研究基础上，设定面向机器人定位误差的神经网络预测模型的训练样本数为 1900。

2）结果与分析

按照 19∶1 的比例划分样本，设定模型的训练集样本数为 1900 组，测试集样本数为 100 组，训练神经网络模型的部分参数值如表 6.2 所示。

**表 6.2 仿真的部分参数**

| 超参数 | 设置值 |
|---|---|
| 激活函数 | ReLU 函数 |
| 目标优化算法 | Adam 算法 |
| 网络损失函数 | MSE |
| 初始学习率 | 0.01 |
| 网络训练次数 | 500 |
| 网络目标阈值 | $10^{-3}$ |
| 种群规模 | 20 |
| 种群进化次数 | 50 |
| 学习因子 $C_1$ | 1.4962 |
| 学习因子 $C_2$ | 1.4962 |
| 惯性权重范围 | [0.4, 0.9] |
| 遗传交叉因子 | 0.2 |
| 粒子位置范围 | [−2, 2] |
| 粒子速度范围 | [−1, 1] |

仿真的模型训练及预测过程的大致步骤如下：

（1）随机生成 2000 组采样点数据作为本节中仿真模型的样本集，并按照 19∶1

的比例划分为训练集和测试集，并设定验证集与测试集相同；

（2）利用表 6.2 中的参数设置来初始化 BP 神经网络模型；

（3）利用训练集样本训练 BP 神经网络模型并将测试集输入至训练好的模型中获得测试结果；

（4）保存测试集的预测精度最高的网络结构与测试结果。

图 6.11 是神经网络模型训练过程性能变化图，该模型性能的测量是基于均方误差来评估的。由图 6.11 可以看出，训练集、测试集以及验证集对应的模型损失函数均方误差随着训练次数的增加先下降后趋于平稳，图中圆圈指示的是验证集性能最好位置处，即训练次数为 25 次时验证集的训练精度最高。模型在训练次数为 31 时迭代训练停止，均方误差大致收敛于 $10^{-2}$ 处，未达到目标阈值 $10^{-3}$，这说明模型在训练达到一定程度后就不再继续收敛，迭代训练停止。模型训练过程中梯度与训练次数的关系曲线如图 6.12 所示，可见梯度随训练次数增加呈现先下降再上升最后下降至平缓的趋势，在训练停止时，即训练次数为 31 时，模型的梯度为 0.006665。

模型的回归性能图如图 6.13 所示，通过绘制回归线来衡量神经网络模型对应数据集的拟合程度。由图 6.13 可以看出，训练集对应的模型回归相关系数 $R = 0.95881$，验证集对应的模型回归相关系数 $R = 0.95302$，测试集对应的模型回归相关系数 $R = 0.94521$，综合所有样本的模型回归相关系数 $R = 0.95591$，以上四个回归系数值都接近于 1，这表明模型对样本集中数据拟合程度很高，模型的回归性能很好。

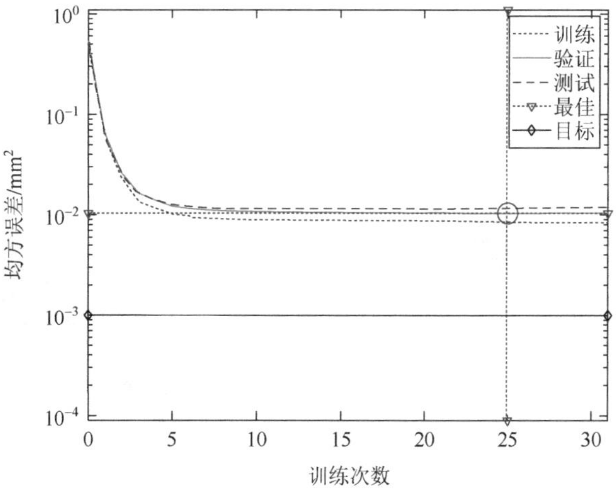


图 6.11　模型训练性能图

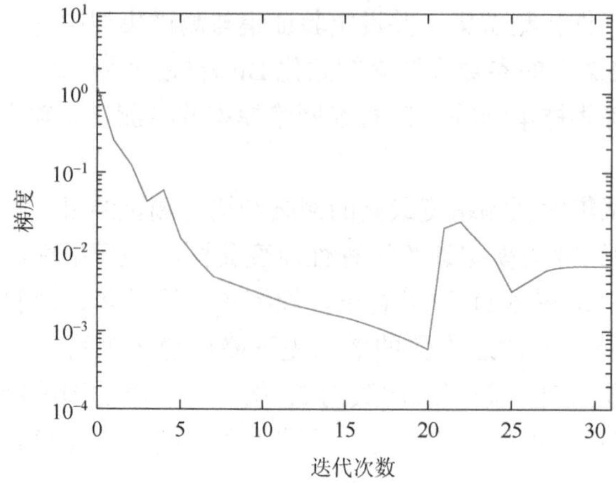


图 6.12　模型训练状态图

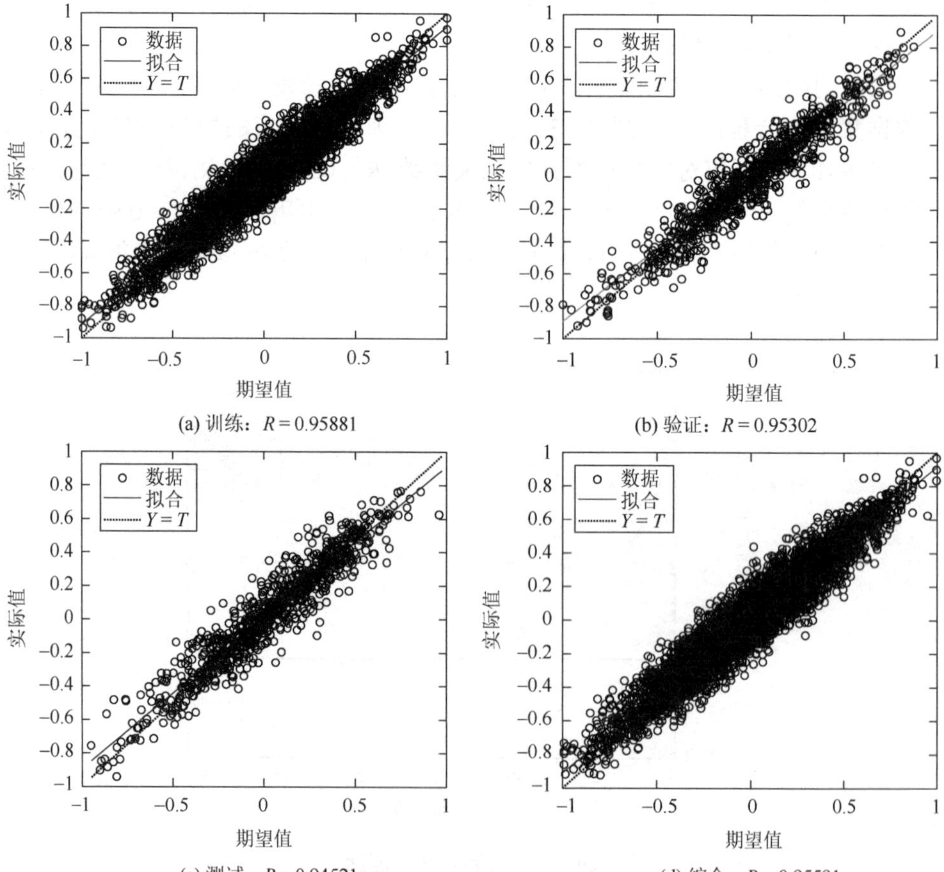


(a) 训练：$R = 0.95881$

(b) 验证：$R = 0.95302$

(c) 测试：$R = 0.94521$

(d) 综合：$R = 0.95591$

图 6.13　模型回归性能图

仿真中预测精度最高的测试结果如图 6.14 所示，这是使用已训练好的模型对测试集中的 100 组验证点进行定位误差预测，获得 100 组定位误差预测量，将其与对应的实际定位误差进行对比计算，最终得到模型预测偏差。可以看出，模型的预测偏差均在 0.25 mm 以内，表明定位误差预测模型的预测精度很高，为后续的精度补偿试验提供了理论支撑和仿真验证。

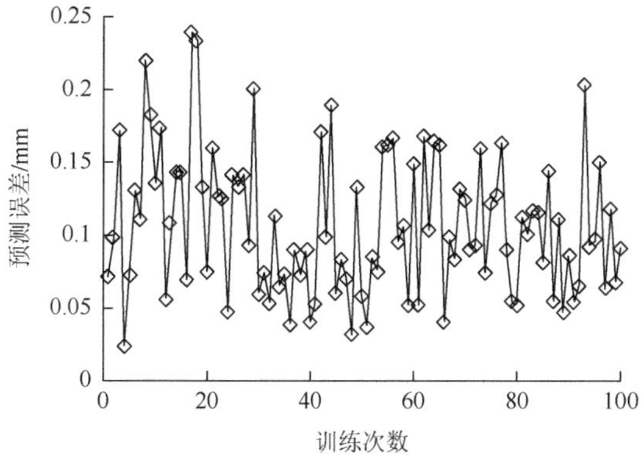


图 6.14　模型的预测偏差

仿真的最终训练及测试结果如表 6.3 所示。可以看出训练集的均方误差为 0.00859，此数值非常小，表明优化后的模型对训练集的拟合效果很好；训练次数为 31 次，训练时间为 3 s，说明模型训练效率非常高；测试集精度为 83.33%，表明模型在机器人定位误差预测方面具有较高的预测效果和精度。最终训练好的网络结构示意图如图 6.15 所示。可以看出，模型的隐含层数为 3，节点数分别为 15、10、5。

**表 6.3　仿真的最终训练及测试结果**

| 网络参数/指标 | 值 |
|---|---|
| 隐含层节点数 | [15, 10, 5] |
| 均方误差 | 0.00859 |
| 训练次数 | 31 |
| 训练时间 | 3 s |
| 测试集精度 | 83.33% |

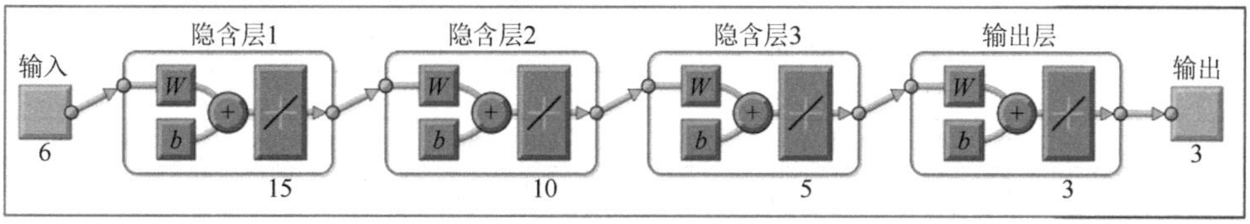


图 6.15　模型的网络结构示意图

【例 6-2】 以位于机器人包络范围内的一个立方体网格为例，如图 6.16 所示。选取立方体中一点（1200.26 mm，1350.58 mm，1350.67 mm）作为目标定位点，采用考虑温度影响的神经网络定位误差建模与预测精度补偿方法对它进行精度补偿。

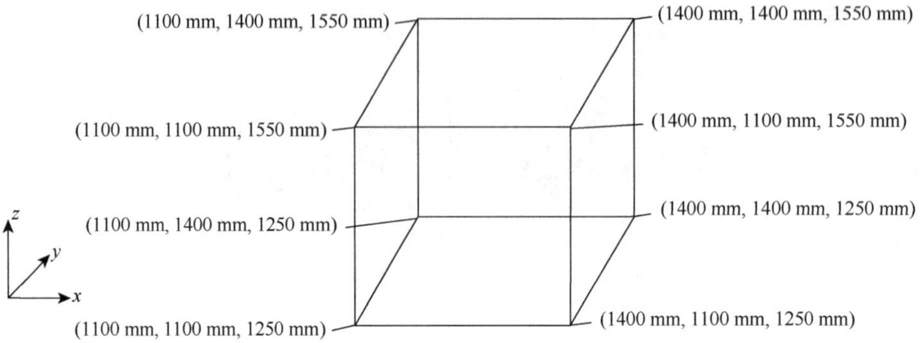


图 6.16 示例立方体示意图

**解**

（1）采集数据。按照给定立方体网格的理论位置坐标结合一定的目标姿态编制离线程序，在多个温度条件下控制机器人进行定位并借助激光跟踪仪采集各个顶点的实际定位坐标。以选定的温度条件分别为 19℃、23℃、26℃、29℃为例，共可以采集 32 组数据，如表 6.4 所示。

（2）构建神经网络。神经网络的输入向量为三个方向的理论坐标值以及采集的温度值，因此可以确定输入向量的维数为 4；输出向量为在给定温度条件下的实际定位坐标，因此输出向量的维数为 3。

（3）训练神经网络。将网格各顶点的理论坐标结合所选温度值以及用激光跟踪仪测量得到的实际定位坐标，分别作为神经网络的输入和输出样本对神经网络进行训练。

（4）精度补偿。用提出的机器人精度补偿方法对目标点进行精度补偿。

**表 6.4 多温度条件下网格顶点实际定位坐标**

| 温度/℃ | 理论定位坐标/mm | | | 实际定位坐标/mm | | |
|---|---|---|---|---|---|---|
| | *x* | *y* | *z* | *x* | *y* | *z* |
| 19 | 1100 | 1100 | 1250 | 1102.5984 | 1100.9196 | 1251.2725 |
| 19 | 1400 | 1100 | 1250 | 1402.7092 | 1100.9049 | 1251.1403 |
| 19 | 1100 | 1400 | 1250 | 1102.6134 | 1400.9280 | 1251.3553 |

续表

| 温度/℃ | 理论定位坐标/mm | | | 实际定位坐标/mm | | |
|---|---|---|---|---|---|---|
| | $x$ | $y$ | $z$ | $x$ | $y$ | $z$ |
| 19 | 1400 | 1400 | 1250 | 1402.6841 | 1400.9249 | 1251.2790 |
| 19 | 1100 | 1100 | 1550 | 1102.2345 | 1100.8814 | 1551.2064 |
| 19 | 1400 | 1100 | 1550 | 1402.4782 | 1100.7991 | 1551.0744 |
| 19 | 1100 | 1400 | 1550 | 1102.2724 | 1400.8508 | 1551.2032 |
| 19 | 1400 | 1400 | 1550 | 1402.4665 | 1400.8989 | 1551.1997 |
| 23 | 1100 | 1100 | 1250 | 1102.7922 | 1100.9212 | 1251.3256 |
| 23 | 1400 | 1100 | 1250 | 1402.9174 | 1100.9241 | 1251.1903 |
| 23 | 1100 | 1400 | 1250 | 1102.7976 | 1400.9874 | 1251.4317 |
| 23 | 1400 | 1400 | 1250 | 1402.8962 | 1400.9830 | 1251.3258 |
| 23 | 1100 | 1100 | 1550 | 1102.4729 | 1100.9043 | 1551.2983 |
| 23 | 1400 | 1100 | 1550 | 1402.7276 | 1100.8207 | 1551.1445 |
| 23 | 1100 | 1400 | 1550 | 1102.4918 | 1400.9098 | 1551.2932 |
| 23 | 1400 | 1400 | 1550 | 1402.7046 | 1400.9562 | 1551.2584 |
| 26 | 1100 | 1100 | 1250 | 1102.8634 | 1100.8787 | 1251.3162 |
| 26 | 1400 | 1100 | 1250 | 1403.0161 | 1100.8909 | 1251.1695 |
| 26 | 1100 | 1400 | 1250 | 1102.8825 | 1400.9630 | 1251.4237 |
| 26 | 1400 | 1400 | 1250 | 1403.0017 | 1400.9729 | 1251.3086 |
| 26 | 1100 | 1100 | 1550 | 1102.5453 | 1100.8383 | 1551.3144 |
| 26 | 1400 | 1100 | 1550 | 1402.8243 | 1100.7632 | 1551.1590 |
| 26 | 1100 | 1400 | 1550 | 1102.5753 | 1400.8793 | 1551.3118 |
| 26 | 1400 | 1400 | 1550 | 1402.8157 | 1400.9321 | 1551.2784 |
| 29 | 1100 | 1100 | 1250 | 1102.9221 | 1100.7884 | 1251.2600 |
| 29 | 1400 | 1100 | 1250 | 1403.0797 | 1100.8022 | 1251.1011 |
| 29 | 1100 | 1400 | 1250 | 1102.9338 | 1400.8791 | 1251.3642 |
| 29 | 1400 | 1400 | 1250 | 1403.0616 | 1400.8922 | 1251.2535 |
| 29 | 1100 | 1100 | 1550 | 1102.6123 | 1100.7834 | 1551.2598 |
| 29 | 1400 | 1100 | 1550 | 1402.8906 | 1100.7031 | 1551.0818 |
| 29 | 1100 | 1400 | 1550 | 1102.6438 | 1400.8342 | 1551.2473 |
| 29 | 1400 | 1400 | 1550 | 1402.8817 | 1400.8953 | 1551.2108 |

网络训练完成后，以环境温度 20℃为例，对目标定位点进行精度补偿，获取在该温度条件下机器人到达立方体网格各顶点的实际定位坐标如表 6.5 所示。通过机器人精度补偿方法进行补偿后，目标定位点的理论定位坐标修正为（1197.66 mm，1349.67 mm，1349.40 mm），以此来驱动机器人进行定位即可提高该点的绝对定位精度。

**表 6.5　神经网络预测 20℃时立方体网格顶点实际定位坐标**　（单位：mm）

| 理论定位坐标 | | | 实际定位坐标 | | |
|---|---|---|---|---|---|
| $x$ | $y$ | $z$ | $x$ | $y$ | $z$ |
| 1100 | 1100 | 1250 | 1102.6500 | 1100.9024 | 1251.2624 |
| 1400 | 1100 | 1250 | 1402.7971 | 1100.9218 | 1251.1934 |
| 1100 | 1400 | 1250 | 1102.6412 | 1400.9505 | 1251.3883 |
| 1400 | 1400 | 1250 | 1402.8078 | 1400.9368 | 1251.2497 |
| 1100 | 1100 | 1550 | 1102.2674 | 1100.8731 | 1551.2014 |
| 1400 | 1100 | 1550 | 1402.6912 | 1100.8116 | 1551.2357 |
| 1100 | 1400 | 1550 | 1102.2688 | 1400.8729 | 1551.2017 |
| 1400 | 1400 | 1550 | 1402.6399 | 1400.9172 | 1551.2696 |

### 6.4.3　神经网络模型交叉验证方法

由于神经网络拓扑结构中隐含层的数量、每个隐含层中神经元的数量都会对网络性能产生比较显著的影响，并且目前对于这些参数的确定尚无成熟的理论指导，因此用试错法等方法建立好具体的网络模型后就需要对它的稳定性和适用性进行测试和验证。

交叉验证是常用的对现有模型或算法进行评估的方法，它既可以评价现有模型或算法的稳定性和适用性，也可以对多个模型或算法的效果进行比较，以确定模型或算法的最优参数。交叉验证的基本思想是从给定的建模样本中，依次选取其中一部分样本作为训练样本来建立模型，将剩余的样本作为验证样本来对建立的模型进行验证，通过预测的精度来对模型进行评价。

常用的交叉验证方法主要有 $K$ 折交叉验证法和留一法。其中 $K$ 折交叉验证法是使用最为普遍的方法，它的基本思想是将给定的数据样本平均分为 $K$ 份，依次选取其中的一份作为验证样本，剩余的 $K-1$ 份样本作为训练样本，用这些训练样本对模型进行训练确定最终的模型，并用验证样本对训练得到的模型进行验证，重复上述过程 $K$ 次，将 $K$ 次过程中的预测误差的平均值作为评价模型的依据。留一法则是 $K$ 折交叉验证法的特例，此时 $K=N$，$N$ 为数据样本的数目。因此该方法依次选取数据样本中的一个样本作为验证样本，其余的样本用作训练样本，通过训练得到模型并用验证样本进行验证，重复上述过程 $K$ 次。相比 $K$ 折交叉验证法，留一法得到的预测误差更加无偏，但是它涉及的计算量也大。

常用的交叉验证的评价指标主要有平均误差（average error，AE）和均方根误差（root mean square error，RMSE），表达式分别为

$$\mathrm{AE}=\frac{1}{n}\sum_{i=1}^{n}\left|Y_i^*-Y_i\right| \tag{6.41}$$

$$\mathrm{RMSE}=\sqrt{\frac{1}{n}\sum_{i=1}^{n}(Y_i^*-Y_i)^2} \tag{6.42}$$

式中，$n$ 为所有验证样本的数目；$Y_i^*$ 为第 $i$ 个验证样本通过神经网络模型的预测值；$Y_i$ 为第 $i$ 个验证样本的真实值。

上述两种评价指标采用的都是均值，结合实际情况，由于神经网络预测值的用途是对机器人的目标定位点进行精度补偿，因此如果某个或某几个验证样本的预测误差超出了设定的误差阈值，尽管全体验证样本的平均预测误差值可能较小，但训练得到的神经网络模型也是不可靠的，在以上两个评价指标的基础上，增加一个误差阈值指标。根据 KUKA 工业机器人的使用说明书，规定机器人的重复定位精度为 0.15 mm，因此可将神经网络预测误差的阈值规定为 0.15 mm，即认为当网络的预测误差大于 0.15 mm 时，用它来进行机器人精度补偿损害工件的可能性极大。同时在误差阈值指标的基础上，为了进一步对神经网络模型的性能进行比较，增加了一个预测最大误差值指标，即神经网络模型在交叉验证过程中出现的最大预测误差值。

## 6.5 应用实例

### 6.5.1 考虑姿态影响的神经网络精度补偿试验

搭建如图 6.17 所示的试验平台进行机器人 BP 神经网络模型定位精度补偿试验研究。选取 KUKA KR500-3 工业机器人作为试验对象，其部分性能参数如表 6.6 所示。采用 API 公司的 API Radian 型激光跟踪仪作为测量设备（图 6.18），能够跟踪空间中运动的点，主要参数规格见表 6.7，同时配有三维空间测量分析软件 SA，可以实现对测量数据的几何特征和图形的拟合等操作。

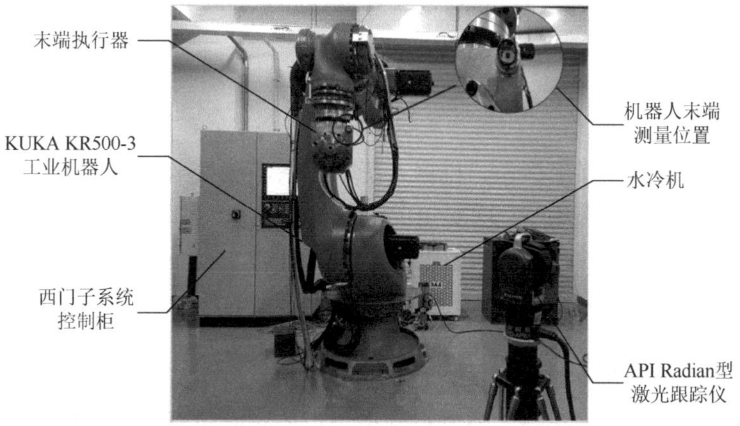


图 6.17　精度补偿试验平台

**表 6.6　KUKA KR500-3 工业机器人的基本性能参数**

| 性能 | 值 |
| --- | --- |
| 关节轴数 | 6 |
| 额定载荷 | 500 kg |
| 最大臂展 | 2825 mm |
| 最大惯性矩 | 250 kg·m$^2$ |
| 重复定位精度 | ±0.08 mm |

控制箱　激光跟踪测量头　靶球　靶座

图 6.18　激光跟踪仪部件

**表 6.7　API Radian 型激光跟踪仪主要参数**

| 参数 | 值 |
| --- | --- |
| 线性测量范围 | 100 m |
| 水平角范围 | ±320° |
| 俯仰角范围 | −59°～79° |
| 绝对测距精度 | ±10 μm 或 1 ppm |
| 系统角精度 | 3.5 μm/m |
| 静态测量精度 | ±10 μm 或 5 ppm |

### 1. 空载试验

（1）依次建立世界坐标系、机器人基坐标系、法兰坐标系和工具坐标系。

（2）在机器人工作空间中规划一个尺寸为 600 mm×1200 mm×800 mm 且目标点姿态角范围分别为 $a\in[-10°,10°]$、$b\in[-10°,0°]$、$c\in[-10°,10°]$ 的长方体区域作为试验空间，在该试验空间随机生成 2000 组采样点和 100 组验证点的理论位姿。

（3）将上述采样点和验证点输入机器人控制系统中并控制机器人依次运动至指令点，同时使用激光跟踪仪测量得到指令点的实际位置坐标，与相应理论位置坐标进行对比得到实际位置误差。

（4）将 2000 组采样点的理论位姿和实际位置误差作为样本，按照 19∶1 的比例划分训练集和测试集来训练 BP 神经网络模型，保存测试集的预测精度最高的模型结构，然后将验证点的理论位姿输入至已训练好的模型中，得到预测的定位误差。

（5）根据步骤（4）获得的预测结果修正验证点位置坐标，将修正后的验证点输入机器人并使用激光跟踪仪测量其实际运动到达位置，与理论值对比得到补偿后验证点的定位误差。

按照上述精度补偿流程进行试验，100 个验证点进行精度补偿后的结果如图 6.19 所示。图 6.19（a）～图 6.19（c）分别表示机器人基坐标系 $x$、$y$、$z$ 三个方向上精度补偿前后的定位误差分布情况，图 6.19（d）展示了机器人定位误差在精度补偿前后的分布情况。上述机器人各方向的定位误差在精度补偿试验前后的数据统计如表 6.8 所示。

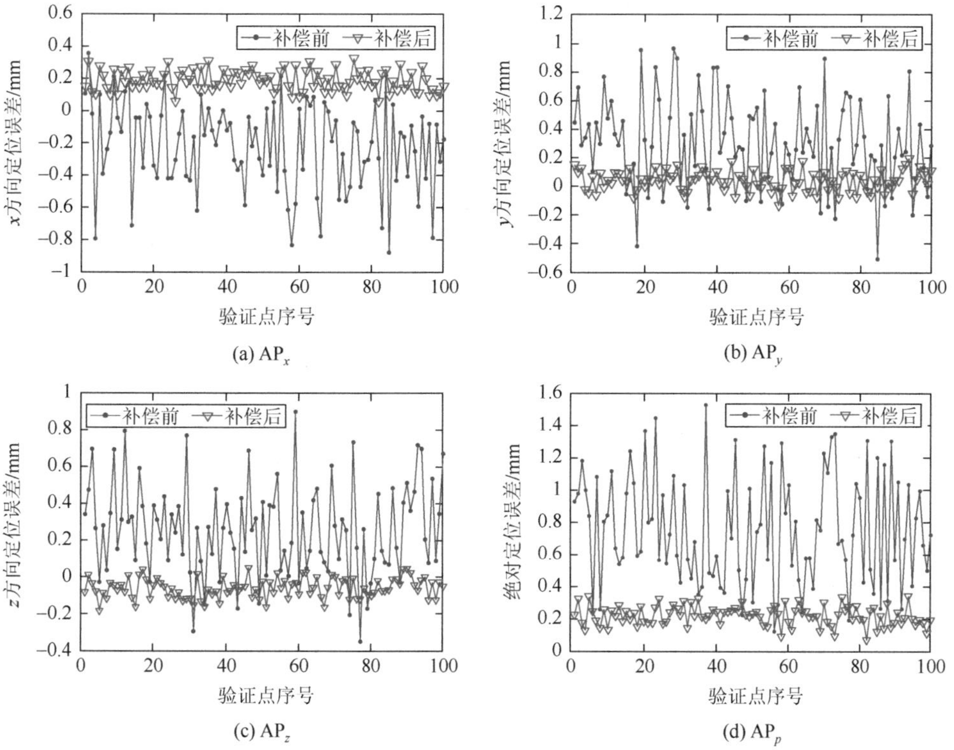


图 6.19 精度补偿前后定位误差对比

对上述试验统计数据进行分析，可以得出以下结论。

（1）由图 6.19 可以看出，补偿前机器人在 $x$、$y$、$z$ 三个方向上的定位误差均超出了 ±0.8 mm，这说明机器人本体的绝对定位精度不满足飞机装配中 ±0.5 mm

的精度要求，因此需要对应用于航空装配中的机器人进行精度补偿。

（2）通过对补偿前机器人各方向的定位误差观察可知，$x$ 方向的定位误差总体偏向负方向，$y$、$z$ 方向的定位误差总体偏向正方向，而且三个方向均不是在 0 mm 附近波动。一方面是由于机器人各项误差源对 $x$、$y$、$z$ 三个方向的定位精度影响不同；另一方面是因为通过测量拟合法建立坐标系过程中，误差传递和累积对各方向的定位精度的影响有偏差，最终造成 $x$、$y$、$z$ 方向的定位误差分布不同。

（3）经过精度补偿，机器人 $x$ 方向定位误差减小到±0.35 mm 以内、$y$、$z$ 方向的定位误差都减小到±0.2 mm 以内，且各方向误差波动范围较小，说明补偿后误差具有更高的稳定性。

（4）经过精度补偿，机器人的最大定位误差从 1.529 mm 减小到 0.343 mm，平均值由补偿前的 0.754 mm 减小到 0.222 mm，机器人的最大绝对定位误差和平均绝对误差分别降低了 77.57%和 70.56%，且标准差只有 0.060 mm，误差波动范围很小。

**表 6.8　精度补偿前后定位误差的统计数据**　　（单位：mm）

| 误差类型 | 状态 | 定位误差范围 | 平均值 | 标准差 |
|---|---|---|---|---|
| $AP_x$ | 补偿前 | [−0.881, 0.358] | −0.221 | 0.270 |
| | 补偿后 | [0.059, 0.326] | 0.189 | 0.065 |
| $AP_y$ | 补偿前 | [−0.504, 0.964] | 0.305 | 0.315 |
| | 补偿后 | [−0.133, 0.198] | 0.041 | 0.071 |
| $AP_z$ | 补偿前 | [−0.348, 0.899] | 0.261 | 0.252 |
| | 补偿后 | [−0.183, 0.055] | −0.059 | 0.055 |
| $AP_p$ | 补偿前 | [0.124, 1.529] | 0.754 | 0.340 |
| | 补偿后 | [0.072, 0.343] | 0.222 | 0.060 |

### 2. 制孔试验

下面采用神经网络精度补偿方法对机器人误差进行补偿，然后将试验工件固定安装在工装上进行制孔试验。

1）制孔试验平台坐标系的建立与统一

（1）工具坐标系。

工具坐标系$\{T\}$在制孔试验中也称为刀具坐标系，用来描述末端执行器 TCP 的位姿。在制孔试验中，采用如图 6.20 所示的装置建立工具坐标系，辅助测量杆装夹在电主轴上，激光跟踪仪的靶球固定在测量杆前端的靶座上。设定工具坐标系的原点为靶球的中心点，$x$ 轴正方向为主轴进给方向，$y$ 轴由机器人基坐标系 $z$

轴与工具坐标系的 $x$ 轴叉乘得到，工具坐标系的 $z$ 轴依右手法则确定。工具坐标系的建立方法如图 6.21 所示，具体过程如下所述。

图 6.20　激光跟踪仪靶球的安装示意图

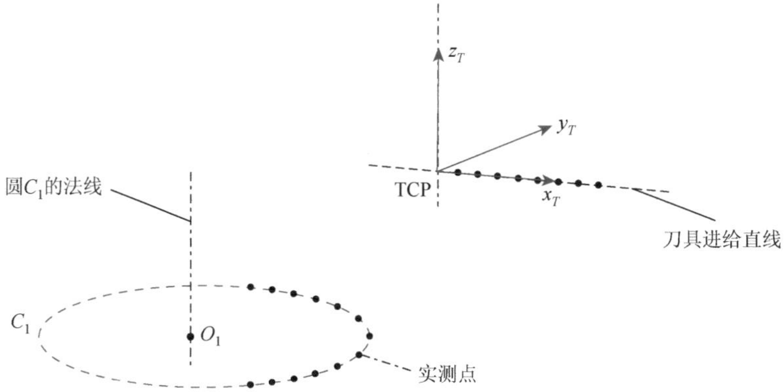


图 6.21　工具坐标系建立方法示意图

①将激光跟踪仪的靶球固定安装在如图 6.20 所示位置，保持其他轴不动，转动机器人的 A1 轴，同时利用激光跟踪仪测量得到此运动过程中靶球中心点的一系列位置坐标，借助 SA 软件拟合得到圆 $C_1$，经过圆心 $O_1$ 作圆 $C_1$ 的法线。

②驱动末端执行器的电主轴运动到某一确切位置，利用激光跟踪仪测量此时靶球中心点的位置坐标，设定此位置为工具坐标系的原点，又称为 TCP 点，然后驱动电主轴继续沿进给方向运动，同时利用激光跟踪仪测量此过程中靶球中心点位置坐标，根据测量的位置数据拟合出一条直线，此直线为工具坐标系的 $x$ 轴。

③经过 TCP 点作一平行于圆 $C_1$ 法线且沿机器人基坐标系 $z$ 轴方向的向量，并与工具坐标系 $x$ 轴叉乘得到工具坐标系 $y$ 轴，工具坐标系的 $z$ 轴根据右手法则得到。至此，工具坐标系建立完成。

（2）产品坐标系。

产品坐标系{$P$}建立在产品上，为待加工孔的位置规划提供基准，同时也是测量孔位置精度的参考坐标系。产品被固定安装在工装上，建立产品坐标系一般需要在产品上预先钻若干基准孔。由于本制孔试验采用较为平整的试板作为试验产品，因此采用两个基准孔来建立产品坐标系，如图 6.22 所示，具体建立步骤如下所述。

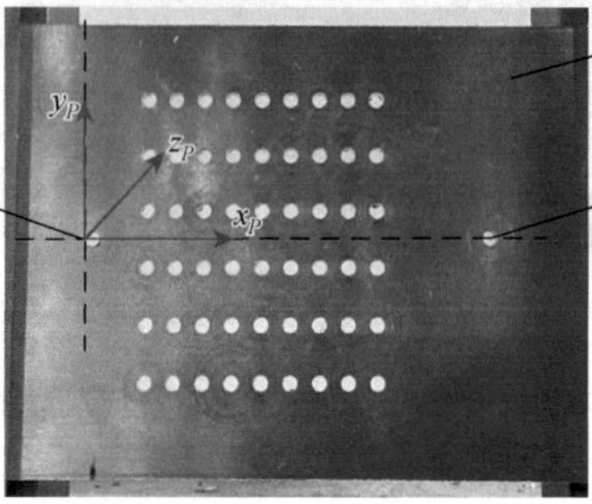


图 6.22　产品坐标系示意图

①将激光跟踪仪的靶球贴合试板面并在整个平面内缓慢移动，使用激光跟踪仪测量此试板表面上的点，将测量点拟合得出一个平面，此平面为试板平面，称为基准平面。

②将靶球放在基准孔 1 和基准孔 2 的位置，同时使用激光跟踪仪测量靶球中心点的位置坐标，将这两个测量点投影到基准平面上得到基准孔 1 和基准孔 2 的位置坐标。

③以基准孔 1 和基准孔 2 两点拟合出一条直线，设定此直线为产品坐标系的 $x$ 轴。

④设定产品坐标系的原点为基准孔 1，经过原点，作一直线垂直于基准平面，设定此直线为坐标系的 $z$ 轴，根据 $z$ 轴和步骤③中的 $x$ 轴由右手法则确定坐标系的 $y$ 轴，至此，产品坐标系建立完成。

（3）坐标系的统一。

在机器人制孔试验中，机器人运动的最终目的是将工具坐标系与产品上待加工孔的坐标系重合，机器人运动指令是指工具坐标系在机器人基坐标系下的位姿，而待加工孔的位姿由离线编程获得，离线编程对于孔位的规划是在产品坐标系下，因此进行制孔试验前，需要将待加工孔的位姿转换为基坐标系下的位姿。坐标系的统一是指确定各坐标系之间的空间变换关系，以便机器人的运动控制和对点位数据的处理。

设定激光跟踪仪自身坐标系为{$L$}，以{$L$}为参考坐标系使用激光跟踪仪和地面上若干固定参考点建立世界坐标系，其他坐标系都是直接或间接在世界坐标系{$W$}的基础上建立的，各坐标系的空间变换关系如图 6.23 所示。

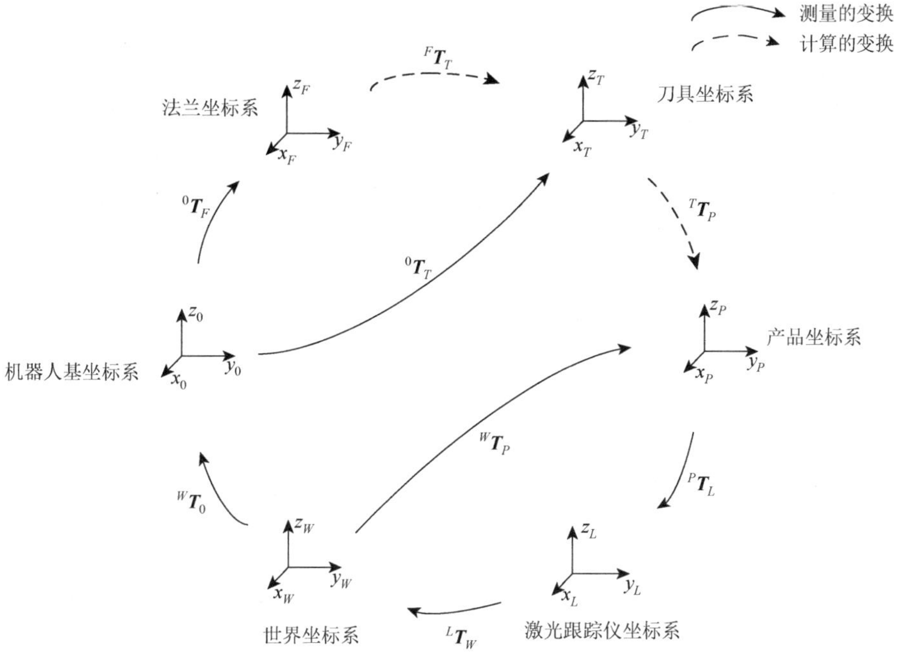


图 6.23　各坐标系的空间变换关系示意图

以世界坐标系为参考坐标系建立机器人基坐标系{0}，并得到{0}相对于{$W$}的空间变换关系 ${}^{W}\boldsymbol{T}_{0}$，根据 ${}^{W}\boldsymbol{T}_{0}$ 在后续试验中可以直接在世界坐标系的基础上建立基坐标系；由理论正向运动学模型可以直接获取法兰坐标系相对于基坐标系的空间变换关系 ${}^{0}\boldsymbol{T}_{F}$，并建立法兰坐标系{$F$}；工具坐标系相对于基坐标系的空间变换关系为 ${}^{0}\boldsymbol{T}_{T}$，通过

$$ {}^{F}\boldsymbol{T}_{T} = {}^{0}\boldsymbol{T}_{F}^{-1}\,{}^{0}\boldsymbol{T}_{T} \tag{6.43} $$

获得工具坐标系相对于法兰坐标系的空间变换关系 ${}^{F}\boldsymbol{T}_{T}$，将 ${}^{F}\boldsymbol{T}_{T}$ 输入至机器人控制器中，即将工具坐标系相对基坐标系的位姿在机器人控制器中添加完成。

产品上的孔位坐标是在产品坐标系下描述的，使用激光跟踪仪建立产品坐标系，获得产品坐标系相对于世界坐标系的空间变换关系 ${}^{W}\boldsymbol{T}_{P}$，产品坐标系下的待制孔点坐标系 ${}^{P}\boldsymbol{T}_{H}$ 根据

$$ {}^{0}\boldsymbol{T}_{H} = {}^{W}\boldsymbol{T}_{0}^{-1}\,{}^{W}\boldsymbol{T}_{P}\,{}^{P}\boldsymbol{T}_{H} \tag{6.44} $$

可以转换为在基坐标系下的待制孔点坐标系 ${}^{0}\boldsymbol{T}_{H}$。

在制孔过程中，理论上工具坐标系应运动到与点位待制孔点坐标系重合，对应坐标系有

$$ {}^{P}\boldsymbol{T}_{T} = {}^{W}\boldsymbol{T}_{P}^{-1}\,{}^{W}\boldsymbol{T}_{0}\,{}^{0}\boldsymbol{T}_{T} = {}^{P}\boldsymbol{T}_{H} \tag{6.45} $$

2）机器人制孔精度补偿试验流程

机器人制孔精度补偿试验流程主要分为样本数据获取、误差补偿模型建立和制孔试验验证三个阶段。首先，在机器人工作空间中规划并测量获得若干采样点作为样本；然后，建立基于遗传粒子群优化算法的神经网络模型，并利用获取的样本数据训练模型，得到机器人定位误差补偿模型；最后，在制孔试验中利用误差补偿模型修正待制孔点的位置坐标。机器人自动制孔试验流程如图 6.24 所示，下面对制孔试验步骤进行具体介绍。

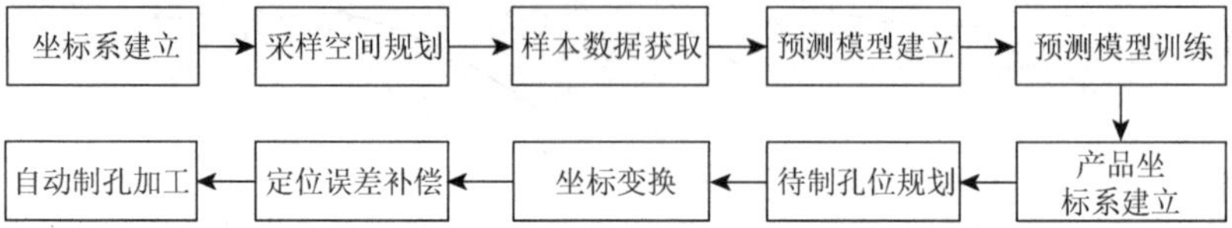


图 6.24　机器人自动制孔试验流程

（1）坐标系建立。建立世界坐标系、机器人基坐标系、法兰坐标系和刀具坐标系。

（2）样本数据获取。在机器人空间规划一个尺寸为 500 mm×1200 mm×700 mm 且目标点姿态角范围分别为 $a\in[-10°,10°]$、$b\in[-10°,0°]$、$c\in[-10°,10°]$ 的长方体区域作为采样空间，并规划 2000 组采样点，同时使用激光跟踪仪获取相应点的实际定位误差。

（3）误差补偿模型构建。建立基于遗传粒子群优化算法的深度神经网络模型，并采用步骤（2）中获取的样本数据训练模型，得到机器人定位误差预测模型。

（4）孔位规划。将试件通过夹具安装在工装上，通过基准孔建立产品坐标系，在产品坐标系中规划若干验证孔位，将验证孔位姿坐标经过坐标变换为在机器人基坐标系下的位姿坐标。

（5）制孔试验验证。利用机器人定位误差预测模型对验证孔的定位误差进行预测并补偿，最后控制机器人系统完成制孔加工。其中，机器人制孔现场图如图 6.25 所示。

3）结果与分析

在产品坐标系中规划 54 个验证点孔位，其中 $x$ 方向孔间距为 8 mm，$y$ 方向孔间距为 15 mm；分别控制未补偿的机器人和经精度补偿后的机器人进行制孔；最后借助三坐标测量仪测量得到验证点在产品坐标系中的位置精度。制孔试验结果如图 6.26 所示，其中圆圈中的孔代表用来构建产品坐标系的 2 个 $\phi$4 mm 的基准孔，虚线为基准线，实质上为产品坐标系的 $x$ 轴，此基准线可以

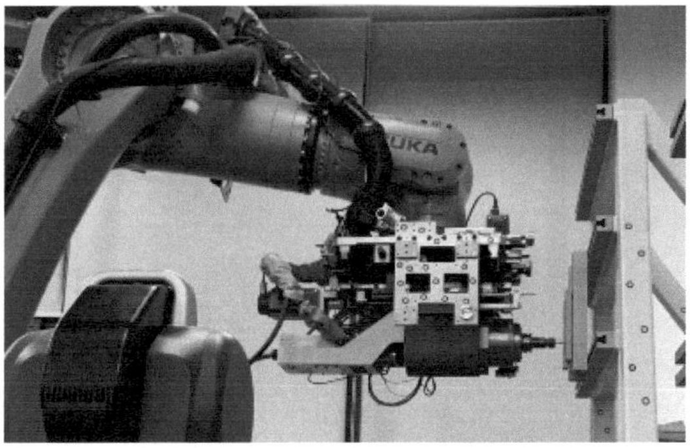


图 6.25　机器人制孔现场图

较直观地显示所制验证孔的位置精度，实线矩形框内为机器人所制验证孔，每个验证孔都为 $\phi$4 mm。由图 6.27 可以看出，没有经过补偿的机器人所制验证孔偏离基准线分布，而经过补偿的机器人所制验证孔在基准线两侧大致呈对称分布。

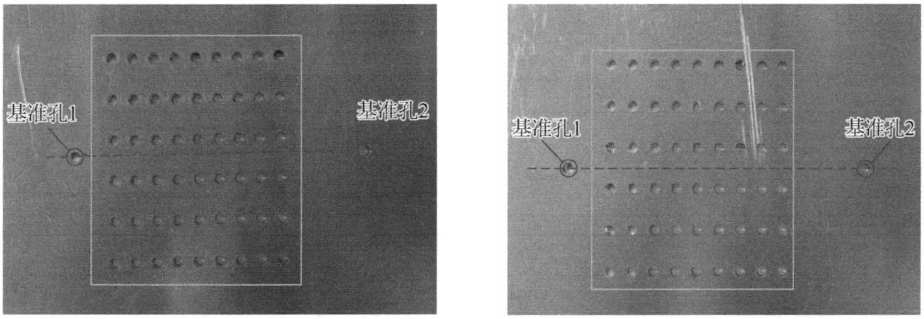


(a) 补偿前　　(b) 补偿后

图 6.26　机器人制孔试验结果

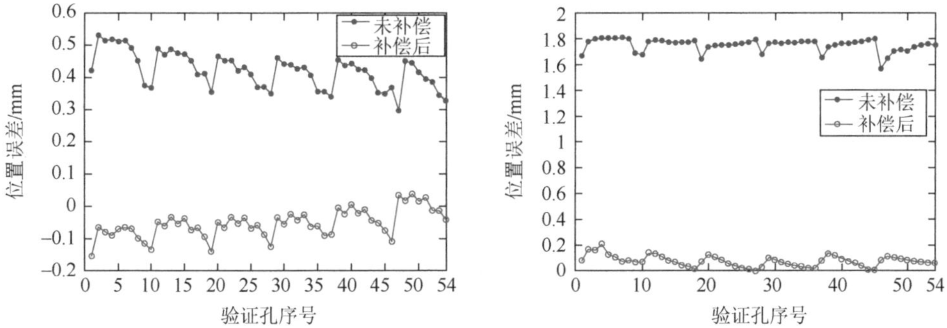


(a) $AP_x$　　(b) $AP_y$

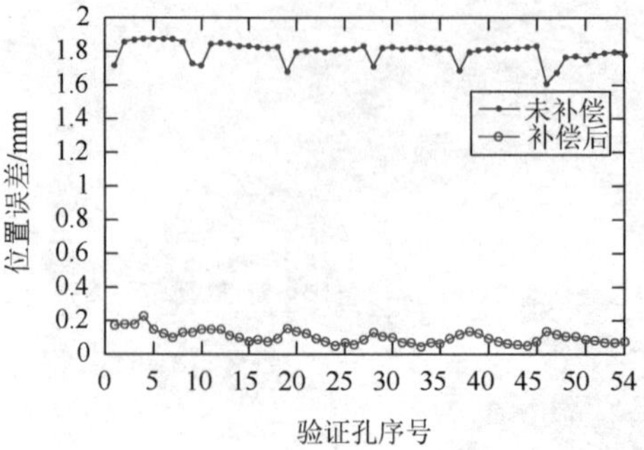


(c) $AP_p$

图 6.27　精度补偿前后验证孔的 *xy* 平面上位置误差

利用三坐标测量仪测量两块试板上的所制验证孔的圆心在产品坐标系下的实际位置坐标，并与其理论位置坐标进行比较，获得两块试板上验证孔在产品坐标系的 *x*、*y* 方向的位置误差以及 *xy* 平面上的位置误差。机器人制孔试验结果如图 6.27 所示，精度补偿前后验证孔的位置误差数据统计如表 6.9 所示，其中平均值为各数据的绝对值的均值。

**表 6.9　精度补偿前后验证孔位置误差数据统计**　　（单位：mm）

| 误差类型 | 状态 | 定位误差范围 | 平均值 | 标准差 |
|---|---|---|---|---|
| $AP_x$ | 未补偿 | [0.297, 0.531] | 0.422 | 0.055 |
| | 补偿后 | [−0.154, 0.039] | 0.059 | 0.043 |
| $AP_y$ | 未补偿 | [1.566, 1.809] | 1.752 | 0.049 |
| | 补偿后 | [−0.004, 0.208] | 0.076 | 0.044 |
| $AP_p$ | 未补偿 | [1.609, 1.879] | 1.802 | 0.555 |
| | 补偿后 | [0.048, 0.227] | 0.104 | 0.039 |

观察图 6.27 可以看出，经过基于神经网络的机器人精度补偿方法补偿后，机器人所制孔的位置精度在各个方向都有了大幅度的提升。由表 6.9 可以得出，验证孔的最大位置误差从 1.879 mm 降低到 0.227 mm，孔位精度提高了 87.9%。同时，由上述试验结果可以发现，未补偿的机器人所制孔位误差大于机器人本体定位误差，这是由于移动机器人自动制孔系统中除了存在机器人本体定位误差，还存在移动平台定位误差、产品安装误差等误差因素。

## 6.5.2　考虑温度影响的神经网络精度补偿试验

本节通过机器人制孔试验考察温度影响的神经网络精度补偿效果。由于涉及对环境温度的调节，在试验中通过一台 5P 的空调来完成，同时为了保证每次调温后机器人、激光跟踪仪、末端执行器等试验设备处于热稳定状态，每次试验前的温度稳定时间都不低于 8 小时。

图 6.28 显示了机器人实际制孔试验系统示意图，整个系统由 KUKA KR150-2 工业机器人、末端执行器、调温空调、型架及工件、FARO SI 型激光跟踪仪等组成。

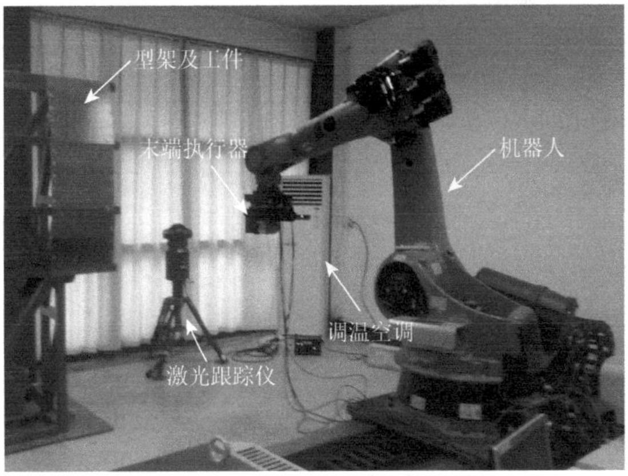


图 6.28　机器人实际制孔试验示意图

**1. 试验步骤**

试验分为三个阶段进行，依次为数据采集、建立补偿模型和制孔验证。数据采集阶段的作用是负责采集在不同温度条件下划分的立方体网格各个顶点的实际定位坐标；建立补偿模型阶段的作用是建立基于 PSO 算法的神经网络模型，并且用采集到的试验数据对建立的神经网络模型进行训练，模拟出机器人在不同环境温度条件下的定位误差规律；制孔验证阶段则是将建立的补偿模型应用到实际的制孔加工中，通过最终制孔的精度来对补偿算法和模型进行评判，下面依次对各个阶段进行详细介绍。

数据采集选定的范围是位于机器人机械零点位置正前方的一块 1500 mm×900 mm×300 mm 的区域，用 300 mm 步长对它进行立方体网格划分。如图 6.29 所示，共划分了 15 个立方体网格，涉及 48 个网格顶点。随后分别在选定的 19℃、23℃、26℃、29℃这四个温度条件下对划分的立方体网格的所有顶点进行定位试验，共得到 480 组试验数据。从图 6.29 中很容易看出，其中有些网格顶点是重合的，因此对这些重复的网格顶点的实际定位数据取平均值作为最终的实际定位坐标，这样做可以在一定程度上减少测量过程中随机误差带来的影响。数据采集阶段可按如下两个步骤进行。

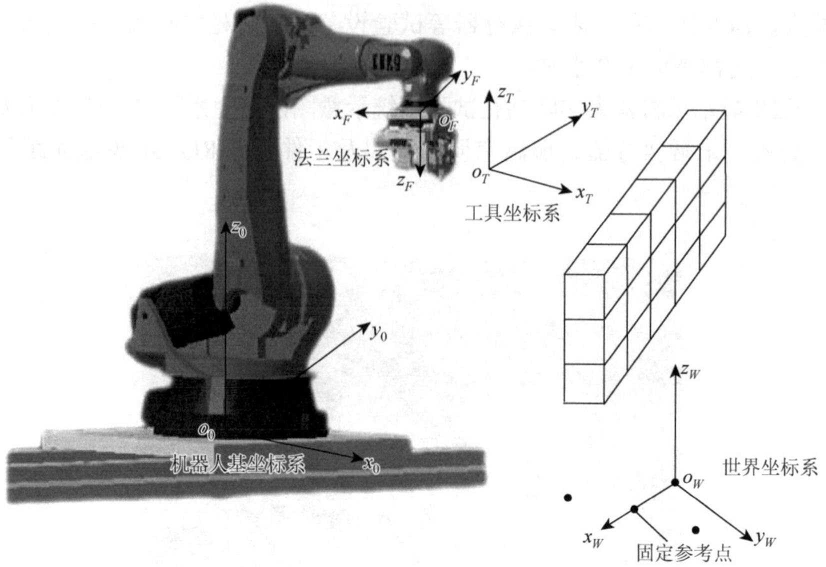


图 6.29　数据采集区域示意图

（1）建立坐标系。分别建立世界坐标系、机器人基坐标系、法兰坐标系，随后将末端执行器安装到机器人的法兰上，按照基于间接测量的工具参数标定方法分别建立固结在两个 TCP 上的工具坐标系。

（2）采集数据。在建立好相关的坐标系后，根据划分的立方体网格顶点的理论定位坐标编制机器人离线定位程序，控制机器人进行定位并用激光跟踪仪测量和记录各个顶点的实际定位坐标。在此过程中离线程序编制的坐标以及测量的坐标都是在世界坐标系下进行的，对于 KUKA 工业机器人只需将世界坐标系设置为机器人的当前基坐标系即可。此外，离线程序中定位的目标点和测量的目标点都是位于末端执行器上的 $TCP_1$，并且采集数据时与验证时的定位点的目标姿态都是一致的。

建立补偿模型的过程包括建立神经网络模型、确定模型相关参数以及确定 PSO 算法的各个参数。在确定好以上参数后，将采集到的多个温度条件下的立方体网格顶点的理论定位坐标和实际定位坐标分别作为神经网络的输入和输出样本进行训练，最后将满足训练精度的神经网络模型作为最终的精度补偿模型。

制孔验证通过在固定于型架上的铝制平板上制孔来验证装载末端执行器后机器人的绝对定位精度。实际上最终的制孔精度不仅反映了机器人的绝对定位精度，同时也反映了用来加工的 TCP（即 $TCP_2$）的工具参数标定的准确性，因此最终制孔的精度是以上两个精度综合作用的结果。在完成数据采集后，将用来安放工件的型架移至选定的数据采集区域，并通过膨胀螺栓有效地固定在地面上。制孔验证的步骤归纳如下。

（1）确定工件坐标系。将待加工平板工件固定在型架上后，按照工件坐标系的方法建立工件坐标系，从而完成整个坐标系的统一。需要说明的是，试验的目的是检验制孔的定位精度，因此，为了简化问题，省略了对工装坐标系的建立。制孔目标点的理论定位坐标通过人工确定，而不是通过自动离线编程来进行，后者需要建立工装坐标系来保证其在数模中的坐标系与实际坐标系的一致。

（2）确定制孔目标点的理论坐标。在完成了坐标系的统一后，在平板上确定制孔的位置并将靶标球放在其上测量球心的位置，接着用激光跟踪仪测量该位置附近的若干点来拟合出该目标点所在的平面，最后将测量到的球心位置向拟合出的平面投影即得到制孔目标点，从而可以确定目标点的理论坐标。

（3）补偿定位并制孔。将确定的制孔目标点的理论定位坐标和实时采集的环境温度作为输入，利用基于 PSO 算法优化神经网络的精度补偿模型对理论坐标进行修正，并用修正后的坐标控制机器人的 $TCP_1$ 点进行定位，此后再利用末端执行器的法向找正模块进行法向找正，最后进行制孔。

（4）测量孔的实际位置。把靶标球放置在孔上，测量球心的位置，随后将球心向步骤（2）中拟合出的平面进行投影，投影点的位置即为孔中心的实际位置。需要注意的是，在测量孔的过程中，制孔产生的毛刺会对测量的精度产生比较大的影响，因此在测量前需要清理掉毛刺。

（5）评价精度补偿效果。通过比较制孔点的理论定位坐标与实际定位坐标之间的偏差对精度补偿效果进行评判。

### 2. 数据处理及试验结果

在获得了试验数据后，需要建立对应的神经网络模型。建立一个神经网络模型需要确定神经网络的层数，即除了输入层、输出层外的隐含层的数目以及各隐含层对应的神经元的数目及神经网络的学习率等；同时对于用来优化神经网络的 PSO 算法需要确定的是算法对应的各个参数。将神经网络的隐含层的层数确定为 2，另外考虑到工业机器人具有 6 个自由度，温度为 1 个自由度，可以初步确定两个隐含层中的神经元的数量均为 7 个，以 7 为中心向两侧进行搜索，并用 10-折交叉验证法对所有建立的神经网络模型的稳定性和适应性进行验证，交叉验证的结果如表 6.10 所示。

**表 6.10　神经网络结构 10-折交叉验证结果**

| 隐含层节点数目 | 性能指标 | | | |
|---|---|---|---|---|
| | AE/mm | RMSE/mm | Max/mm | Count |
| 5 | 0.0743 | 0.0853 | 0.3728 | 5 |
| 6 | 0.0532 | 0.0625 | 0.1939 | 5 |

续表

| 隐含层节点数目 | 性能指标 | | | |
|---|---|---|---|---|
| | AE/mm | RMSE/mm | Max/mm | Count |
| 7 | 0.0521 | 0.0588 | 0.1409 | 0 |
| 8 | 0.0496 | 0.0565 | 0.1450 | 0 |
| 9 | 0.0467 | 0.0609 | 0.2607 | 5 |

从表 6.10 可以看出，对于平均预测误差值 AE 指标和均方根预测误差值 RMSE 指标，随着隐含层节点的数目从 5 个增加至 9 个，网络预测总体呈下降趋势，这说明随着隐含层节点数目的增加神经网络总体的预测精度得到增强。但是当考察预测最大误差值 Max 指标时可以发现，随着隐含层节点数目的增加，交叉验证的过程中 Max 指标呈现先降后升的趋势，这说明在隐含层节点数目不足或过量的情况下建立的网络模型要么记忆容量不足要么出现过拟合的现象。在考察误差阈值指标时，对交叉验证过程中每个网络模型的预测误差超过误差阈值的次数进行了统计，结果如表 6.10 的 Count 列所示。可以看出，这个结果恰好与 Max 指标的结果相对应，隐含层节点数目的不足与过量都会对网络模型的预测精度产生直接的影响。

根据上述交叉验证的结果，符合预测精度要求的网络模型只有隐含层节点数目为 7 或 8 两种情形。综合考虑 7 个时的 Max 指标值比 8 个时的更优以及网络的训练时间等因素，最终选取隐含层的节点数为 7 个，而且这也符合起始设定的机器人具有 6 个自由度和温度具有 1 个自由度的设想。因此最终确定的神经网络相关参数设置如表 6.11 所示。

**表 6.11　BP 神经网络和 PSO 算法重要参数设置表**

| BP 神经网络重要参数 | 值 | PSO 算法重要参数 | 值 |
|---|---|---|---|
| 样本总数 | 192 | 种群数目 | 50 |
| 训练样本数 | 187 | 进化次数 | 600 |
| 验证样本数 | 5 | 个体速度更新最大值 | 0.96 |
| 网络类型 | BP | 个体速度更新最小值 | 0.4 |
| 输入层节点数 | 4 | 个体速度最大值 | 1 |
| 输出层节点数 | 3 | 个体速度最小值 | −1 |
| 隐含层数目 | 2 | 个体因子最大值 | 200 |
| 隐含层节点数目 | 7, 7 | 个体因子最小值 | −200 |
| 学习率 | 0.1 | 个体最佳加速度最大值 | 1 |
| 网络训练次数 | 1000 | 个体最佳加速度最小值 | 0.5 |
| 网络训练函数 | Trainlm | 群体最佳加速度最大值 | 6 |

用设置的相关参数以及试验取得的 192 组样本值输入到 MATLAB 编制的程序中进行训练，结果如图 6.30 所示，图 6.30（a）表示神经网络的训练曲线，图 6.30（b）～图 6.30（d）分别表示测试样本在坐标系三个方向上的预测误差。可以看出，随机选取的 5 组测试样本在 $x$、$y$、$z$ 方向上的预测精度都在 0.06 mm 以内。此外，对用于网络训练的 187 组样本值，绝大多数点的训练精度在 0.1 mm 以内，对于极个别超过 0.1 mm 的点，究其原因是这些点处于划分网格的边缘，样本中缺少足够描述它们特征的信息，并且综合误差的数值小于机器人规定的 0.15 mm 的重复定位精度。

为了验证基于粒子群优化神经网络的机器人精度补偿方法在工作温度与标定温度不一致的情况下的适用性，在工件上选定 5 个目标定位点，分别在温度 20℃、21℃、22℃、25℃、28℃下进行测试，选取部分测试点的目标位置及相应的测试温度，如表 6.12 所示。

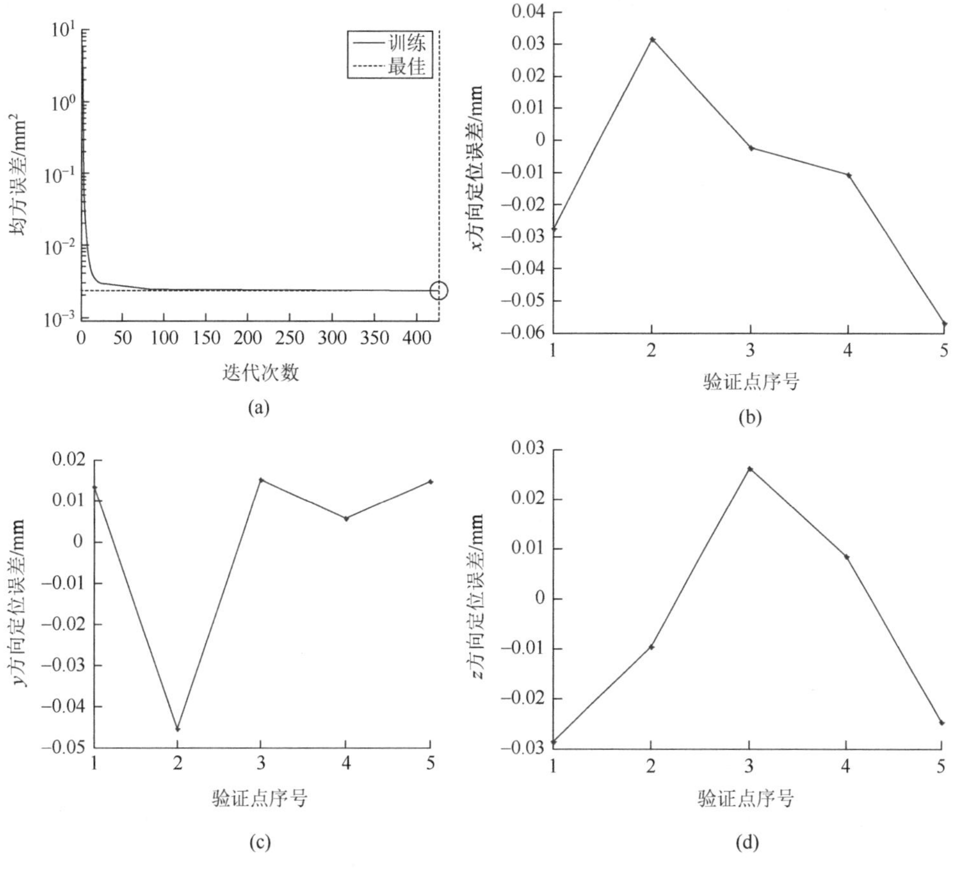


图 6.30　神经网络训练结果

表 6.12 测试点目标位置及测试温度

| 任选 5 个待加工点的期望坐标值 | | | 温度/℃ |
|---|---|---|---|
| $x$/mm | $y$/mm | $z$/mm | |
| 1285.11 | 1058.83 | 1471.33 | 20 |
| 1285.55 | 1033.13 | 1453.41 | 21 |
| 1283.92 | 1112.22 | 1685.67 | 22 |
| 1320.35 | 871.68 | 1142.21 | 25 |
| 1300.49 | 1057.76 | 1235.74 | 28 |

调节环境温度至各个测试温度并长时间保持使之稳定下来，随后用表 6.12 中坐标值和温度作为神经网络的输入，用预测出的目标定位点所在的立方体网格的 8 个顶点的实际定位坐标进行空间网格精度补偿，接着用修正后的坐标值控制机器人进行定位并执行法向找正及制孔程序，最后测量孔的实际位置并将它与目标定位坐标相比较，测试点实际制孔精度结果如表 6.13 所示。可以看出，经过补偿选定的制孔测试点的最大定位误差是 0.3183 mm，最小误差是 0.1081 mm，平均误差是 0.19 mm，相比未补偿前的机器人 1～3 mm 的绝对定位误差有了极大的提高。

表 6.13 测试点实际制孔精度 （单位：mm）

| 实际位置坐标 | | | 指令位置坐标 | | | 定位误差 | | | |
|---|---|---|---|---|---|---|---|---|---|
| $x$ | $y$ | $z$ | $x$ | $y$ | $z$ | $AP_x$ | $AP_y$ | $AP_z$ | $AP_p$ |
| 1285.16 | 1058.71 | 1471.25 | 1285.11 | 1058.83 | 1471.33 | −0.0500 | 0.1200 | 0.0800 | 0.1526 |
| 1285.57 | 1033.26 | 1453.70 | 1285.55 | 1033.13 | 1453.41 | −0.0190 | −0.1300 | −0.2900 | 0.3183 |
| 1283.93 | 1112.00 | 1685.73 | 1283.92 | 1112.22 | 1685.67 | −0.0150 | 0.2200 | −0.0600 | 0.2285 |
| 1320.33 | 871.81 | 1142.31 | 1320.35 | 871.68 | 1142.21 | 0.0200 | −0.1280 | −0.1000 | 0.1636 |
| 1300.50 | 1057.86 | 1235.70 | 1300.49 | 1057.76 | 1235.74 | −0.0100 | −0.1000 | 0.0400 | 0.1081 |

## 习 题

6-1 BP 神经网络中神经元常用的激活函数包括哪些？

6-2 试阐述 BP 神经网络的优点和缺点。

6-3 试阐述 PSO 算法的原理和流程。

6-4 基于神经网络的精度补偿技术属于哪一类机器人定位精度补偿方法？

6-5 用 PSO 算法优化 BP 神经网络的主要步骤包括哪些？

6-6 谈谈你对基于神经网络的机器人精度补偿技术的理解。

6-7　什么是神经网络模型的交叉验证方法？常用的神经网络模型的交叉验证方法有哪些？

6-8　神经网络隐含层神经元的数量对网络性能有什么影响？怎样确定隐含层神经元的数量？

6-9　试通过仿真分析训练样本量、采样空间大小以及机器人绝对定位精度之间的关系，其中机器人采用 KUKA KR500-3 工业机器人，采样范围分别设置为 1000 mm×1000 mm×1000 mm、800 mm×800 mm×800 mm、500 mm×500 mm×500 mm。

6-10　经过神经网络预测补偿，机器人仍然存在残余定位误差，造成这部分残余定位误差的原因可能有哪些？

6-11　试通过本章的方法，完成对机器人姿态误差的补偿，并考虑是否可以同时对位置误差和姿态误差进行补偿？如果要同时补偿，神经网络模型应该如何改变？

# 第7章 关节空间闭环反馈的精度补偿技术

前几章介绍的机器人精度补偿方法都属于离线方法，是目前研究最广泛的精度补偿方法，具有较强的通用性和实用性。然而，此类方法依赖于机器人的重复定位精度。实际上，机器人的单向可重复性较高而多向可重复性较差，这主要是因为关节回差是造成多方向位姿精度变动的主要因素，也是导致现有机器人离线补偿方法无法进一步提升机器人绝对定位精度的主要原因。

本章综合离线补偿和在线闭环校正方法的优点，介绍一种前馈补偿和关节闭环反馈控制相结合的机器人双回路定位精度补偿方法。首先，建立综合考虑几何误差与非几何误差的切比雪夫多项式误差估计模型，实现定位误差的精确估计。其次，建立关节映射模型，完成定位误差从笛卡儿空间到关节空间的转换。然后，分析关节回差的作用规律及其对机器人多方向位置精度变动的影响。最后，提出前馈回路和反馈回路相结合的误差补偿策略，构建关节闭环反馈控制模型，对机器人关节进行精确控制。

## 7.1 定位误差估计

机器人几何误差是造成机器人位置误差的主要影响因素，在几何误差中，相比其他运动学参数误差，关节零位误差是其主要因素。在非几何误差中，关节回差是机器人定位精度无法进一步提高的主要因素之一。为了进一步提高机器人绝对定位精度，需要对机器人几何误差与非几何误差进行建模，建立反映定位误差分布特性的机器人误差估计模型。

### 7.1.1 切比雪夫多项式误差估计模型

机器人定位误差与关节转角相关，这种相关性可以为机器人真实运动学模型的建立提供有利的条件。一般地，根据机器人工作空间内的采样点定位误差数据，通过多项式拟合的方法来表征末端定位误差与关节转角之间的相关性，然后利用拟合得到的这种相关性对目标点的定位误差进行预测，将预测获得的定位误差进行后置处理，从而完成目标点的误差补偿。关键是如何描述并建立机器人几何误差和非几何误差与关节转角之间的关系，从而准确地拟合末端定位误差与关节转角之间的关系。

为解决这一问题，本节提出一种基于切比雪夫高阶多项式的误差估计模型，对机器人几何误差和非几何误差进行数学表征。由第 2 章分析可知，机器人理论运动学模型可以表示为

$$\boldsymbol{F}_n(\theta) = {}^0\boldsymbol{T}_1(\theta_1){}^1\boldsymbol{T}_2(\theta_2)\cdots{}^{n-1}\boldsymbol{T}_n(\theta_n) = \begin{bmatrix} \boldsymbol{R}_\mathrm{t} & \boldsymbol{P}_\mathrm{t} \\ \boldsymbol{0} & 1 \end{bmatrix} \tag{7.1}$$

式中，$n$ 为机器人自由度；$\boldsymbol{P}_\mathrm{t}$ 为机器人末端 TCP 理论位置；$\boldsymbol{R}_\mathrm{t}$ 为机器人末端理论姿态的旋转矩阵。机器人实际运动学模型可以认为是在理论运动学模型的基础上，在相邻两关节坐标系之间的空间变换关系中引入误差传递矩阵，用于描述理论关节坐标系与实际关节坐标系之间的相对位置关系，如图 7.1 所示。

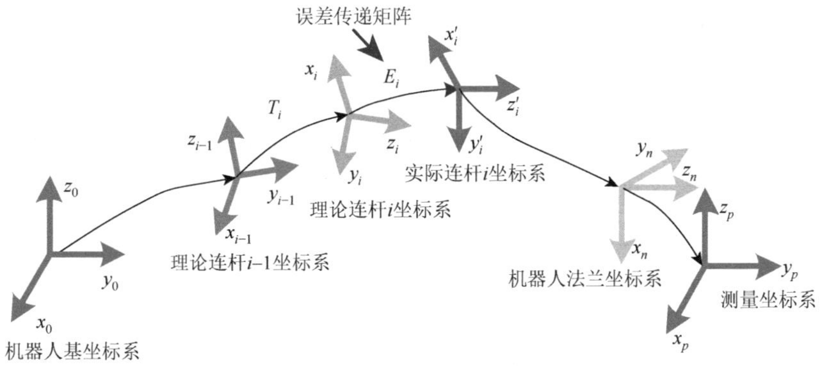


图 7.1　空间误差估计模型原理图

假设各误差源引起的机器人实际旋转变换矩阵为

$${}^i\hat{\boldsymbol{T}}_{i+1}(\theta_i) = \boldsymbol{E}_{u,i}(\theta_i){}^i\boldsymbol{T}_{i+1}(\theta_i)\boldsymbol{T}_{\mathrm{link},i} \tag{7.2}$$

式中，$\boldsymbol{E}_{u,i}(\theta_i)$ 是一个与关节转角 $\theta_i$ 相关的误差项；$\boldsymbol{T}_{\mathrm{link},i}$ 是常量误差矩阵。

在各关节坐标系中引入误差传递矩阵，可得机器人实际运动学模型为

$$\begin{aligned} \boldsymbol{F}_\mathrm{a}(\theta) &= {}^0\hat{\boldsymbol{T}}_1(\theta_1){}^1\hat{\boldsymbol{T}}_2(\theta_2)\cdots{}^{n-1}\hat{\boldsymbol{T}}_n(\theta_n) \\ &= \boldsymbol{E}_{u,1}(\theta_1){}^0\boldsymbol{T}_1(\theta_1)\boldsymbol{T}_{\mathrm{link},1}\boldsymbol{E}_{u,2}(\theta_2){}^1\boldsymbol{T}_2(\theta_2)\boldsymbol{T}_{\mathrm{link},2}\cdots\boldsymbol{E}_{u,n}(\theta_n){}^{n-1}\boldsymbol{T}_n(\theta_n)\boldsymbol{T}_{\mathrm{link},n} \end{aligned} \tag{7.3}$$

令

$$\boldsymbol{E}_i(\theta_i) = \boldsymbol{T}_{\mathrm{link},i-1}\boldsymbol{E}_{u,i}(\theta_i) \tag{7.4}$$

式（7.3）可以简化为

$$\boldsymbol{F}_\mathrm{a}(\theta) = \boldsymbol{E}_1(\theta_1){}^0\boldsymbol{T}_1(\theta_1)\boldsymbol{E}_2(\theta_2){}^1\boldsymbol{T}_2(\theta_2)\cdots\boldsymbol{E}_n(\theta_n){}^{n-1}\boldsymbol{T}_n(\theta_n) \tag{7.5}$$

式中，$\boldsymbol{E}_i(\theta_i)$ 称为误差传递矩阵，描述了机器人常见误差源对相邻关节的空间变

换关系的影响。通常情况下，在几何误差和非几何误差共同作用时，相邻关节的空间变换关系将会出现误差，这种误差可以视为由几何误差与非几何误差所引起的微分变换：

$$\boldsymbol{E}_i(\theta_i)=\begin{bmatrix} 1 & -\varepsilon_{i,z}(\theta_i) & \varepsilon_{i,y}(\theta_i) & \delta_{i,x}(\theta_i) \\ \varepsilon_{i,z}(\theta_i) & 1 & -\varepsilon_{i,x}(\theta_i) & \delta_{i,y}(\theta_i) \\ -\varepsilon_{i,y}(\theta_i) & \varepsilon_{i,x}(\theta_i) & 1 & \delta_{i,z}(\theta_i) \\ 0 & 0 & 0 & 1 \end{bmatrix} \tag{7.6}$$

式中，$\varepsilon_{i,x}$、$\varepsilon_{i,y}$、$\varepsilon_{i,z}$ 分别为连杆坐标系$\{i\}$绕坐标系$\{i-1\}$的 $x$、$y$、$z$ 轴的微分旋转；$\delta_{i,x}$、$\delta_{i,y}$、$\delta_{i,z}$ 分别为连杆坐标系$\{i\}$绕坐标系$\{i-1\}$的 $x$、$y$、$z$ 轴的微分平移。

机器人几何误差和非几何误差与关节转角有关，为了更加准确地表征机器人几何误差与非几何误差，将上述误差传递矩阵视为关节转角的映射函数，随着关节转角输入的变化而变化。因此，误差传递矩阵中各微分变换可写成以关节转角为自变量的多项式。多项式的阶数作为优化参数既要保证机器人误差建模的准确度，也要防止误差过拟合现象。通常情况下，可选用泰勒级数展开来实现函数的逼近。泰勒级数展开定量在展开点附近的误差很小，拟合精度高，但是随着远离展开点，拟合误差会快速增大，尤其在区间边缘处拟合精度较差。本章使用切比雪夫多项式对机器人进行误差建模。

切比雪夫多项式是定义在区间[−1, 1]的正交多形式，其形式为

$$c_j(x)=\cos(j\arccos x),\quad -1\leqslant x\leqslant 1 \tag{7.7}$$

式中，$j$ 为多项式的阶次。

将误差传递矩阵中各微分变换成 $m$ 阶切比雪夫多项式的形式：

$$\begin{cases} \varepsilon_{i,k}(\tilde{\theta}_i)=\sum\limits_{j=0}^{m}\lambda_{j,k}^{(i)}c_j(\tilde{\theta}_i) \\ \delta_{i,k}(\tilde{\theta}_i)=\sum\limits_{j=0}^{m}\gamma_{j,k}^{(i)}c_j(\tilde{\theta}_i),\quad i=1,\ \cdots,\ n;\ \ k=x,\ y,\ z \end{cases} \tag{7.8}$$

式中，$\lambda_{j,k}^{(i)}$、$\gamma_{j,k}^{(i)}$ 为各微分变换中的切比雪夫系数；$m$ 为多项式的阶数；$\tilde{\theta}_i$ 为归一化后的关节转角，即在区间[−1, 1]上的切比雪夫变量。

$$\tilde{\theta}_i=\frac{2(\theta_i-\theta_{i,\min})}{\theta_{i,\max}-\theta_{i,\min}}-1 \tag{7.9}$$

式中，$\theta_{i,\min}$、$\theta_{i,\max}$ 分别为机器人各关节转角的最小值和最大值。

式（7.8）中的零次项不是关节转角的函数，可以视为机器人运动学参数误差等几何误差（常量误差），其余高阶项是关节转角的映射函数，表征机器人关节传动比误差、关节柔度等非几何误差。由此可以看出，切比雪夫多项式能够较为准确地对机器人几何误差与非几何误差进行建模。

将式（7.6）和式（7.8）代入式（7.5）可得切比雪夫多项式空间误差估计模型，其形式为

$$\boldsymbol{F}_{\mathrm{a}}(\theta)=\boldsymbol{E}_1(\tilde{\theta}_1)\,{}^{0}\boldsymbol{T}_1(\theta_1)\boldsymbol{E}_2(\tilde{\theta}_2)\,{}^{1}\boldsymbol{T}_2(\theta_2)\cdots\boldsymbol{E}_n(\tilde{\theta}_n)\,{}^{n-1}\boldsymbol{T}_n(\theta_n)=\begin{bmatrix}\boldsymbol{R}_{\mathrm{a}} & \boldsymbol{P}_{\mathrm{a}}\\ \boldsymbol{0} & 1\end{bmatrix} \tag{7.10}$$

式中，$\boldsymbol{P}_{\mathrm{a}}$ 为机器人末端 TCP 实际位置。

由于激光跟踪仪直接测量的点位是机器人末端工具坐标系相对于基坐标系的实际位置，与理论位置进行对比即可获得对应点的位置误差。故机器人末端位置误差 $\Delta\boldsymbol{P}_{\mathrm{e}}$ 为

$$\Delta\boldsymbol{P}_{\mathrm{e}}(\theta)=\boldsymbol{P}_{\mathrm{a}}-\boldsymbol{P}_{\mathrm{t}}=\boldsymbol{E}\boldsymbol{F}_{\mathrm{a}}(\theta)\boldsymbol{L}_{\mathrm{t}}^{f}-\boldsymbol{P}_{\mathrm{t}} \tag{7.11}$$

$$\boldsymbol{L}_{\mathrm{t}}^{f}=[L_x\quad L_y\quad L_z\quad 1]^{\mathrm{T}} \tag{7.12}$$

式中，$\boldsymbol{E}=\begin{bmatrix}1&0&0&0\\0&1&0&0\\0&0&1&0\end{bmatrix}$；$\boldsymbol{L}_{\mathrm{t}}^{f}$ 为工具坐标系相对法兰坐标系的实际位置。

式（7.11）关于切比雪夫系数求偏导，可得

$$\Delta\boldsymbol{P}_{\mathrm{e}}=\sum_{i=1}^{n}\frac{\partial\boldsymbol{P}_{\mathrm{a}}}{\partial\boldsymbol{\lambda}_i}\Delta\boldsymbol{\lambda}_i+\sum_{i=1}^{n}\frac{\partial\boldsymbol{P}_{\mathrm{a}}}{\partial\boldsymbol{\gamma}_i}\Delta\boldsymbol{\gamma}_i=\sum_{i=1}^{n}\boldsymbol{J}_{\lambda_i}\Delta\boldsymbol{\lambda}_i+\sum_{i=1}^{n}\boldsymbol{J}_{\gamma_i}\Delta\boldsymbol{\gamma}_i \tag{7.13}$$

式中，$\Delta\boldsymbol{\lambda}_i$、$\Delta\boldsymbol{\gamma}_i$ 为要辨识的切比雪夫系数向量；$\boldsymbol{J}_{\lambda_i}$、$\boldsymbol{J}_{\gamma_i}\,(i=1,\ 2,\ \cdots,\ n)$ 分别为由切比雪夫系数构成的 $3\times(3m+3)$ 矩阵：

$$\boldsymbol{J}_{\lambda_i}=\left[\frac{\partial\boldsymbol{P}_{\mathrm{a}}}{\partial\lambda_{0,x}^{(i)}}\ \cdots\ \frac{\partial\boldsymbol{P}_{\mathrm{a}}}{\partial\lambda_{m,x}^{(i)}}\ \frac{\partial\boldsymbol{P}_{\mathrm{a}}}{\partial\lambda_{0,y}^{(i)}}\ \cdots\ \frac{\partial\boldsymbol{P}_{\mathrm{a}}}{\partial\lambda_{m,y}^{(i)}}\ \frac{\partial\boldsymbol{P}_{\mathrm{a}}}{\partial\lambda_{0,z}^{(i)}}\ \cdots\ \frac{\partial\boldsymbol{P}_{\mathrm{a}}}{\partial\lambda_{m,z}^{(i)}}\right] \tag{7.14}$$

$$\boldsymbol{J}_{\gamma_i}=\left[\frac{\partial\boldsymbol{P}_{\mathrm{a}}}{\partial\gamma_{0,x}^{(i)}}\ \cdots\ \frac{\partial\boldsymbol{P}_{\mathrm{a}}}{\partial\gamma_{m,x}^{(i)}}\ \frac{\partial\boldsymbol{P}_{\mathrm{a}}}{\partial\gamma_{0,y}^{(i)}}\ \cdots\ \frac{\partial\boldsymbol{P}_{\mathrm{a}}}{\partial\gamma_{m,y}^{(i)}}\ \frac{\partial\boldsymbol{P}_{\mathrm{a}}}{\partial\gamma_{0,z}^{(i)}}\ \cdots\ \frac{\partial\boldsymbol{P}_{\mathrm{a}}}{\partial\gamma_{m,z}^{(i)}}\right] \tag{7.15}$$

$$\Delta\boldsymbol{\lambda}_i=\left[\lambda_{0,x}^{(i)},\cdots,\lambda_{m,x}^{(i)},\lambda_{0,y}^{(i)},\cdots,\lambda_{m,y}^{(i)},\cdots,\lambda_{0,z}^{(i)},\cdots,\lambda_{m,z}^{(i)}\right]^{\mathrm{T}} \tag{7.16}$$

$$\Delta\boldsymbol{\gamma}_i=\left[\gamma_{0,x}^{(i)},\cdots,\gamma_{m,x}^{(i)},\gamma_{0,y}^{(i)},\cdots,\gamma_{m,y}^{(i)},\cdots,\gamma_{0,z}^{(i)},\cdots,\gamma_{m,z}^{(i)}\right]^{\mathrm{T}} \tag{7.17}$$

这样，若测量了 $s$ 组机器人采样点定位误差，可以得到

$$\begin{bmatrix}\Delta\boldsymbol{P}_{\mathrm{e}}^{(1)}\\ \Delta\boldsymbol{P}_{\mathrm{e}}^{(2)}\\ \vdots\\ \Delta\boldsymbol{P}_{\mathrm{e}}^{(s)}\end{bmatrix}=\begin{bmatrix}\boldsymbol{J}_{\lambda_1}^{(1)} & \boldsymbol{J}_{\gamma_1}^{(1)} & \boldsymbol{J}_{\lambda_2}^{(1)} & \boldsymbol{J}_{\gamma_2}^{(1)} & \cdots & \boldsymbol{J}_{\lambda_n}^{(1)} & \boldsymbol{J}_{\gamma_n}^{(1)}\\ \boldsymbol{J}_{\lambda_1}^{(2)} & \boldsymbol{J}_{\gamma_1}^{(2)} & \boldsymbol{J}_{\lambda_2}^{(2)} & \boldsymbol{J}_{\gamma_2}^{(2)} & \cdots & \boldsymbol{J}_{\lambda_n}^{(2)} & \boldsymbol{J}_{\gamma_n}^{(2)}\\ \vdots & \vdots & \vdots & \vdots & & \vdots & \vdots\\ \boldsymbol{J}_{\lambda_1}^{(s)} & \boldsymbol{J}_{\gamma_1}^{(s)} & \boldsymbol{J}_{\lambda_2}^{(s)} & \boldsymbol{J}_{\gamma_2}^{(s)} & \cdots & \boldsymbol{J}_{\lambda_n}^{(s)} & \boldsymbol{J}_{\gamma_n}^{(s)}\end{bmatrix}\begin{bmatrix}\Delta\boldsymbol{\lambda}_1\\ \Delta\boldsymbol{\gamma}_1\\ \Delta\boldsymbol{\lambda}_2\\ \Delta\boldsymbol{\gamma}_2\\ \vdots\\ \Delta\boldsymbol{\lambda}_n\\ \Delta\boldsymbol{\gamma}_n\end{bmatrix} \tag{7.18}$$

式（7.18）进一步可以简化为

$$\Delta \boldsymbol{P} = \boldsymbol{J}(x)\Delta \boldsymbol{x} \tag{7.19}$$

式中，$\Delta \boldsymbol{x}$ 是待辨识的切比雪夫系数组成的向量。

可以看出，切比雪夫多项式空间误差估计模型并不需要对机器人运动学参数误差进行辨识，从而避免了在机器人控制器修改运动学参数误差的权限问题，因此该建模方法具有较强的适用性。同时在相邻关节坐标系之间引入误差传递矩阵，利用切比雪夫多项式能够较为准确地对机器人几何误差与非几何误差进行数学表征，建立更为真实的机器人运动学模型，从而实现机器人定位误差的精确估计。

切比雪夫系数辨识是一个典型的回归问题，可用 4.8 节的 L-M 算法求解切比雪夫系数，并代入空间误差估计模型，就能得到更为准确的机器人运动学模型，实现机器人定位误差的精确估计。

### 7.1.2 关节映射模型

在 7.1.1 节切比雪夫多项式误差估计模型的基础上，为实现关节空间误差补偿，需要将估计的笛卡儿空间误差映射到前三个关节，得到机器人前三关节的转角修正值。本节利用机器人雅可比矩阵完成误差从笛卡儿空间到关节空间的转化。

根据机器人微分运动学，有

$$\mathrm{d}\boldsymbol{x} = \boldsymbol{J}(\theta)\mathrm{d}\boldsymbol{\theta} \tag{7.20}$$

式中，$\mathrm{d}\boldsymbol{x}$ 为机器人末端在笛卡儿空间的微分运动矢量；$\mathrm{d}\boldsymbol{\theta}$ 为关节微分转动矢量。

机器人末端位置误差可以近似地表示为机器人末端理论位置对前三关节转角的偏微分形式，即构建关节映射模型为

$$\Delta \boldsymbol{P} = \frac{\partial \boldsymbol{P}_{\mathrm{t}}}{\partial \theta_1}\Delta\theta_1 + \frac{\partial \boldsymbol{P}_{\mathrm{t}}}{\partial \theta_2}\Delta\theta_2 + \frac{\partial \boldsymbol{P}_{\mathrm{t}}}{\partial \theta_3}\Delta\theta_3 = \boldsymbol{J}_\theta \Delta\boldsymbol{\theta} \tag{7.21}$$

式中，$\Delta \boldsymbol{P}$ 为末端位置误差；$\Delta\boldsymbol{\theta} = [\Delta\theta_1 \quad \Delta\theta_2 \quad \Delta\theta_3]^{\mathrm{T}}$ 为机器人前三关节转角误差组成的向量；$\boldsymbol{J}_\theta$ 为由机器人运动学参数构成的 3×3 矩阵：

$$\boldsymbol{J}_\theta = \begin{bmatrix} \dfrac{\partial \boldsymbol{P}_{\mathrm{t}}}{\partial \theta_1} & \dfrac{\partial \boldsymbol{P}_{\mathrm{t}}}{\partial \theta_2} & \dfrac{\partial \boldsymbol{P}_{\mathrm{t}}}{\partial \theta_3} \end{bmatrix} \tag{7.22}$$

采用最小二乘法求解得到前三关节转角误差值为

$$\Delta\boldsymbol{\theta} = (\boldsymbol{J}_\theta{}^{\mathrm{T}}\boldsymbol{J}_\theta)^{-1}\boldsymbol{J}_\theta{}^{\mathrm{T}}\Delta\boldsymbol{P} \tag{7.23}$$

因此，前三关节的转角修正值为

$$\boldsymbol{\theta}' = \boldsymbol{\theta} - \Delta\boldsymbol{\theta} \tag{7.24}$$

这样，就完成了机器人笛卡儿空间误差向关节空间误差的转化，获得前三关节的转角修正值，为实现后续关节空间误差补偿提供条件。

# 7.2　关节反馈装置的选型、安装及标定

由于影响关节回差的因素众多且作用机理复杂，难以准确地建立关节回差模型，有必要采取外部手段消除机器人关节回差，从而降低机器人位置不确定性的影响。在机器人关节圆弧面处安装关节转角反馈装置，建立关节反馈机制，进行关节闭环反馈控制是一种降低关节回差影响的可行的解决方案。因此，在开展机器人关节闭环反馈的精度补偿前，必须解决采用何种关节反馈装置及其安装与标定的问题。

## 7.2.1　选型与安装

基于关节转角反馈的机器人精度补偿技术，顾名思义，其补偿精度将极大地依赖机器人各关节所装转角反馈装置的特性，如其反馈信号类型、最大读数速度、测量精度、分辨率、热膨胀系数、安装方式和要求等。此外，由于机器人本体结构与机床大为不同，不能直接套用机床的应用模式，因此针对机器人各关节转角反馈装置的选型显得尤为重要。

通过对机器人运动学分析可知，机器人在空间中的位置精度主要取决于其前三关节的转角精度，因此，本章拟在 KUKA KR210 工业机器人的前三关节处安装转角反馈装置。该型六关节串联机器人的外形结构尺寸较为紧凑，能供给安装转角反馈装置的空间有限；此外，作为一个完整的外购装配体，对机器人进行拆卸并在其外壳上直接加工出转角反馈装置的安装法兰也不现实，因此倾向于选择一种安装占用空间较小且对机器人外壳处理较少的转角反馈装置。一般的直线和角度反馈装置都由两个主要部分构成，即栅尺和读数头，而角度反馈装置的栅尺通常为一个卡环类的刚体，意图直接套装在旋转轴的外表面，因此轴外表面需满足栅尺内环特定的安装尺寸和精度要求。结合以上分析，该类装置不适用于机器人各关节。

通过对机器人机械结构的分析发现，机器人前三关节主要依靠转盘轴承实现各部分的相对转动，且机器人关节外表面就是转盘轴承的外表面，由于 KUKA 工业机器人所安装的转盘轴承也是整体外购件，因此可以考虑以直线栅尺粘贴安装在关节外表面“以直代曲”的应用形式。

由于采用“以直代曲”的应用方式，需要将光栅的直线位移转换为关节的旋转位移，因此为了保证对关节旋转位移测量的准确性，该直线光栅相应的测量精度和分辨率应根据对各关节旋转位移测量所需的精度而确定。研究发现，对机器人前三关节转角测量的最小分辨率应不高于 0.001°，因此根据经验将其规定为 0.001°，通过“以直代曲”的几何关系转换后，得到关节 1、2、3 的转角反馈装置所应具备的最小测量分辨率分别不高于 423.24 nm、289.72 nm、283.62 nm。

综合机器人各关节外形结构尺寸、栅尺安装方式、“以直代曲”的几何转换关

系、转角反馈装置最小测量分辨率以及栅尺信号接入集成控制系统的难易程度等诸多因素，并通过对多家供应商产品特性的对比，最终选定 RENISHAW（雷尼绍）RTLA-S 型绝对式直线光栅和 RESOLUTE 型读数头，其主要技术参数如表 7.1 所示。

**表 7.1 RESOLUTE 读数头和 RTLA-S 光栅主要技术参数**

| | |
|---|---|
| 信号类型 | 绝对式信号，BiSS-C（单向）协议 |
| 栅尺安装方式 | 自贴式安装 |
| 几何尺寸 | 0.4 mm×8 mm |
| 分辨率 | 50 nm |
| 精度 | ±5 μm/m（20℃环境下） |
| 热膨胀系数 | (10.1±0.2) μm/(m·℃)（20℃环境下） |
| 最大读取速度 | 100 m/s |

转角反馈装置型号确定后，需要根据其具体的安装要求和机器人的外形结构尺寸，设计并制造出相应的读数头安装座。当在机器人相应外表面按照要求贴好光栅尺后，再安装读数头和安装座，并通过微调使读数头在所贴光栅整个测量量程范围内持续、稳定、准确地获得相应读数。到此转角反馈装置的安装过程结束，前三关节安装转角反馈装置后的机器人如图 7.2 所示。

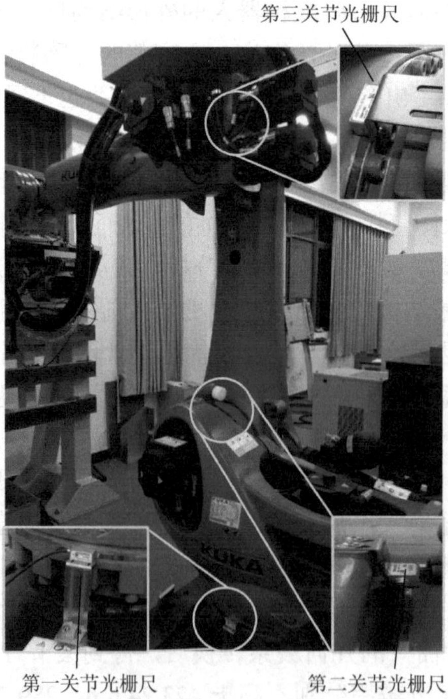


图 7.2 前三关节安装转角反馈装置后的 KUKA 工业机器人

## 7.2.2　标定

机器人关节处的绝对式直线光栅尺的安装误差会直接影响机器人关节实际转角值的检测，进而对关节误差修正产生影响。因此，所安装的关节转角反馈光栅必须经过标定，即得到光栅反馈信号值与机器人各关节实际转动角度之间准确的映射关系，才能作为机器人精度补偿的依据。其中，光栅的反馈信号值可直接通过 RENISHAW 自带的数据读取软件或程序接口函数获得，而直接获取机器人各关节相应的实际转角值比较困难，故采用激光跟踪仪在空间中采点拟合的方法。

光栅的标定工作主要包括两个部分，即规定各关节光栅读数零点值，并确定该值所对应的机器人实际关节转角值，以及确定各关节光栅读数与实际转角值之间的增量关系。利用激光跟踪仪进行光栅标定的原理如图 7.3 所示。

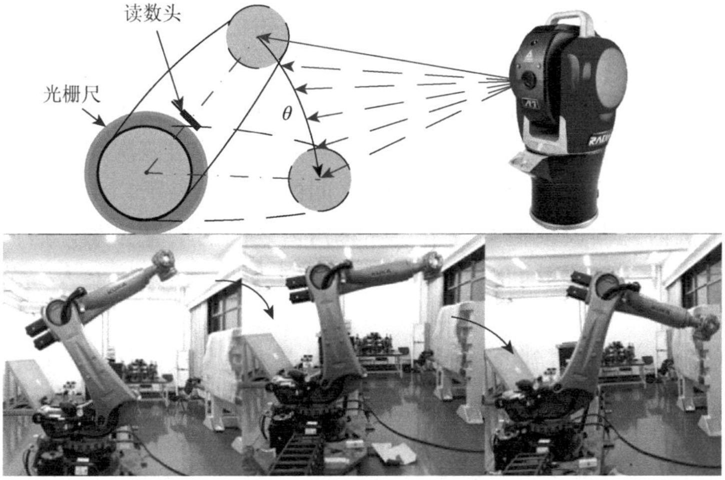


图 7.3　光栅标定原理示意图（第二关节）

根据实际应用情况，分别为每个关节设定一个固定的光栅读数预定值，并将该组值所对应机器人的实际位置当作其零点位置，以作为运动的参考，本章选取一组逼近机器人关节空间位置（0, −90°, 90°, 0, 0, 0）的光栅读数作为机器人零点。随后借助激光跟踪仪，将与其配套的靶球和安装座固定在机器人法兰盘上，标定出这组光栅读数下机器人前三关节所对应的实际转角值。根据机器人 D-H 模型的构建过程可知，第一关节转角值是相对于机器人基坐标系 $x$ 轴在其 $yoz$ 平面内所转动的角度，根据机器人基坐标系的构建过程可知，不妨将机器人第一关节在规定光栅读数位置时所对应的转角值设置为 0°，而其真实的转角值可当成关节一转角的微小常数误差，通过参数辨识的方法得到。第二关节转角值是连杆二相对于

机器人基坐标系 $x$ 轴在其 $xoz$ 平面内所转动的角度，需要拟合出连杆二的轴线，即保证机器人第一关节和第二关节处于规定零点位置，单独转动机器人第三关节拟合出关节三的旋转中心，保证机器人第一关节和第三关节处于规定零点位置，单独转动机器人第二关节拟合出关节二的旋转中心，将两个旋转中心投影至机器人基坐标系 $xoz$ 平面，两个投影点的连线即为连杆二，进而得到关节二在规定光栅读数位置时所对应的实际转角值。第三关节转角值是连杆三相对于连杆二在机器人基坐标系 $xoz$ 平面内所转动的角度，其获得方法与第二关节实际转角获得方法类似，需要拟合出连杆三的轴线，即保证机器人第一、二、三关节处于规定零点位置，单独转动机器人第四关节拟合出关节四的旋转中心，将该旋转中心投影至机器人基坐标系 $xoz$ 平面，则该投影点与第三关节旋转中心投影点的连线即为连杆三，进而得到关节三在规定光栅读数位置所对应的实际转角值。

而后，从关节零点出发，以 10°为角度步长，单独转动机器人某一待标定关节到达目标角度，同时测量并记录每次动作起始位置和停止位置所对应的转角反馈值和机器人末端位置。随后，在与激光跟踪仪配套的测量软件中，以所测全部机器人末端位置点拟合构造圆，再分别作过该圆心和各测量点的直线，则期间某次动作中机器人该关节转动角度的实际值即可由该次动作起始位置测量点所在直线与停止位置测量点所在直线之间的夹角来表示，由此可以建立每个转角增量范围内光栅反馈值与关节实际转角值之间的增量关系，后期可将关系相近的区间合并，加以前面标定出的零点位置，即可作为机器人关节伺服精度补偿的依据。

通过光栅标定，所得到的光栅零点位置及其对应的实际转角值如表 7.2 所示，所得光栅反馈值与关节实际转角值之间的增量关系如表 7.3 所示。

**表 7.2　光栅零点位置及其所对应实际转角值**

| 关节序号 | 光栅零点位置读数/nm | 关节零点对应转角值/(°) |
|---|---|---|
| 关节一 | 12962800 | −0.0076 |
| 关节二 | 3985800 | −89.9255 |
| 关节三 | 4268800 | 90.0015 |

**表 7.3　光栅反馈值与关节实际转角值之间的增量关系**

| 关节序号 | 转角区间/(°) | 光栅度数增量/转角增量/(50 nm/(°)) |
|---|---|---|
| 关节一 | −40～−30 | 84738.3 |
| | −30～−20 | 84747.9 |
| | −20～−10 | 84739.6 |

续表

| 关节序号 | 转角区间/(°) | 光栅度数增量/转角增量/(50 nm/(°)) |
|---|---|---|
| 关节一 | −10～0 | 84758.2 |
| | 0～10 | 84746.5 |
| | 10～20 | 84743.9 |
| | 20～30 | 84745.7 |
| | 30～40 | 84746.9 |
| 关节二 | −70～−60 | 58078.5 |
| | −80～−70 | 58072.1 |
| | −90～−80 | 58070.1 |
| | −100～−90 | 58061.5 |
| | −110～−100 | 58065.8 |
| | −120～−110 | 58067.0 |
| 关节三 | 60～70 | 56790.5 |
| | 70～80 | 56794.7 |
| | 80～90 | 56805.9 |
| | 90～100 | 56799.3 |
| | 100～110 | 56813.5 |
| | 110～120 | 56807.7 |

## 7.3　关节回差对 TCP 定位精度的影响

### 7.3.1　关节回差的变化规律

关节回差是指机器人关节从正反两个方向运动到指定角度的偏差，其对末端定位精度的影响如图 7.4 所示。可以看出，虽然机器人关节回差较小，但是通过连杆的放大作用，末端会产生较大的定位误差。

为了研究关节回差的作用规律，基于前面 KUKA KR210 工业机器人前三关节圆弧面处安装的绝对式直线光栅，通过在上位机集成控制软件中实时读取光栅信号来测量关节回差的大小。

首先，单独控制机器人一关节以一定的角度增量从起始位置运动到末端位置，然后以相同的角度增量反向运动到起始位置，分析单一关节运动过程中正反方向的关节角度偏差。关节回差测量参数如表 7.4 所示，其中 A4、A5 和 A6 始终保持 0°、90°和−15°。以 A1 轴为例，在环境温度为 20～21℃且机器人末端负载为 150 kg

的条件下，设置 A1 轴关节运动范围为[−30°，30°]。接着，研究不同关节位置对关节回差的影响，在相同的速度下每隔 10°作为角度步距控制关节运动到达指定角度，重复试验 5 次；为了研究关节速度对关节回差的影响，设置机器人法兰盘中心速度变化范围为 1%～50%（100%速度对应机器人末端 2 m/s），在不同的速度下每隔 10°作为角度步距控制关节运动到达指定角度，重复试验 5 次。当单独旋转一关节时，可以认为关节角速度与法兰盘中心速度呈正相关。

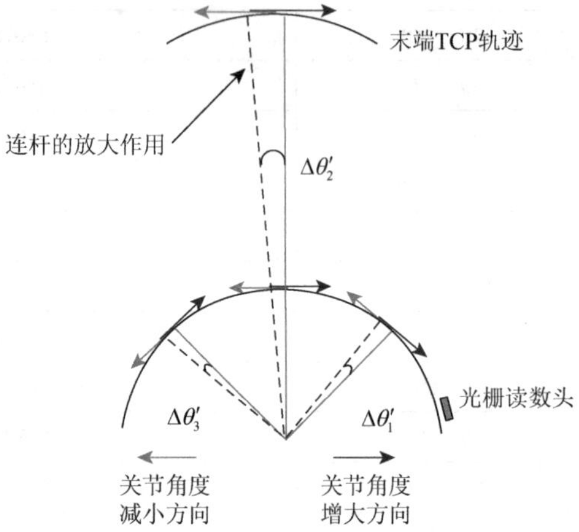


图 7.4　关节回差对末端定位误差的影响

**表 7.4　关节回差测量参数**

| 轴序号 | 关节运动范围/(°) | 角度步距/(°) | 速度范围/% | 重复次数 |
| --- | --- | --- | --- | --- |
| A1 | [−30, 30]和[30, −30] | 10 | 1～50 | 5 |
| A2 | [−100, −80]和[−80, −100] | 5 | 1～50 | 5 |
| A3 | [80, 100]和[100, 80] | 5 | 1～50 | 5 |

试验过程中，记录关节到达每个指定位置时的光栅读数。将正方向关节位置的光栅读数平均值与反方向关节位置的光栅读数平均值之间的差值作为关节回差，得到机器人关节回差与运动速度和关节位置之间的关系，如图 7.5 所示。

由图 7.5 可以看出，关节回差由机器人运动速度和关节位置共同影响，其中主要影响因素是机器人运动速度。关节回差整体上随着运动速度的增加而减小，但当运动速度增加到一定程度时，关节回差反向增大。主要原因在于，当运动速度较小时关节角动量较小，不足以抵消关节间隙，从而关节回差较大；当运动速度增大时，关节角动量逐渐增大，关节制动距离增大，在一定程度上可抵消关节间隙的影响，从而减小关节回差；当运动速度增大到一定程度时，过大的制动距

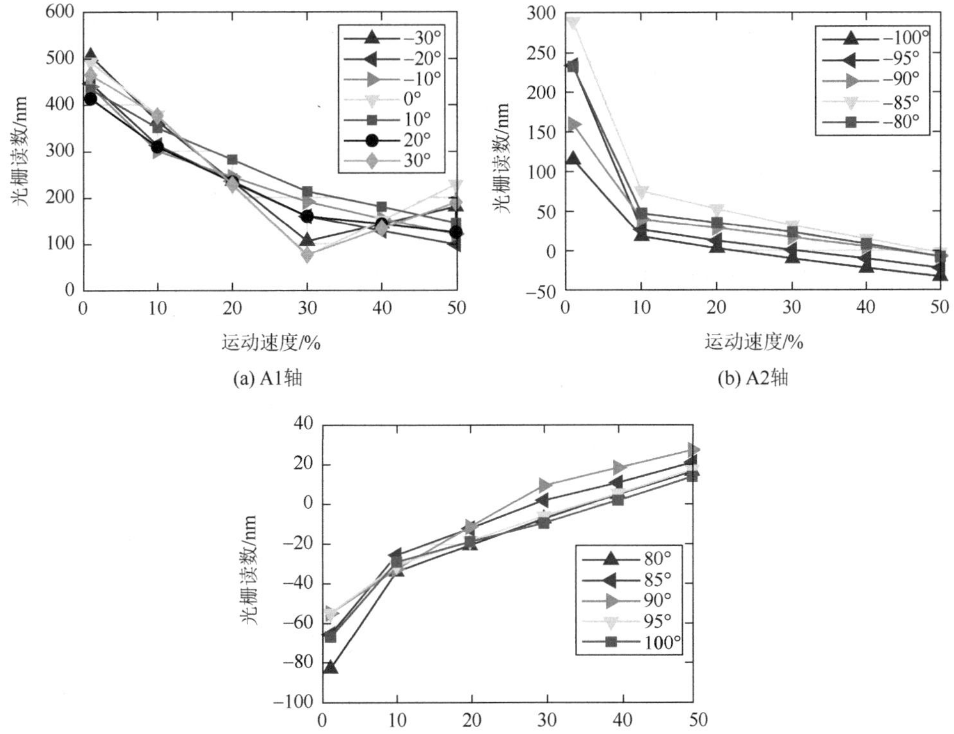


(a) A1轴　(b) A2轴　(c) A3轴

图 7.5　关节回差测量结果

离会使关节回差反向增大。进一步分析可知，关节回差主要由齿轮间隙和关节摩擦滞后引起。当相互啮合的齿轮存在间隙时，关节反向运动会导致关节存在回程误差。此外，当关节反向运动时，关节瞬时速度经历从减速到反向加速的过程，此时关节摩擦发生突变，导致关节出现滞后。因此，机器人运动速度增大使得关节角动量增大，在一定程度上可以减小由关节间隙与关节摩擦滞后导致的关节回差。

综上所述，机器人运动速度对关节回差的影响比关节位置明显，并且在一定范围内关节回差随着运动速度的增大而减小。由于只在机器人前三关节上安装光栅尺，以上试验仅仅局限在机器人的前三关节，后三关节同样也存在关节回差。

### 7.3.2　多方向位置精度

在关节空间中，机器人关节可以从正反方向运动到指定关节位置，从而在笛卡儿空间中，机器人末端就可以从任意方向运动到指定位姿。关节回差通过关节传递和连杆放大作用，导致末端 TCP 位置具有不确定性，这种在笛卡儿空间中由运动方向不同引起的位置不确定性称为机器人多方向位置精度变动，具体计算公式如式（1.6）所示。

如图 7.6 所示，在机器人工作空间中选取 600 mm×1000 mm×600 mm 的长方体作为试验区域，$P_1$、$P_2$ 和 $P_3$ 为对角线上的测试点，按照图 7.6 所示的三个相互垂直的运动方向对每一个测试点重复运动 30 次，运动距离为 100 mm，机器人运动速度变化范围为 1%～50%。在环境温度为 20～21℃且机器人末端负载为 150 kg 的条件下，使用 API Radian 型激光跟踪仪对机器人多方向位置精度进行测量，其在 10 m 范围内的绝对测距精度为 15 μm，测量靶球固定在末端执行器侧面的一个固定位置。机器人多方向位置精度变动试验参数如表 7.5 所示，试验结果如图 7.7 所示。

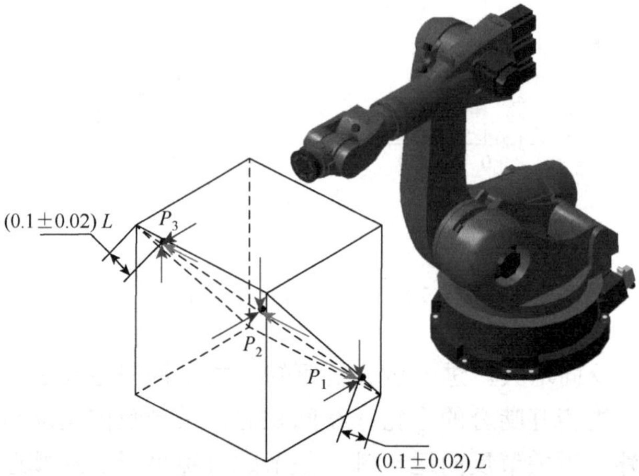


图 7.6　多方向位置精度变动测量点选取

箭头表示运动方向；$L$ 表示立方体对角线长度

**表 7.5　机器人多方向位置精度变动试验参数**

| 测试点 | 指令坐标（$x, y, z, a, b, c$） | 速度范围/% | 重复次数 |
|---|---|---|---|
| $P_1$ | （1510, 700, 1060, 0, 0, 0） | 1～50 | 30 |
| $P_2$ | （1650, 300, 1300, 0, 0, 0） | 1～50 | 30 |
| $P_3$ | （1890, −100, 1540, 0, 0, 0） | 1～50 | 30 |

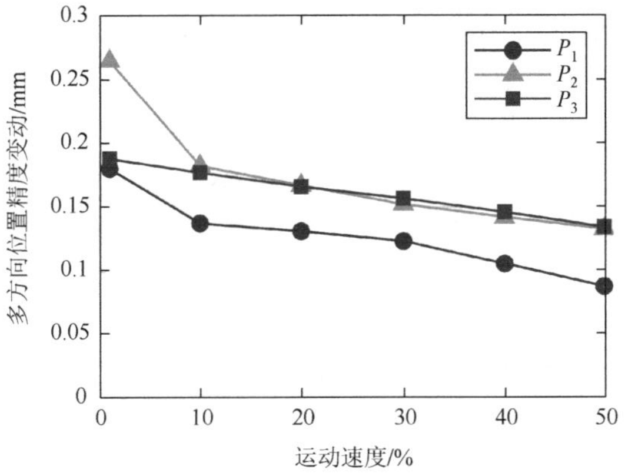


图 7.7　机器人多方向位置精度变动测量结果

由图 7.7 可以看出，整体上机器人多方向位置精度变动随着机器人运动速度的增大而减小。究其原因在于，随着机器人运动速度的增大，关节回差减小，关节到达指定位置的一致性提高，从而在笛卡儿空间中从不同方向运动到同一目标位置的实到位置集群逐渐靠拢，故机器人多方向位置精度变动减小。同时，在相同运动速度下，机器人末端位置对多方向位置精度变动影响不大，这也与关节位置对关节回差的影响不大相吻合。综上可知，关节回差是机器人多方向位置精度变动的主要影响因素，提高机器人运动速度能在一定程度上减小关节回差，从而提高机器人多方向位置精度。然而，机器人在笛卡儿空间下的运动是多关节联合运动的结果，机器人末端速度与关节速度之间的线性映射关系为雅可比矩阵，由于雅可比矩阵是关节转角的函数，在某些位置下，即使机器人末端速度很大，部分关节速度相对较小，关节回差仍旧无法消除。因此，有必要采取高效稳定的手段来消除关节回差，从而提高机器人多方向位置精度。

**【例 7-1】**　通过数值仿真模拟机器人末端 TCP 定位误差，并对上述的切比雪夫多项式误差估计模型的可行性进行验证与分析。基本思路为：利用一组在合理范围内随机生成的机器人运动学参数误差，建立含有运动学参数误差的机器人运动学模型，来模拟机器人真实运动学模型；然后，根据采样点理论位姿与模拟得到的定位误差，建立切比雪夫多项式误差估计模型，并对切比雪夫系数进行辨识；最后，利用切比雪夫多项式误差估计模型对目标点的定位误差进行估计，将目标点定位误差估计值与模拟出的实际定位误差进行对比，验证本章提出的空间误差估计模型的准确性。

**解**　切比雪夫多项式空间误差估计模型数值模拟仿真步骤如下所述。

(1)在合理范围内随机生成各运动学参数误差，代入机器人理论运动学模型中，得到含有运动学参数误差的机器人运动学模型，用以模拟机器人真实运动学模型。

（2）确定机器人工作空间为 600 mm×1000 mm×600 mm 的长方体区域，在该长方体区域内随机生成 100 个采样点和 20 个目标点，分别用于构建切比雪夫多项式空间误差估计模型和验证空间误差估计模型的准确性。将采样点与目标点理论位姿通过运动学逆解得到对应的理论关节转角值，将这些关节转角值代入含有参数误差的运动学模型中，计算采样点与目标点的实际位置误差。其中采样点位置误差用以模拟采样点的真实定位误差，目标点的实际位置误差用以和目标点定位误差估计值进行对比分析。

（3）根据采样点的理论位姿和实际定位误差，建立切比雪夫多项式误差估计模型。

（4）将目标点理论关节转角值代入切比雪夫多项式误差估计模型中，计算得到目标点定位误差估计值，然后与步骤（2）中的目标点的实际定位误差进行对比，验证空间误差估计模型的准确性。

根据上述的步骤，分别建立 0～3 阶切比雪夫多项式误差估计模型，得到目标点位置误差的估计误差之和，如图 7.8 所示。其中，目标点位置误差的估计误差之和为位置误差估计值与实际误差之间的差值之和。

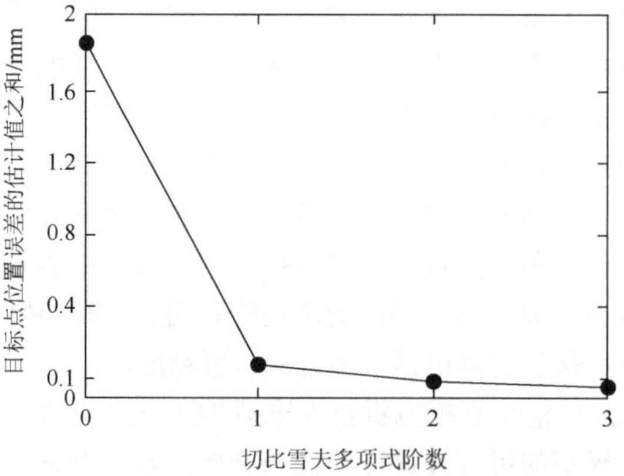


图 7.8　不同阶数下切比雪夫多项式误差估计结果

可以看出，目标点位置误差的估计误差之和随着切比雪夫多项式阶数的增大而减小，说明高阶切比雪夫多项式误差估计模型能够更加准确地反映机器人定位误差分布特性。其中，使用二阶切比雪夫多项式误差估计模型对目标点位置误差进行估计，得到目标点位置误差的估计误差之和为 0.0798 mm，平均值为 0.003989 mm，远低于机器人的单向重复定位误差，满足误差估计的精度要求。考虑到高阶切比雪夫多项式系数辨识效率的问题，采用二阶切比雪夫多项式误差估计模型对机器人进行误差建模，对应的目标点位置误差的估计结果如图 7.9 所示。

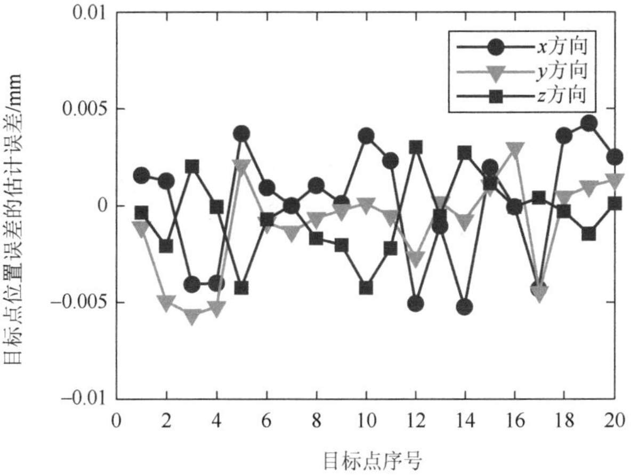


图 7.9　二阶切比雪夫多项式误差估计结果

可以看出，目标点位置误差估计值与实际值相差不大，$x$、$y$、$z$ 方向上位置误差的估计误差平均值分别为−0.000122 mm、−0.00101 mm、−0.00056 mm，标准差分别为 0.003119 mm、0.002456 mm、0.001946 mm，说明二阶切比雪夫多项式误差模型能够精确估计目标点的定位误差。

**【例 7-2】**　通过数值仿真的方式对关节映射模型的准确性进行验证与分析。

**解**　具体验证步骤如下所述。

（1）在合理范围内随机生成各运动学参数误差，代入机器人理论运动学模型中，得到含有运动学参数误差的机器人运动学模型，用以模拟机器人实际运动学模型。

（2）确定机器人工作空间为 600 mm×1000 mm×600 mm 的长方体区域，在该长方体区域内随机生 20 个验证点。首先将验证点理论位姿通过运动学逆解求解方法得到对应的理论关节转角值，将这些关节转角值代入含有参数误差的运动学模型中，计算得到验证点的机器人末端实际位置，进而计算出验证点的实际定位误差，用于模拟验证点真实的定位误差。

（3）将验证点理论关节转角和实际定位误差代入关节映射模型中，计算得到前三关节的转角修正值。

（4）将验证点的前三关节转角修正值和后三关节理论值代入含有参数误差的运动学模型中，得到验证点修正后的到达位置，与验证点理论位置进行对比，验证关节映射模型的准确性。

根据上述的仿真步骤，得到验证点修正后的到达位置与理论位置的偏差，结果如图 7.10 所示。

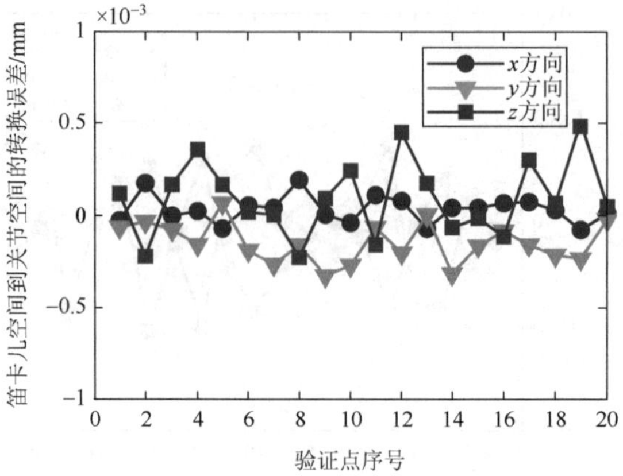


图 7.10 关节映射模型仿真验证

可以看出，机器人位置误差从笛卡儿空间映射到关节空间的转换误差较小，$x$、$y$、$z$ 方向上的转换误差都在 1 μm 以内，说明将机器人笛卡儿空间末端位置误差转换为关节空间转角误差是可行的。

## 7.4 基于前馈补偿与反馈控制的精度补偿策略

结合机器人离线补偿方法和在线修正方法的补偿原理，给出一种前馈补偿和反馈控制相结合的机器人误差补偿策略，控制框图如图 7.11 所示。该精度补偿方法主要包括前馈和反馈两个控制回路，其中前馈实现机器人定位误差预测与转换，反馈构成关节闭环。前馈回路包括建立切比雪夫多项式误差估计模型，实现机器人末端定位误差的估计以及建立关节映射模型，用以将笛卡儿空间误差转换为关节空间误差。反馈回路中利用机器人前三关节处的绝对式直线光栅在线测量关节转角信号，并实时传输给反馈控制器降低关节回差的影响，实现末端定位误差的在线修正。

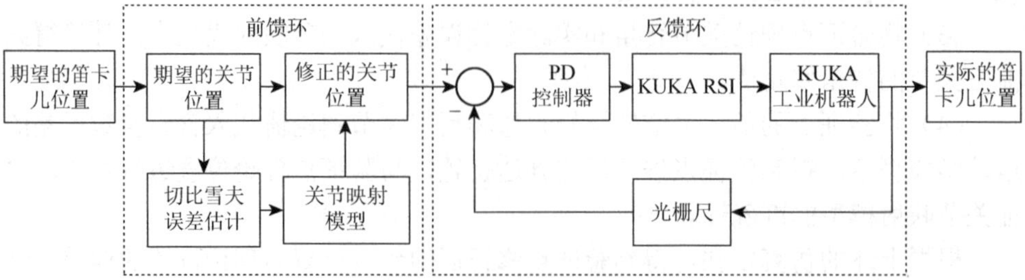


图 7.11 基于前馈环和反馈环的机器人定位精度补偿控制框图

反馈控制器采用离散形式的 PD 控制律，即

$$\mu(nT) = k_{\mathrm{P}} e(nT) + k_{\mathrm{D}} \{e(nT) - e[(n-1)T]\} \tag{7.25}$$

式中，$\mu(nT)$ 为当前控制器输出；$k_{\mathrm{P}}$、$k_{\mathrm{D}}$ 分别为比例、微分控制系数；$T$ 为采样周期；$n$ 为采样间隔数；$e(nT)$ 为当前采样时刻的跟踪误差。

关节闭环反馈的机器人精度补偿流程如图 7.12 所示，具体步骤如下所述。

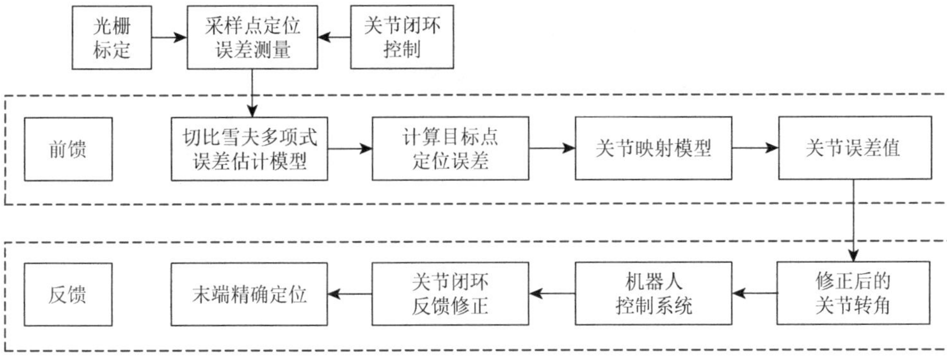


图 7.12　关节闭环反馈的机器人精度补偿流程

（1）确定机器人工作空间各关节的运动范围，在此范围内随机生成若干采样点和若干目标点，将采样点理论位置输入机器人，在关节闭环控制作用下用激光跟踪仪测量机器人末端实际到达位置，继而计算出采样点对应的定位误差值。

（2）根据本章提出的切比雪夫多项式空间误差建模方法，利用步骤（1）得到的采样点理论位置和定位误差值，建立空间误差估计模型。

（3）将目标点代入步骤（2）空间误差估计模型中，计算目标点的定位误差估计值，然后通过关节映射模型将估计的笛卡儿空间位置误差映射到前三个关节，得到修正后的关节转角值。

（4）设计 PD 控制器作为关节闭环反馈的控制器。将修正后的关节转角输入机器人，结合 KUKA RSI 实时交互环境，通过关节闭环反馈修正对关节转角进行精确控制，从而实现机器人末端的精确定位。

其中，关节闭环反馈修正的具体流程是：机器人运动到位后，上位机获取关节光栅反馈信号，经过光栅标定模型计算得到关节实际转角值，关节理论值与实际转角值的差值经过 PD 控制器的处理成为关节修正量，关节修正量通过 Ethernet 通信发送给机器人，借助 RSI 实时交互环境，机器人接收到关节修正量后在 12 ms 内快速响应，完成关节误差修正，关节的位置变化会引起光栅反馈信号的变化，从而上位机能够实时获取关节实际转角值。至此，就完成了一个周期的关节误差修正。关节误差修正流程如图 7.13 所示。在一个 RSI 信号处理周期内关节修正量过大会导致机器人振动，对关节运动控制产生影响，因此将关节闭环反馈修正过

程分为粗修正与精修正两个过程。粗修正给每个关节 0.002°/$T$ 修正量，当关节目标角度与实际角度相差小于 0.007°时，进入精修正过程。精修正采用 PD 控制器，经过参数整定后，比例、微分增益常量分别为 $k_{\mathrm{P}}=0.05$、$k_{\mathrm{D}}=0.65$，此时关节闭环反馈修正能达到较好的控制精度。

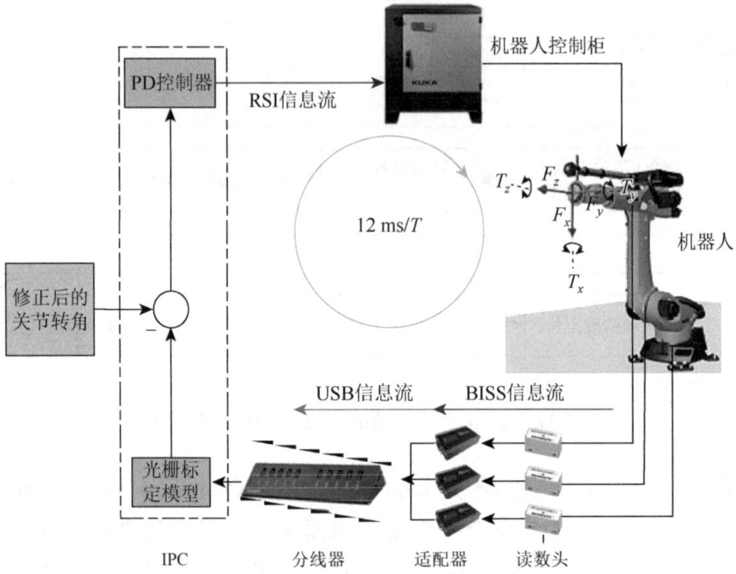


图 7.13　关节误差修正流程

关节反馈精度补偿方法是通过建立空间误差估计模型，估计目标位姿的定位误差，然后将其转换为关节转角误差，通过关节闭环控制对关节转角误差进行实时修正。整个补偿过程中，并未修改机器人控制系统中的运动学参数，因此该补偿方法对机器人控制系统的开放权限没有要求，具有较好的工程应用价值。同时，在机器人关节处安装绝对式直线光栅，通过关节闭环反馈修正减小关节回差，进而保证误差采样的准确性，从而从数据来源上保证机器人误差建模的准确性。在实际应用中，可以在离线编程阶段对规划好的目标位姿进行定位误差的估计和误差的转换，得到修正后的关节转角值并发送给机器人，从而提高精度补偿的效率。

## 7.5　应用实例

采用如图 7.14 所示的试验平台研究前馈与反馈相结合的机器人精度补偿方法。其中，工业机器人为 KUKA KR210 工业机器人，主要参数如表 7.6 所示。机器人定位误差测量仪器是 API Radian 型激光跟踪仪，主要参数如表 6.7 所示。

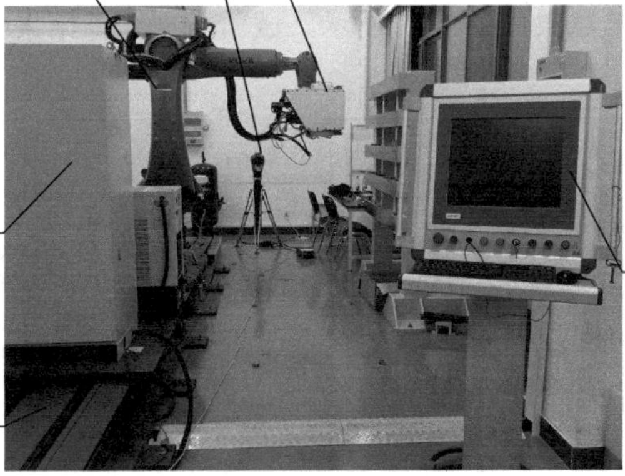


图 7.14　机器人精度测量试验平台

**表 7.6　KUKA KR210 工业机器人主要参数**

| 指标 | 值 |
|---|---|
| 关节数 | 6 |
| 额定最大载荷 | 210 kg |
| 最大臂展 | 2696 mm |
| 重复定位精度 | ±0.06 mm |

## 7.5.1　空载试验

保持机器人末端 TCP 姿态角 $a$、$b$、$c$ 均在[−10°，10°]区间内，在如图 7.6 所示的长方体区域中随机生成 100 个采样点和 100 个目标点，采样点用于构建机器人空间误差估计模型，目标点用于验证机器人前馈补偿与反馈控制的精度提升方法的有效性。机器人各关节的运动范围如表 7.7 所示。

**表 7.7　机器人关节运动范围**　（单位：(°)）

| 数据类型 | 关节 1 | 关节 2 | 关节 3 | 关节 4 | 关节 5 | 关节 6 |
|---|---|---|---|---|---|---|
| 最大值 | 25 | −70 | 120 | 15 | 110 | 20 |
| 最小值 | −25 | −110 | 70 | −15 | 60 | −40 |

首先，在关节闭环控制作用下用激光跟踪仪测量 100 个采样点的实际定位误差，作为精度补偿的原始误差数据。然后，采用二阶切比雪夫多项式误差估计模

型对 100 个采样点进行空间误差建模，辨识出切比雪夫系数最优值。目标点补偿前后的定位误差试验结果如图 7.15 所示，试验数据统计结果如表 7.8 所示。

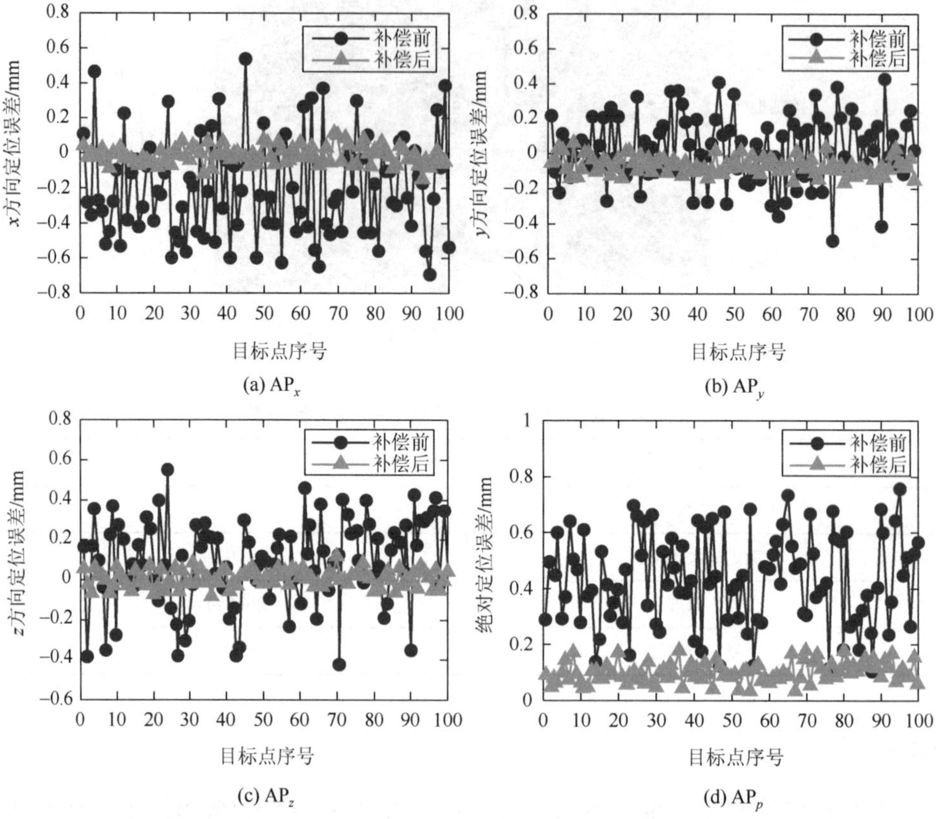


图 7.15　补偿前后定位误差对比

**表 7.8　试验数据统计结果**　　（单位：mm）

| 误差类型 | 状态 | 误差范围 | 平均值 |
|---|---|---|---|
| AP$_x$ | 补偿前 | [−0.70, 0.54] | 0.29 |
| | 补偿后 | [−0.15, 0.11] | 0.04 |
| AP$_y$ | 补偿前 | [−0.49, 0.43] | 0.16 |
| | 补偿后 | [−0.17, 0.06] | 0.07 |
| AP$_z$ | 补偿前 | [−0.44, 0.54] | 0.20 |
| | 补偿后 | [−0.08, 0.12] | 0.04 |

续表

| 误差类型 | 状态 | 误差范围 | 平均值 |
|---|---|---|---|
| $AP_p$ | 补偿前 | [0.10, 0.76] | 0.43 |
| | 补偿后 | [0.03, 0.18] | 0.10 |

由图 7.15 和表 7.8 可以看出，经过关节闭环反馈的精度补偿后，机器人的定位误差显著减小，在机器人基坐标系 $x$、$y$、$z$ 三个方向的误差分量都补偿到 ±0.2 mm 以内，误差波动幅度大幅减少，三个方向误差分量的平均值趋近于零，且较补偿前表现出了更高的稳定性。同时机器人最大绝对定位误差由补偿前的 0.76 减小至 0.18 mm，平均值由补偿前的 0.43 mm 减小至 0.10 mm。相比于补偿前，机器人的最大定位误差降幅达到了 76.3%，机器人绝对定位精度显著提升。补偿后机器人绝对定位精度均在 0.2 mm 内，满足航空制造领域对机器人绝对定位精度的要求。

## 7.5.2　钻孔试验

首先，将试板固定在工装上，利用试板上预制基准孔建立产品坐标系；然后，在产品坐标系下规划孔间距为 20 mm、孔排距为 25 mm、直径为 5 mm 的 21 个待钻孔位；最后，根据关节空间闭环反馈的机器人精度补偿方法，控制机器人至待钻孔位，完成制孔任务。

如图 7.16 所示，试板中圆圈内的孔为 4 个预制的直径为 5 mm 的基准孔，试板中间矩形框的孔为机器人所制的验证孔。测量验证孔的圆心在产品坐标系下的实际位置，与验证孔的理论位置进行比较，得到验证孔的位置误差。机器人自动制孔试验结果如图 7.17 所示，孔的位置精度统计数据如表 7.9 所示。由制孔试验结果可以看出，使用机器人前馈补偿和反馈控制方法后，机器人制孔后的孔位误差在 0.25 mm 以内。

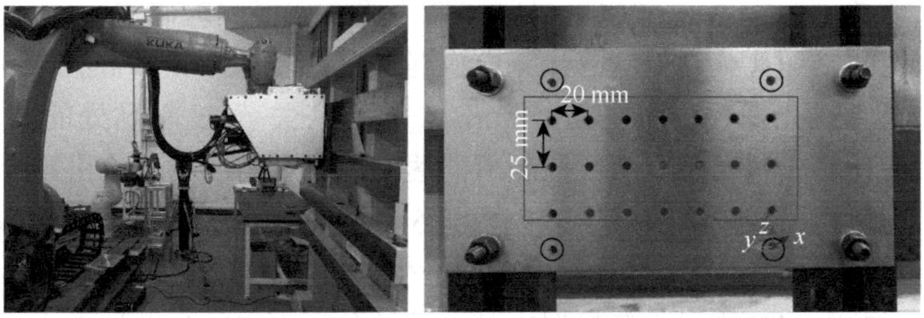


图 7.16　机器人自动制孔试验场景

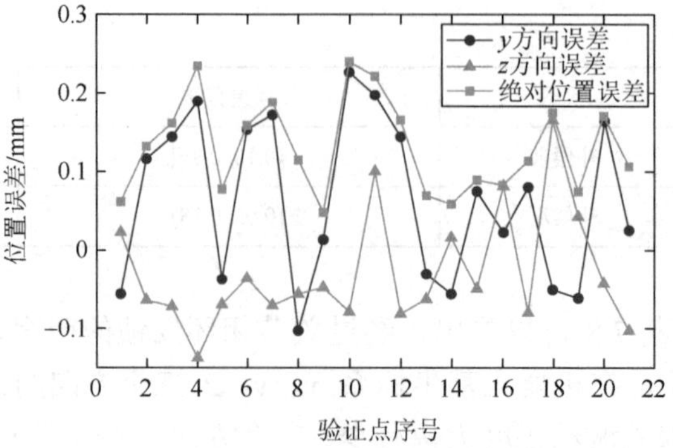


图 7.17　机器人自动制孔试验结果

**表 7.9　机器人制孔位置精度统计数据**　　（单位：mm）

| 误差类型 | 误差范围 | 平均值 |
|---|---|---|
| $AP_y$ | [−0.10, 0.23] | 0.10 |
| $AP_z$ | [−0.14, 0.17] | 0.07 |
| $AP_p$ | [0.05, 0.24] | 0.13 |

# 习　题

7-1　相比于离线精度补偿技术，关节空间闭环反馈的精度补偿技术有什么优势？

7-2　简述光栅尺的标定过程。

7-3　简述关节回差对定位精度的影响。

7-4　机器人末端 TCP 为什么存在多方向位置精度变动？

7-5　谈谈你对用切比雪夫多项式法估计机器人定位误差的理解。

7-6　谈谈你对前馈补偿-反馈控制的双回路精度补偿策略的理解。

7-7　若机器人关节 2 伺服电机编码器为绝对式多圈编码器，编码器位数为 17 位，减速器减速比为 260，请计算电机对关节角度的理论最高控制精度。

7-8　若直线光栅尺分辨率为 5 nm，在机器人关节 2 粘贴处的圆周直径为 600 mm，请计算依靠光栅尺闭环控制所能达到的关节角度的理论最高控制精度。

7-9　简述切比雪夫多项式误差模型和 5 参数 MD-H 误差模型的区别。

7-10　简述光栅尺在安装过程中可能产生的误差类型。

7-11　如图 7.18 所示，在机器人某关节转角范围内的光栅尺上平均分布 $j-1$ 个点 $P_1 \sim P_{j-1}$，对应点位的光栅尺读数为 $D_1 \sim D_{j-1}$。以 $P_{i+1}$ 点为例，其相对于负限

位点 $P_0$ 的理论角度为 $\theta_{i+1}$，采用设备对该关节真实转角实测的值为 $\theta'_{i+1}$，请计算待补偿点 $P_d$ 的真实转角值。

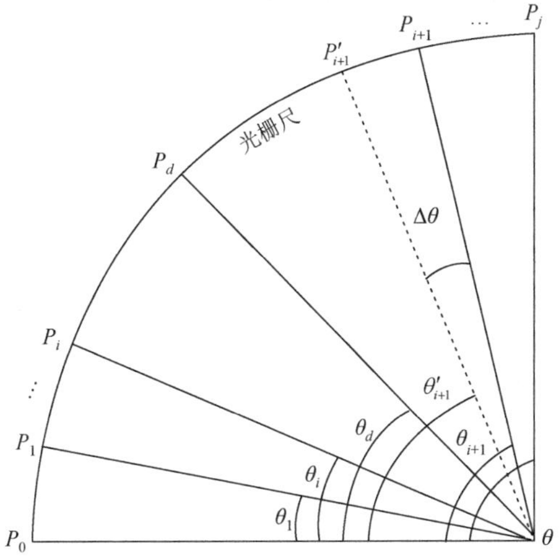


图 7.18　题 7-11 图

# 第8章 笛卡儿空间闭环反馈的精度补偿技术

作为一种新型的测量手段，视觉传感器具有较大的测量空间，一次可以获得更多点位的信息。本章介绍另外一种闭环反馈的机器人精度补偿方法——基于视觉引导的笛卡儿空间闭环反馈法。首先，介绍双目相机成像模型，分析双目相机测量误差；其次，从视觉测量原理出发，通过理论公式推导分析视觉测量过程中末端执行器坐标系建立方法对视觉传感器测量误差的影响机理；然后，介绍卡尔曼滤波方法以提高视觉测量精度；最后，给出机器人的视觉引导控制策略，设计模糊 PID 控制器实现闭环反馈。

## 8.1 双目相机成像模型

相机成像是指三维的物体空间向二维的图像空间映射的过程，这种映射关系也称为投影。三维图像的二维投影必定会丢失深度信息，这就要求视觉测量系统从不同角度同时获取目标图像或者移动相机从不同位置获取同一目标图像来得到目标点的三维坐标。双目相机像人眼一样，通过两台相机从不同角度拍摄图像，基于三角原理计算图像的深度信息，后面内容将对双目相机的成像原理做具体的阐释分析。

如图 8.1 所示为一个典型的双目视觉系统，左右两相机可以是平行的也可以成一定的角度。图中的左右相机相互平行，点 $S$ 为左右相机透镜光学中心连线的中点，即为双目视觉系统的传感器中心。$B$ 为左右相机光学中心的连线长度，又称基线距离。左右相机的图像平面均位于左右相机的焦点上，并垂直于各相机光轴。

空间任一点 $P$ 在左相机坐标系$\{L\}$和右相机坐标系$\{R\}$中的位置可分别描述为

$$\boldsymbol{P}_l = [x_l \quad y_l]^{\mathrm{T}} \tag{8.1}$$

$$\boldsymbol{P}_r = [x_r \quad y_r]^{\mathrm{T}} \tag{8.2}$$

$P$ 点在传感器坐标系$\{S\}$中的描述为

$$^{S}\boldsymbol{P} = [X \quad Y \quad Z]^{\mathrm{T}} \tag{8.3}$$

由三角关系可得出

$$\frac{B-(x_l - x_r)}{B} = \frac{Z-f}{f} \tag{8.4}$$

式中，$f$ 为相机焦距。

用 $d$ 代替 $x_l - x_r$，将双目测量模型的数学公式简化，可计算出 $P$ 点在传感器坐标系 $\{S\}$ 中的三维坐标为

$$\begin{cases} X = \dfrac{x_l Z}{f} \\ Y = \dfrac{y_l Z}{f} \\ Z = \dfrac{Bf}{d} \end{cases} \tag{8.5}$$

因此，空间中任一点只要在左右相机的相机平面上均有相应的匹配点就可以计算出该点的三维坐标。

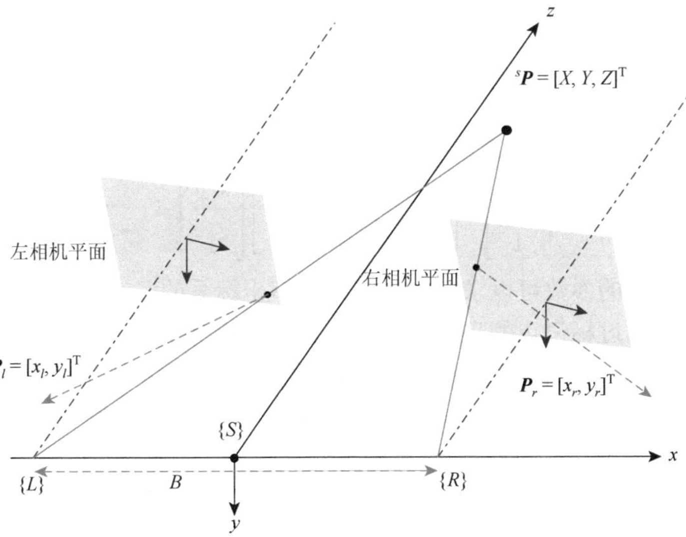


图 8.1　双目相机系统示意图

机器人视觉伺服过程中不仅需要对机器人的位置进行校正，还需要对机器人的姿态进行实时跟踪控制，因此双目视觉系统需要通过至少三个标记点来实现对机器人位姿误差的实时跟踪。如图 8.2 所示，通过四个标志点建立一个刚体跟踪模型，标志点之间的相对位姿关系是固定不变的，相机通过前面内容描述的三角关系测量出每个标志点的位置，通过四个固定的标志点可以计算出该刚体跟踪模型的姿态。

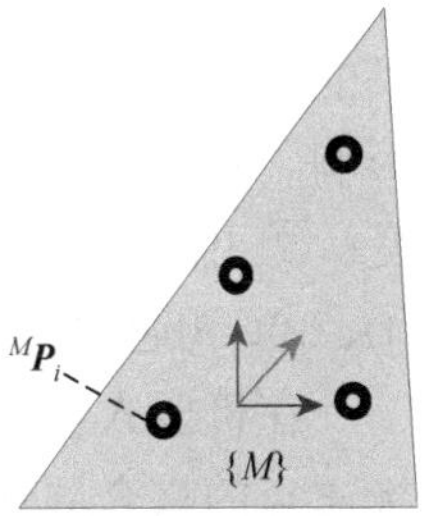


图 8.2　跟踪模型

刚体跟踪模型坐标系$\{M\}$下第$i$个标志点的坐标为

$$^{M}\boldsymbol{P}_i=[x_i \quad y_i \quad z_i]^{\mathrm{T}} \tag{8.6}$$

如图 8.2 所示，通过四个标志点建立刚体跟踪模型坐标系$\{M\}$，刚体跟踪模型坐标系和相机坐标系之间的相对位姿关系可以计算为

$$^{S}\boldsymbol{P}_i={}_{M}^{S}\boldsymbol{Rt}\ {}^{M}\boldsymbol{P}_i \tag{8.7}$$

式中

$${}_{M}^{S}\boldsymbol{Rt}=\begin{bmatrix} r_{11} & r_{12} & r_{13} & r_{14} \\ r_{21} & r_{22} & r_{23} & r_{24} \\ r_{31} & r_{32} & r_{33} & r_{34} \\ 0 & 0 & 0 & 1 \end{bmatrix}=\begin{bmatrix} {}_{M}^{S}\boldsymbol{R}_{3\times3} & {}_{M}^{S}\boldsymbol{t}_{3\times1} \\ \boldsymbol{0}_{1\times3} & 1 \end{bmatrix} \tag{8.8}$$

式中，${}_{M}^{S}\boldsymbol{Rt}$表示双目测量坐标系和刚体跟踪模型坐标系之间的位姿转换关系，包括旋转和平移两部分；${}_{M}^{S}\boldsymbol{R}_{3\times3}$表示旋转变换关系；${}_{M}^{S}\boldsymbol{t}_{3\times1}$表示平移变换关系。通过把刚体跟踪模型里的四个标志点在双目相机坐标系下的坐标和在刚体坐标系下的坐标代入式（8.9）可求出${}_{M}^{S}\boldsymbol{Rt}$矩阵的 12 个参数。

$$\begin{bmatrix} {}^{S}X_i \\ {}^{S}Y_i \\ {}^{S}Z_i \\ 1 \end{bmatrix}=\begin{bmatrix} r_{11} & r_{12} & r_{13} & r_{14} \\ r_{21} & r_{22} & r_{23} & r_{24} \\ r_{31} & r_{32} & r_{33} & r_{34} \\ 0 & 0 & 0 & 1 \end{bmatrix}\begin{bmatrix} {}^{M}x_i \\ {}^{M}y_i \\ {}^{M}z_i \\ 1 \end{bmatrix} \tag{8.9}$$

通过旋转矩阵的参数可以求出刚体跟踪模型坐标系的姿态，刚体跟踪模型坐标系的位置可以通过标记点的坐标解算出来。双目相机在跟踪时可以通过标志点实时计算出机器人末端的实际位姿，而跟踪标志点的耦合刚体模型会将双目相机测量误差耦合在一起，8.2 节将对双目相机测量误差做详细描述。

## 8.2 双目相机测量误差源分析

上面对双目相机测量模型做了简要的介绍，可以看出双目相机结构参数对单个标志点的测量精度有较大影响，而实际测量中除了双目相机系统的结构参数外，相机的内外参数以及相机对目标标志点的匹配等都会对双目相机的测量精度有较大影响。造成双目相机测量误差的因素有很多，主要因素可分为四个部分：①残余畸变；②相机参数标定误差；③双目视觉系统结构参数误差；④量化匹配误差。其中①、②、③通常被认为是系统偏差，而④主要受图像量化提取以及匹配算法的影响。

在机器人视觉伺服过程中，实际跟踪的是若干个标志点耦合建立的刚体模型，标志点的耦合同样会把各种因素引起的测量误差耦合起来，造成分析困难，本节主要从相机对单点测量误差影响出发，分析刚体模型的测量误差。

### 8.2.1　双目相机结构参数误差

如图 8.3 所示为一双目相机的结构简化模型，$O_L$和$O_R$为左右相机的光学中心，$O_lX_lY_lZ_l$、$O_rX_rY_rZ_r$分别是左右相机成像面坐标系，$O_LX_WY_WZ_W$为世界坐标系。空间一点 $P$ 在左右相机成像面上的投影点为 $P_l$和 $P_r$，$f_l$和 $f_r$分别为左右相机各成像面原点到其光学中心的距离。

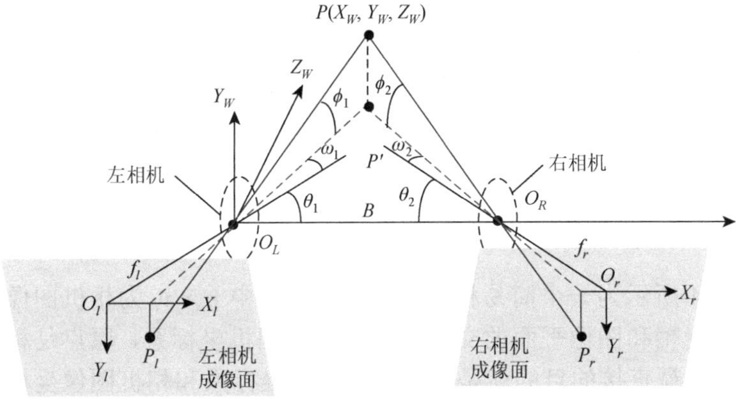


图 8.3　双目成像模型

根据几何关系可求出 $P$ 点在世界坐标系下的坐标为

$$\begin{cases} X_W = \dfrac{B\cot(\theta_1+\omega_1)}{\cot(\theta_1+\omega_1)+\cot(\theta_2+\omega_2)} \\ Y_W = \dfrac{Z_W\tan\phi_1}{\sin(\theta_1+\omega_1)} = \dfrac{Z_W\tan\phi_2}{\sin(\theta_2+\omega_2)} \\ Z_W = \dfrac{B}{\cot(\theta_1+\omega_1)+\cot(\theta_2+\omega_2)} \end{cases} \tag{8.10}$$

式中

$$\begin{cases} \omega_1 = \arctan\dfrac{X_l}{f_l} \\ \omega_2 = \arctan\dfrac{X_r}{f_r} \\ \tan\phi_1 = \dfrac{Y_l\cos\omega_1}{f_l} \\ \tan\phi_2 = \dfrac{Y_r\cos\omega_2}{f_r} \end{cases} \tag{8.11}$$

式（8.10）可以写成和相机结构有关的函数关系式，即

$$P(X_W, Y_W, Z_W) = F(B, \theta_1, \theta_2, f_l, f_r, X_l, Y_l, X_r, Y_r) \tag{8.12}$$

$P$ 点的系统精度可以表示为

$$\Delta = \sqrt{(\Delta x)^2 + (\Delta y)^2 + (\Delta z)^2} = \sqrt{\sum_i \sum_{x,y,z} \left( \frac{\partial F(x,y,z)}{\partial i} \cdot \delta_i \right)^2} \tag{8.13}$$

式中，$i = B, \theta_1, \theta_2, f_l, f_r, X_l, Y_l, X_r, Y_r$；$\delta_i$ 为每个影响因素的权系数。每个因素的测量精度可以表示为

$$\xi_i = \sum_{x,y,z} \left( \frac{\partial F(x,y,z)}{\partial i} \cdot \delta_i \right)^2 \tag{8.14}$$

可以看出虽然相机结构参数对精度影响很大，但是系统的结构参数造成的误差可以被量化。

### 8.2.2 相机标定误差

如图 8.4 所示为一个简易相机成像模型，其中 $o_u x_u y_u$ 为相机图像平面坐标系，原点为光轴和图像平面的交点。$o_c x_c y_c z_c$ 为相机坐标系，原点是相机光学中心。相机标定最直接的目的就是求出点在世界坐标系和相机图像坐标系下的转换关系：

$$z\boldsymbol{P}_u' = z\begin{bmatrix} x_u \\ y_u \\ 1 \end{bmatrix} = \begin{bmatrix} \alpha_x & 0 & u_0 \\ 0 & \alpha_y & v_0 \\ 0 & 0 & 1 \end{bmatrix} \begin{bmatrix} \boldsymbol{R} & \boldsymbol{T} \end{bmatrix} \begin{bmatrix} x_w \\ y_w \\ z_w \\ 1 \end{bmatrix} = \boldsymbol{W}_1 \boldsymbol{W}_2 \boldsymbol{P}_w \tag{8.15}$$

式中，$\boldsymbol{W}_1 = \begin{bmatrix} \alpha_x & 0 & u_0 \\ 0 & \alpha_y & v_0 \\ 0 & 0 & 1 \end{bmatrix}$ 称为相机的内参数矩阵；$\boldsymbol{W}_2 = [\boldsymbol{R} \quad \boldsymbol{T}]$ 称为相机的外参数矩阵；$\boldsymbol{P}_w = [x_w \quad y_w \quad z_w \quad 1]^{\mathrm{T}}$ 为物体上的点 $P$ 在世界坐标系下的齐次坐标列阵；$[u_0 \quad v_0]$ 为图像平面中心坐标；$\alpha_x$ 为焦距 $f$ 与像素在图像坐标系 $x$ 轴方向上物理尺寸的比值；$\alpha_y$ 为焦距 $f$ 与像素在图像坐标系 $y$ 轴方向上物理尺寸的比值；$\boldsymbol{R}$、$\boldsymbol{T}$ 分别为世界坐标系和相机坐标系之间的旋转和平移矩阵；$z$ 为物体上的点 $P$ 在相机坐标系下的 $z$ 轴坐标；$\boldsymbol{P}_u' = [x_u \quad y_u \quad 1]^{\mathrm{T}}$ 为点 $P$ 成像点 $P'$ 在图像平面坐标系下的齐次坐标列阵。

由于相机制造安装精度、标定方法等限制，实际标定过程中会存在一定的误差，一旦完成标定这个误差就是固定的，对系统测量精度的影响也可认为是固定不变的。

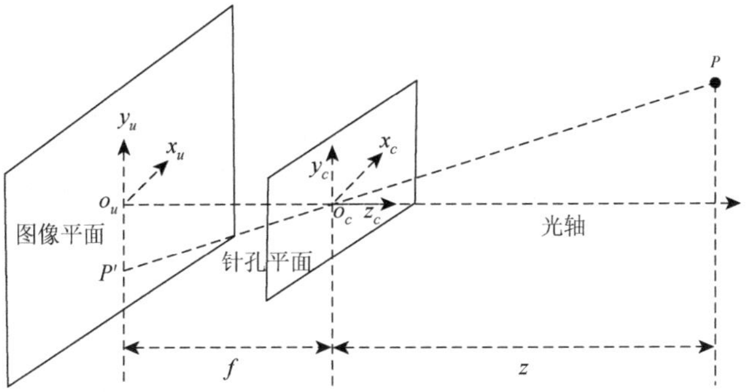


图 8.4　相机成像模型

### 8.2.3　双目相机量化匹配误差

在双目视觉测量系统中，相机的量化匹配精度是非常关键的，它将直接影响相机的测量精度，可以说量化匹配精度在一定程度上决定了相机的测量精度。量化匹配误差分为量化误差和匹配误差。量化误差指相机在采集图像时需要将采集的图像转化为数字信号，这个过程会把原本连续的模拟信号离散成数字信号从而产生量化误差。量化误差和相机的分辨率息息相关，当相机分辨率较高时，采集的目标像素更密，离散时也会更加接近真实情况，此外一般认为量化误差在一定范围内是不变的。匹配即对图像特征的提取，在相机参数等已经标定完成的情况下，匹配算法的精度直接影响到最后的测量精度，假设匹配误差为 $\Delta d$，对于空间点的测量深度误差可以表示为

$$\Delta Z = \frac{Z^2}{fB}\Delta d \tag{8.16}$$

## 8.3　基于双目视觉传感器的位姿测量

视觉测量作为一种近些年才迅速发展的技术，受限于其测量精度，在高精度测量领域应用并不广泛。本节从视觉位姿测量原理出发，通过理论公式推导分析位姿测量过程中噪声过大的原因，提出减小位姿测量误差的方法，并设计卡尔曼滤波器，实现机器人末端 TCP 位姿信号的滤波。

### 8.3.1　工作空间坐标系描述

根据采用相机个数的不同，视觉测量通常分为单目测量、双目测量和多目测量。单目测量采用一台相机，只能获取被测物体的二维平面信息，因其深度方向距离不确定，通常无法获取被测物体在空间中的位姿，常用于平面视觉测量。双目测量技术模拟人类双眼的测量方法，通过拍摄同一物体不同角度的二维平面信息，计算被测物体的三维位置坐标，是应用最广泛的测量方法。多目测量技术在

双目测量技术的基础上，可以建立大型视觉测量场，但是由于涉及多个相机间的标定，测量精度略低，常用于对精度要求不是很高的大范围测量。本章根据机器人的高精度测量需求以及机器人工作范围综合考虑，采用 Creamform 公司的 C-Track 视觉设备测量机器人末端 TCP 在笛卡儿空间中的位姿，如图 8.5 所示。

(a) 双目视觉传感器C-Track及其视觉靶标点　　(b) HandyPROBE探笔

图 8.5　双目视觉传感器 C-Track 及其 HandyPROBE 探笔

通过 C-Track 中的 VXprobe 模块建立不同的坐标系，可以建立统一测量场。为叙述方便，以钻孔加工为例，推导机器人钻孔加工时期望的位姿。引入传感器坐标系$\{S\}$、基坐标系$\{0\}$、末端执行器坐标系$\{E\}$、工件坐标系$\{W\}$、待加工孔坐标系$\{H\}$，分布如图 8.6 所示。

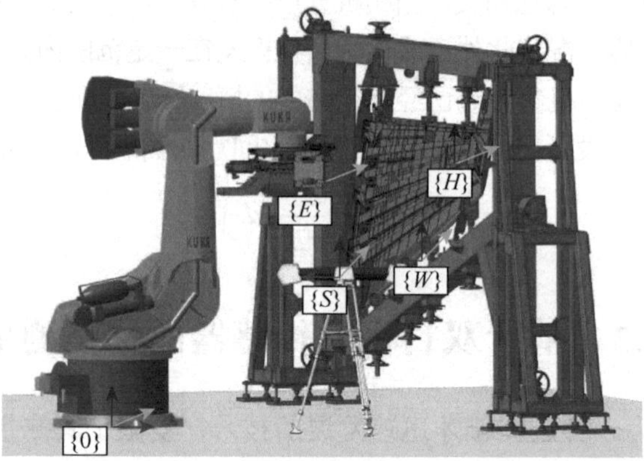


图 8.6　坐标系分布示意图

整个测量场$\{S\}$由双目视觉建立，机器人基坐标系$\{0\}$与工件坐标系$\{W\}$在$\{S\}$下的描述由旋转矩阵表示，分别记为${}^S\boldsymbol{T}_0$与${}^S\boldsymbol{T}_W$。以工件表面待加工孔圆心为原点，轴向为$z$轴，同时约束$x$轴与地面平行，根据右手法则建立待加工孔坐标系$\{H\}$，其在工件坐标系$\{W\}$下的描述为${}^W\boldsymbol{T}_H$。机器人加工位置即为末端执行器坐标系$\{E\}$与待加工孔坐标系$\{H\}$的重合位置。末端执行器在基坐标系下的位姿为

$$\begin{aligned}{}^0\boldsymbol{T}_E &= {}^0\boldsymbol{T}_H \\ &= {}^0\boldsymbol{T}_S\,{}^S\boldsymbol{T}_W\,{}^W\boldsymbol{T}_H \\ &= {}^S\boldsymbol{T}_0^{-1}\,{}^S\boldsymbol{T}_W\,{}^W\boldsymbol{T}_H\end{aligned} \tag{8.17}$$

## 8.3.2　位姿测量原理

如图 8.7 所示，在末端执行器上贴上视觉靶标点，任意三个靶标点不在一条直线上，末端执行器坐标系$\{E\}$在刀尖点处，靶标点群与对应的$\{E\}$一同称为跟踪模型。当 C-Track 识别到末端执行器上的靶标群时，就能获取末端执行器坐标系$\{E\}$相对于坐标系$\{S\}$的位姿关系${}^{S}\boldsymbol{T}_{E}$。

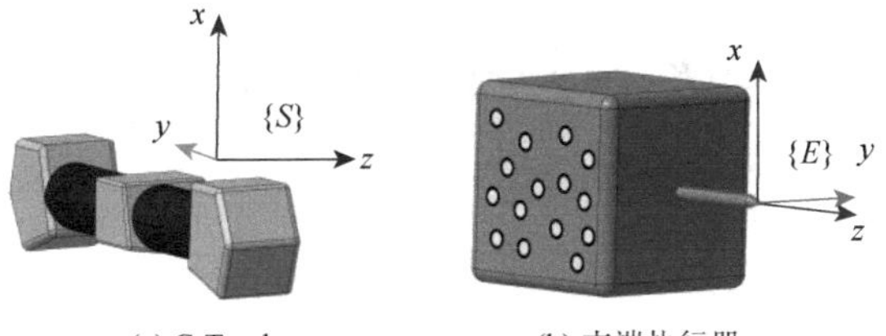


图 8.7　位姿测量示意图

位姿求解问题可以通过以下方式描述：空间中有 $n$（$n>3$）个视觉靶标点，并与坐标系$\{E\}$固连，将靶标点在坐标系$\{E\}$下的坐标值 $\boldsymbol{m}_i$ 构成矩阵 $\boldsymbol{M}$：

$$\boldsymbol{M}=[\boldsymbol{m}_1\quad \boldsymbol{m}_2\quad \cdots\quad \boldsymbol{m}_n] \tag{8.18}$$

同理，在坐标系$\{S\}$下，可将靶标点的坐标值 $\boldsymbol{s}_i$ 构成矩阵 $\boldsymbol{S}$：

$$\boldsymbol{S}=[\boldsymbol{s}_1\quad \boldsymbol{s}_2\quad \cdots\quad \boldsymbol{s}_n] \tag{8.19}$$

靶标点在两个坐标系下的坐标变换可以表示为

$$\boldsymbol{R}\boldsymbol{m}_i+\boldsymbol{t}=\boldsymbol{s}_i \tag{8.20}$$

式中，$\boldsymbol{R}$ 是$\{E\}$相对于$\{S\}$的旋转矩阵；$\boldsymbol{t}$ 是$\{E\}$相对于$\{S\}$的平移向量。由于双目视觉测量误差，无法求得满足所有 $\boldsymbol{m}_i$ 变换到 $\boldsymbol{s}_i$ 的旋转矩阵 $\boldsymbol{R}$ 和平移向量 $\boldsymbol{t}$。为求解旋转矩阵 $\boldsymbol{R}$ 与平移向量 $\boldsymbol{t}$ 的最优估计，将式（8.20）改写为

$$F(\boldsymbol{R},\boldsymbol{t})=\sum_{i=1}^{n}\left\|\boldsymbol{R}\boldsymbol{m}_i+\boldsymbol{t}-\boldsymbol{s}_i\right\|^2 \tag{8.21}$$

为得到式（8.21）的最小值，对其关于变量 $\boldsymbol{t}$ 求偏导，得

$$\frac{\partial F}{\partial \boldsymbol{t}}=2\sum_{i=1}^{n}(\boldsymbol{R}\boldsymbol{m}_i+\boldsymbol{t}-\boldsymbol{s}_i)=2\boldsymbol{R}\sum_{i=1}^{n}\boldsymbol{m}_i+2n\boldsymbol{t}-2\sum_{i=1}^{n}\boldsymbol{s}_i \tag{8.22}$$

将式（8.22）简化为

$$\frac{\partial F}{\partial \boldsymbol{t}}=2n(\boldsymbol{R}\bar{\boldsymbol{m}}+\boldsymbol{t}-\bar{\boldsymbol{s}}) \tag{8.23}$$

式中

$$\bar{\boldsymbol{m}}=\frac{1}{n}\sum_{i=1}^{n}\boldsymbol{m}_i \tag{8.24}$$

$$\overline{\boldsymbol{s}}=\frac{1}{n}\sum_{i=1}^{n}\boldsymbol{s}_i \tag{8.25}$$

式（8.24）和式（8.25）的几何意义分别是视觉靶标点几何中心在坐标系$\{E\}$和坐标系$\{S\}$下的坐标向量。当式（8.21）取最小值时，$\boldsymbol{t}$ 的取值即为最优平移向量，令式（8.23）取值为 0，即可求得最优平移向量 $\boldsymbol{t}$:

$$\boldsymbol{t}^{*}=-\boldsymbol{R}\overline{\boldsymbol{m}}+\overline{\boldsymbol{s}} \tag{8.26}$$

将式（8.26）代入式（8.21），得

$$F(\boldsymbol{R},\boldsymbol{t})=\sum_{i=1}^{n}\left\|\boldsymbol{R}(\boldsymbol{m}_i-\overline{\boldsymbol{m}})-(\boldsymbol{s}_i-\overline{\boldsymbol{s}})\right\|^2 \tag{8.27}$$

式（8.27）可简化为

$$F(\boldsymbol{R},\boldsymbol{t})=\sum_{i=1}^{n}\left\|\boldsymbol{R}\boldsymbol{m}_{ci}-\boldsymbol{s}_{ci}\right\|^2 \tag{8.28}$$

式中

$$\boldsymbol{m}_{ci}=\boldsymbol{m}_i-\overline{\boldsymbol{m}} \tag{8.29}$$

$$\boldsymbol{s}_{ci}=\boldsymbol{s}_i-\overline{\boldsymbol{s}} \tag{8.30}$$

分别表示在坐标系$\{E\}$和坐标系$\{S\}$下，以所有靶标点几何中心为起点，各个靶标点为终点所构成的矢量。

进一步地，式（8.28）可展开为

$$\sum_{i=1}^{n}\left\|\boldsymbol{R}\boldsymbol{m}_{ci}-\boldsymbol{s}_{ci}\right\|^2=\sum_{i=1}^{n}\boldsymbol{m}_{ci}^{\mathrm{T}}\boldsymbol{m}_{ci}-2\boldsymbol{s}_{ci}^{\mathrm{T}}\boldsymbol{R}\boldsymbol{m}_{ci}+\boldsymbol{s}_{ci}^{\mathrm{T}}\boldsymbol{s}_{ci} \tag{8.31}$$

式中，等号右边第一项和第三项都是常量，问题可转化为求

$$F(\boldsymbol{R})=\sum_{i=1}^{n}\boldsymbol{s}_{ci}^{\mathrm{T}}\boldsymbol{R}\boldsymbol{m}_{ci}=\mathrm{tr}(\boldsymbol{S}_c^{\mathrm{T}}\boldsymbol{R}\boldsymbol{M}_c) \tag{8.32}$$

的最大值。式中

$$\boldsymbol{M}_c=[\boldsymbol{m}_{c1}\quad \boldsymbol{m}_{c2}\quad \cdots\quad \boldsymbol{m}_{cn}]$$

$$\boldsymbol{S}_c=[\boldsymbol{s}_{c1}\quad \boldsymbol{s}_{c2}\quad \cdots\quad \boldsymbol{s}_{cn}]$$

利用矩阵迹的性质，有

$$\mathrm{tr}(\boldsymbol{S}_c^{\mathrm{T}}\boldsymbol{R}\boldsymbol{M}_c)=\mathrm{tr}(\boldsymbol{R}\boldsymbol{M}_c\boldsymbol{S}_c^{\mathrm{T}}) \tag{8.33}$$

记

$$\boldsymbol{P}=\boldsymbol{M}_c\boldsymbol{S}_c^{\mathrm{T}} \tag{8.34}$$

并对式（8.34）进行奇异值分解，有

$$\boldsymbol{P}=\boldsymbol{U}\boldsymbol{\varSigma}\boldsymbol{V}^{\mathrm{T}} \tag{8.35}$$

式（8.33）可转化为

$$\mathrm{tr}(\boldsymbol{R}\boldsymbol{P})=\mathrm{tr}(\boldsymbol{R}\boldsymbol{U}\boldsymbol{\varSigma}\boldsymbol{V}^{\mathrm{T}})=\mathrm{tr}(\boldsymbol{\varSigma}\boldsymbol{H}) \tag{8.36}$$

式中

$$H = V^{\mathrm{T}}RU$$

因为 $V^{\mathrm{T}}$、$R$、$U$ 都是正交矩阵，所以 $H$ 也是正交矩阵，各元素最大值不大于 1，则有

$$\mathrm{tr}(\boldsymbol{\Sigma H}) = \mathrm{tr}\left(\begin{bmatrix} \sigma_1 & 0 & 0 \\ 0 & \sigma_2 & 0 \\ 0 & 0 & \sigma_3 \end{bmatrix}\begin{bmatrix} h_{11} & h_{12} & h_{13} \\ h_{21} & h_{22} & h_{23} \\ h_{31} & h_{32} & h_{33} \end{bmatrix}\right) = \sum_{i=1}^{3}\sigma_i h_{ii} < \sum_{i=1}^{3}\sigma_i \tag{8.37}$$

若要式（8.36）取得最大值，$H$ 对角线元素取 1，故

$$H = V^{\mathrm{T}}RU = I \tag{8.38}$$

则可以得到旋转矩阵 $R$ 的最优解为

$$R^* = VU^{\mathrm{T}} \tag{8.39}$$

将式（8.39）代入式（8.26），即可求得平移向量的最优解 $t^*$，则坐标系 $\{E\}$ 相对于坐标系 $\{S\}$ 的位姿变换关系 ${}^{S}T_{E}$ 为

$${}^{S}T_{E} = \begin{bmatrix} R^* & t^* \\ \mathbf{0} & 1 \end{bmatrix} \tag{8.40}$$

### 8.3.3　跟踪坐标系位姿对测量精度的影响

由 8.3.2 节可知，${}^{S}T_{E}$ 的测量精度与视觉靶标点相对于跟踪坐标系的位置密切相关。不失一般性，针对同一靶标群，跟踪坐标系通常有 4 种建立方法。如图 8.8 所示，其中，坐标系 $\{E_0\}$ 原点在靶标点群几何中心处，在测量坐标系 $\{S\}$ 下位置为 $t$，姿态与测量坐标系相同；坐标系 $\{E_1\}$ 由坐标系 $\{E_0\}$ 通过旋转矩阵 $\Lambda$ 变换得到；坐标系 $\{E_2\}$ 由坐标系 $\{E_0\}$ 平移 $q$ 得到；坐标系 $\{E_3\}$ 由坐标系 $\{E_0\}$ 平移 $q$ 加旋转 $\Lambda$ 得到。由于位姿不改变靶标点相对于坐标系 $\{S\}$ 的位置，故有

$$S = S_0 = S_1 = S_2 = S_3 \tag{8.41}$$

后面内容讨论不同建系位姿对测量精度的影响。

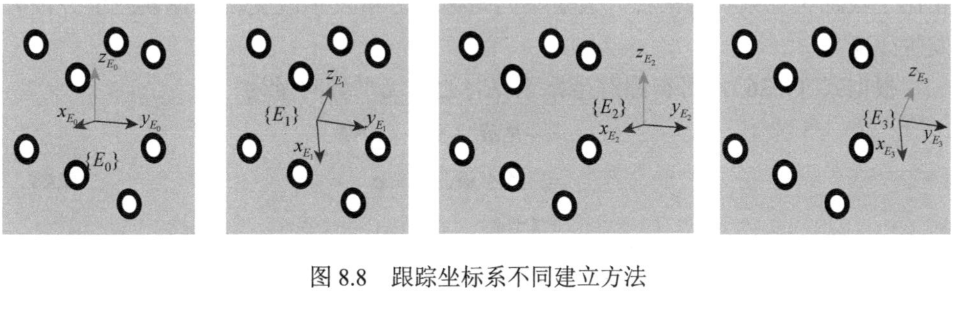


图 8.8　跟踪坐标系不同建立方法

### 1. $\{E_0\}$测量精度

根据矩阵变换关系，容易得出$\{E_0\}$在坐标系$\{S\}$下所测得的旋转与平移为

$$\boldsymbol{R}_0=\boldsymbol{EI} \tag{8.42}$$

$$\boldsymbol{t}_0=\boldsymbol{t}+\boldsymbol{e} \tag{8.43}$$

式中，$\boldsymbol{E}$ 是一个表示微小偏差的正交矩阵，由靶标点测量噪声所引起的微小误差决定；$\boldsymbol{e}$ 是一个表示微小偏差的 3 维列向量。$\boldsymbol{E}$ 和 $\boldsymbol{e}$ 共同表示 C-Track 位姿测量误差，是测量系统的固有属性。

### 2. $\{E_1\}$测量精度

对于跟踪坐标系$\{E_1\}$，靶标点坐标在跟踪坐标系$\{E_1\}$和$\{E_0\}$下具有以下关系：

$$\boldsymbol{m}_{1,i}=\boldsymbol{\varLambda}^{\mathrm{T}}\boldsymbol{m}_{0,i} \tag{8.44}$$

跟踪坐标系$\{E_1\}$矩阵 $\boldsymbol{M}_c$ 为

$$\begin{aligned}\boldsymbol{M}_{1,c}&=[\boldsymbol{m}_{1,1}-\bar{\boldsymbol{m}}_1 \quad \boldsymbol{m}_{1,2}-\bar{\boldsymbol{m}}_1 \quad \cdots \quad \boldsymbol{m}_{1,n}-\bar{\boldsymbol{m}}_1]\\&=[\boldsymbol{\varLambda}^{\mathrm{T}}\boldsymbol{m}_{0,1}-\boldsymbol{\varLambda}^{\mathrm{T}}\bar{\boldsymbol{m}}_0 \quad \boldsymbol{\varLambda}^{\mathrm{T}}\boldsymbol{m}_{0,2}-\boldsymbol{\varLambda}^{\mathrm{T}}\bar{\boldsymbol{m}}_0 \quad \cdots \quad \boldsymbol{\varLambda}^{\mathrm{T}}\boldsymbol{m}_{0,n}-\boldsymbol{\varLambda}^{\mathrm{T}}\bar{\boldsymbol{m}}_0]\\&=\boldsymbol{\varLambda}^{\mathrm{T}}[\boldsymbol{m}_{0,1}-\bar{\boldsymbol{m}}_0 \quad \boldsymbol{m}_{0,2}-\bar{\boldsymbol{m}}_0 \quad \cdots \quad \boldsymbol{m}_{0,n}-\bar{\boldsymbol{m}}_0]\\&=\boldsymbol{\varLambda}^{\mathrm{T}}\boldsymbol{M}_{0,c}\end{aligned} \tag{8.45}$$

由式（8.36）和式（8.45）得

$$\mathrm{tr}(\boldsymbol{S}_{1,c}^{\mathrm{T}}\boldsymbol{R}_1\boldsymbol{M}_{1,c})=\mathrm{tr}(\boldsymbol{R}_1\boldsymbol{M}_{1,c}\boldsymbol{S}_{1,c}^{\mathrm{T}})=\mathrm{tr}(\boldsymbol{R}_1\boldsymbol{\varLambda}^{\mathrm{T}}\boldsymbol{M}_{0,c}\boldsymbol{S}_{1,c}^{\mathrm{T}}) \tag{8.46}$$

根据 8.3.2 节所述方法，可得

$$\boldsymbol{R}_1\boldsymbol{\varLambda}^{\mathrm{T}}=\boldsymbol{V}_0\boldsymbol{U}_0{}^{\mathrm{T}}=\boldsymbol{R}_0 \tag{8.47}$$

将式（8.42）代入式（8.47），可得跟踪坐标系的最优姿态矩阵为

$$\boldsymbol{R}_1=\boldsymbol{\varLambda}\boldsymbol{R}_0=\boldsymbol{\varLambda}\boldsymbol{EI} \tag{8.48}$$

对比式（8.42）与式（8.48），跟踪坐标系$\{E_1\}$姿态误差项跟随$\{E_0\}$一同旋转，相比于跟踪坐标系$\{E_0\}$来说，只是不同坐标轴分量发生改变，总体误差值并没有发生改变。

根据式（8.26），可得跟踪坐标系$\{E_1\}$的最优平移向量为

$$\begin{aligned}\boldsymbol{t}_1&=-\boldsymbol{R}_1\bar{\boldsymbol{m}}_1+\bar{\boldsymbol{s}}\\&=-\boldsymbol{\varLambda}\boldsymbol{\varLambda}^{\mathrm{T}}\bar{\boldsymbol{m}}_0+\boldsymbol{t}+\boldsymbol{e}\\&=\boldsymbol{t}+\boldsymbol{e}\end{aligned} \tag{8.49}$$

对比式（8.43）与式（8.49），可以看出坐标系的姿态不影响最优平移向量 $\boldsymbol{t}_1$ 的误差。

**3. $\{E_2\}$测量精度**

对于跟踪坐标系$\{E_2\}$，靶标点坐标在跟踪坐标系$\{E_2\}$和$\{E_0\}$下具有以下关系：

$$\boldsymbol{m}_{2,i}=\boldsymbol{m}_{0,i}+\boldsymbol{q} \tag{8.50}$$

根据式（8.29）可得跟踪坐标系$\{E_2\}$矩阵$\boldsymbol{M}_{2,c}$为

$$\begin{aligned}\boldsymbol{M}_{2,c}&=[\boldsymbol{m}_{2,1}-\bar{\boldsymbol{m}}_2\quad \boldsymbol{m}_{2,2}-\bar{\boldsymbol{m}}_2\quad \cdots\quad \boldsymbol{m}_{2,n}-\bar{\boldsymbol{m}}_2]\\&=[(\bar{\boldsymbol{m}}_{0,1}+q)-(\bar{\boldsymbol{m}}_0+q)\quad (\bar{\boldsymbol{m}}_{0,2}+q)-(\bar{\boldsymbol{m}}_0+q)\quad \cdots\quad (\bar{\boldsymbol{m}}_{0,n}+q)-(\bar{\boldsymbol{m}}_0+q)]\\&=[\boldsymbol{m}_{0,1}-\bar{\boldsymbol{m}}_0\quad \boldsymbol{m}_{0,2}-\bar{\boldsymbol{m}}_0\quad \cdots\quad \boldsymbol{m}_{0,n}-\bar{\boldsymbol{m}}_0]\\&=\boldsymbol{M}_{0,c}\end{aligned} \tag{8.51}$$

由此可见，跟踪坐标系$\{E_2\}$和$\{E_0\}$所求的矩阵$\boldsymbol{M}_c$相等。从物理意义上来说，$\boldsymbol{M}_c$各个列向量分别表示各个靶标点距离几何中心坐标系$\{M_0\}$的值，只要跟踪坐标系的姿态不发生改变，无论$\boldsymbol{q}$的值如何变化，$\boldsymbol{M}_{2,c}$与$\boldsymbol{M}_{0,c}$都相等。矩阵$\boldsymbol{S}_c$和$\boldsymbol{M}_c$皆相等，所以最优旋转矩阵$\boldsymbol{R}$的值也相等，即

$$\boldsymbol{R}_2=\boldsymbol{R}_0=\boldsymbol{EI} \tag{8.52}$$

根据式（8.26）可得跟踪坐标系$\{E_2\}$的最优平移向量$\boldsymbol{t}_2$为

$$\begin{aligned}\boldsymbol{t}_2&=-\boldsymbol{R}_2\bar{\boldsymbol{m}}_2+\bar{\boldsymbol{s}}\\&=-\boldsymbol{E}\bar{\boldsymbol{m}}_0-\boldsymbol{Eq}+\boldsymbol{t}+\boldsymbol{e}\\&=-\boldsymbol{Eq}+\boldsymbol{t}+\boldsymbol{e}\end{aligned} \tag{8.53}$$

对比式（8.43）与式（8.53），可以看出当跟踪坐标系偏移$\boldsymbol{q}$时，最优平移向量误差多了一项$-\boldsymbol{Eq}$，$\boldsymbol{q}$的值越大，误差也就越大。

**4. $\{E_3\}$测量精度**

对于跟踪坐标系$\{E_3\}$，靶标点在跟踪坐标系$\{E_3\}$和$\{E_0\}$下的坐标具有以下关系：

$$\boldsymbol{m}_{3,i}=\boldsymbol{\varLambda}^{\mathrm{T}}\boldsymbol{m}_{0,i}+\boldsymbol{q} \tag{8.54}$$

根据式（8.29）可得跟踪坐标系$\{E_3\}$对应的矩阵$\boldsymbol{M}_{3,c}$为

$$\begin{aligned}\boldsymbol{M}_{3,c}&=[\boldsymbol{m}_{3,1}-\bar{\boldsymbol{m}}_3\quad \boldsymbol{m}_{3,2}-\bar{\boldsymbol{m}}_3\quad \cdots\quad \boldsymbol{m}_{3,n}-\bar{\boldsymbol{m}}_3]\\&=[(\boldsymbol{\varLambda}^{\mathrm{T}}\bar{\boldsymbol{m}}_{0,1}+q)-(\boldsymbol{\varLambda}^{\mathrm{T}}\bar{\boldsymbol{m}}_0+q)\quad (\boldsymbol{\varLambda}^{\mathrm{T}}\bar{\boldsymbol{m}}_{0,2}+q)-(\boldsymbol{\varLambda}^{\mathrm{T}}\bar{\boldsymbol{m}}_0+q)\\&\quad\ \cdots\quad (\boldsymbol{\varLambda}^{\mathrm{T}}\bar{\boldsymbol{m}}_{0,n}+q)-(\boldsymbol{\varLambda}^{\mathrm{T}}\bar{\boldsymbol{m}}_0+q)]\\&=\boldsymbol{\varLambda}^{\mathrm{T}}[\boldsymbol{m}_{0,1}-\bar{\boldsymbol{m}}_0\quad \boldsymbol{m}_{0,2}-\bar{\boldsymbol{m}}_0\quad \cdots\quad \boldsymbol{m}_{0,n}-\bar{\boldsymbol{m}}_0]\\&=\boldsymbol{\varLambda}^{\mathrm{T}}\boldsymbol{M}_{0,c}\end{aligned} \tag{8.55}$$

与$\boldsymbol{R}_1$计算方法相似，有

$$\boldsymbol{R}_3=\boldsymbol{\varLambda R}_0=\boldsymbol{\varLambda EI} \tag{8.56}$$

根据式（8.26）计算跟踪坐标系$\{E_3\}$的最优平移向量$\boldsymbol{t}_3$:

$$\begin{aligned}\boldsymbol{t}_3 &= -\boldsymbol{R}_3\bar{\boldsymbol{m}}_3 + \bar{\boldsymbol{s}} \\ &= -\boldsymbol{\Lambda E}(\boldsymbol{\Lambda}^{\mathrm{T}}\bar{\boldsymbol{m}}_0 + \boldsymbol{q}) + \boldsymbol{t} + \boldsymbol{e} \\ &= -\boldsymbol{\Lambda E q} + \boldsymbol{t} + \boldsymbol{e}\end{aligned} \tag{8.57}$$

对比式（8.43）与式（8.57），可以看出当跟踪坐标系偏移$\boldsymbol{q}$时，最优平移向量误差多了一项$-\boldsymbol{\Lambda E q}$，$\boldsymbol{q}$的值越大，误差也越大。

通过以上讨论可知，当C-Track以高频率连续测量静态物体位姿时，4种建系方式测量误差会随着$\boldsymbol{E}$和$\boldsymbol{e}$的变化而变化。由于第3种和第4种建系方式计算的最优平移向量$\boldsymbol{t}$引入误差项$-\boldsymbol{Eq}$和$-\boldsymbol{\Lambda Eq}$，位置测量值会产生剧烈的波动。根据上述公式理论推导分析，C-Track的固有测量误差$\boldsymbol{E}$的噪声很小，测量噪声主要取决于跟踪坐标系的偏移量$\boldsymbol{q}$，偏移量$\boldsymbol{q}$与测量噪声呈正相关。因此，在建立跟踪坐标系的时候，原点位置需要尽可能靠近靶标点几何中心。在实际使用过程中，跟踪坐标系的原点通常根据需求设定，如钻刀的刀尖点，因此在实际的使用过程中，粘贴靶标点时需要将靶标点群中心尽可能地靠近刀尖点位置，减小从位姿测量原理上所导致的位姿测量噪声。

## 8.4 基于卡尔曼滤波的位姿估计

C-Track是通过相机测量位姿的，被测物体运动造成图像噪声、振动等不确定因素，会干扰位姿的测量。卡尔曼（Kalman）滤波常应用于动态数据处理中，为满足对机器人末端执行器位姿的动态测量精度需求，本节介绍利用Kalman滤波器对末端执行器位姿进行平滑估计的方法。

### 8.4.1 经典卡尔曼滤波

通常采样周期很小，因此机器人末端TCP在每个采样周期内的位移很小，可以认为是线性运动，建立如下方程：

$$\boldsymbol{X}_k = \boldsymbol{F}\boldsymbol{X}_{k-1} + \boldsymbol{W}_{k-1} \tag{8.58}$$

$$\boldsymbol{Y}_k = \boldsymbol{H}\boldsymbol{X}_k + \boldsymbol{V}_k \tag{8.59}$$

式中，$\boldsymbol{X}_k$是一个12×1的矩阵，表示末端执行器的状态量，包括位姿及位姿的变化率，采用欧拉角表示方法，即

$$\boldsymbol{X}_k = [x_k \quad y_k \quad z_k \quad \alpha_k \quad \beta_k \quad \gamma_k \quad \dot{x}_k \quad \dot{y}_k \quad \dot{z}_k \quad \dot{\alpha}_k \quad \dot{\beta}_k \quad \dot{\gamma}_k]^{\mathrm{T}} \tag{8.60}$$

$\boldsymbol{F}$是一个12×12的矩阵，表示系统的状态转移矩阵，末端执行器当前时刻的位姿是上一时刻位姿加上采样时间内位姿的变化量，由于采样间隔时间短，可以认为在单个采样周期内是匀速运动的，设采样周期为$t_s$，可得状态转移矩阵为

$$F=\begin{bmatrix} I_{6\times6} & t_s I_{6\times6} \\ 0_{6\times6} & I_{6\times6} \end{bmatrix} \tag{8.61}$$

$Y_k$ 是一个 6×1 的矩阵，表示末端执行器的观测量，由 C-Track 测得位置与姿态：

$$Y_k=[x_k \quad y_k \quad z_k \quad \alpha_k \quad \beta_k \quad \gamma_k]^{\mathrm{T}} \tag{8.62}$$

由 $X_k$ 与 $Y_k$ 的关系，可以求得系统的观测矩阵 $H$：

$$H=[I_{6\times6} \quad 0_{6\times6}] \tag{8.63}$$

$W_k$ 和 $V_k$ 是均值为零、不相关的高斯白噪声，其协方差矩阵为 $Q_k$ 和 $R_k$，即

$$\begin{gathered} W_k \sim N(0,Q_k) \\ V_k \sim N(0,R_k) \\ E(W_k W_j^{\mathrm{T}})=Q_k\delta_{k-j} \\ E(V_k V_j^{\mathrm{T}})=R_k\delta_{k-j} \\ E(W_k V_j^{\mathrm{T}})=0 \end{gathered} \tag{8.64}$$

式中，$\delta_{k-j}$ 是 Kronecker-$\delta$ 函数，如果 $k=j$ 则 $\delta_{k-j}=1$，如果 $k\neq j$ 则 $\delta_{k-j}=0$。

利用区间[1, $k$]内的测量值估计第 $k$ 时刻的状态量 $X_k$，可以得到一个后验估计，记为 $\hat{X}_k^+$。与后验估计不同，利用区间[1, $k$)内的测量值估计第 $k$ 时刻的状态量 $X_k$，可以得到一个先验估计，记为 $\hat{X}_k^-$。

$$\hat{X}_k^+=E\{X_k \mid Y_1,Y_2,\cdots,Y_k\} \tag{8.65}$$

$$\hat{X}_k^-=E\{X_k \mid Y_1,Y_2,\cdots,Y_{k-1}\} \tag{8.66}$$

采用 $\hat{X}_0^+$ 表示未采用任何测量值的状态 $X_0$ 的初始估计，第一个测量值从 $k=1$ 开始计算，状态初始化：

$$\hat{X}_0^+=E(X_0) \tag{8.67}$$

以 $\hat{X}_0^+$ 作为估计过程的开始，$X$ 的均值随时间变化，得 $\hat{X}_{k-1}^+$ 到 $\hat{X}_k^-$ 的递推公式为

$$\hat{X}_k^-=F\hat{X}_{k-1}^+ \tag{8.68}$$

用 $P_k^-$ 和 $P_k^+$ 分别表示 $\hat{X}_k^-$ 和 $\hat{X}_k^+$ 估计误差的协方差，如果完全了解末端执行器的初始位置 $X_0$，则 $P_0^+=0$；如果对于末端执行器的初始位置 $X_0$ 没有信息，那么 $P_k^+=\infty I$。通常采用 $P_0^+$ 代表状态 $X_0$ 的初始估计值的不确定性，计算公式如下：

$$\begin{aligned} P_0^+ &= E[(X_0-\bar{X}_0)(X_0-\bar{X}_0)^{\mathrm{T}}] \\ &= E[(X_0-\hat{X}_0^+)(X_0-\hat{X}_k^+)^{\mathrm{T}}] \end{aligned} \tag{8.69}$$

线性离散系统的状态协方差随时间传播，$P_{k-1}^+$ 到 $P_k^-$ 有以下递推公式：

$$P_k^-=FP_{k-1}^+F^{\mathrm{T}}+Q_{k-1} \tag{8.70}$$

式（8.70）为 $\boldsymbol{P}$ 的时间更新方程，现需获取 $\boldsymbol{P}$ 的量测更新方程，根据递推最小二乘估计法，利用 $k$ 时刻的测量值改变 $\boldsymbol{X}$ 的估计值，式中的 $\boldsymbol{K}_k$ 称为 Kalman 增益。

$$\begin{aligned}\boldsymbol{K}_k &= \boldsymbol{P}_k^- \boldsymbol{H}_k^{\mathrm{T}} (\boldsymbol{H}_k \boldsymbol{P}_k^- \boldsymbol{H}_k^{\mathrm{T}} + \boldsymbol{R}_k)^{-1} \\ &= \boldsymbol{P}_k^+ \boldsymbol{H}_k^{\mathrm{T}} \boldsymbol{R}_k^{-1}\end{aligned} \tag{8.71}$$

$$\hat{\boldsymbol{X}}_k^+ = \hat{\boldsymbol{X}}_k^- + \boldsymbol{K}_k (\boldsymbol{Y}_k - \boldsymbol{H}_k \hat{\boldsymbol{X}}_k^-) \tag{8.72}$$

$$\begin{aligned}\boldsymbol{P}_k^+ &= (\boldsymbol{I} - \boldsymbol{K}_k \boldsymbol{H}_k) \boldsymbol{P}_k^- (\boldsymbol{I} - \boldsymbol{K}_k \boldsymbol{H}_k)^{\mathrm{T}} + \boldsymbol{K}_k \boldsymbol{R}_k \boldsymbol{K}_k^{\mathrm{T}} \\ &= [(\boldsymbol{P}_k^-)^{-1} + \boldsymbol{H}_k^{\mathrm{T}} \boldsymbol{R}_k^{-1} \boldsymbol{H}_k]^{-1} \\ &= (\boldsymbol{I} - \boldsymbol{K}_k \boldsymbol{H}_k) \boldsymbol{P}_k^-\end{aligned} \tag{8.73}$$

将上述公式进行整理，Kalman 滤波器的工作流程如图 8.9 所示。

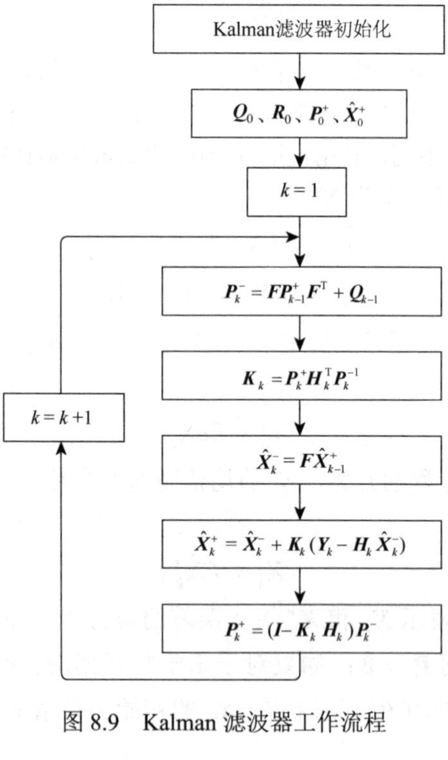


图 8.9　Kalman 滤波器工作流程

### 8.4.2　卡尔曼滤波器设计

根据机器人的运动性能以及 C-Track 的测量性能来确定 Kalman 滤波器中的各项矩阵值。首先确定机器人的状态转移矩阵 $\boldsymbol{F}$，C-Track 的最大采样频率为 80 Hz，即采样周期为 0.0125 s，根据式（8.61）有

$$\boldsymbol{F}=\begin{bmatrix}\boldsymbol{I}_{6\times6} & 0.0125\boldsymbol{I}_{6\times6}\\ \boldsymbol{0}_{6\times6} & \boldsymbol{I}_{6\times6}\end{bmatrix} \tag{8.74}$$

协方差矩阵 $\boldsymbol{Q}_k$ 是机器人的运动预测噪声协方差矩阵。尽管机器人的绝对定位精度不高，但是在实际的运动过程中位姿通常是均匀变化的，运动可信度高，设预测噪声协方差矩阵 $\boldsymbol{Q}_k$ 为

$$\boldsymbol{Q}_k=10^{-4}\operatorname{diag}(10,\ 10,\ 10,\ 1,\ 1,\ 1,\ 10,\ 10,\ 10,\ 1,\ 1,\ 1) \tag{8.75}$$

协方差矩阵 $\boldsymbol{R}_k$，即为 C-Track 的测量噪声协方差矩阵，其主要测量噪声来源于设备本身。使用 C-Track 测量静止物体，将跟踪坐标系的原点设立在靶标点几何中心处，姿态与 C-Track 测量坐标系相同，绘制其测量数据的概率密度直方图，并拟合高斯分布曲线，如图 8.10 和图 8.11 所示。从图中可以看出，C-Track 的测量数据符合高斯分布假设。然而，并不是仅仅在静止状态下测量，机器人还需要进行轨迹运动。C-Track 是视觉测量设备，被测物体的不同速度的运动可能会导致相机在拍摄的时候产生不同程度的拖影，进而导致测量噪声，故有必要研究 C-Track 的动态测量性能。

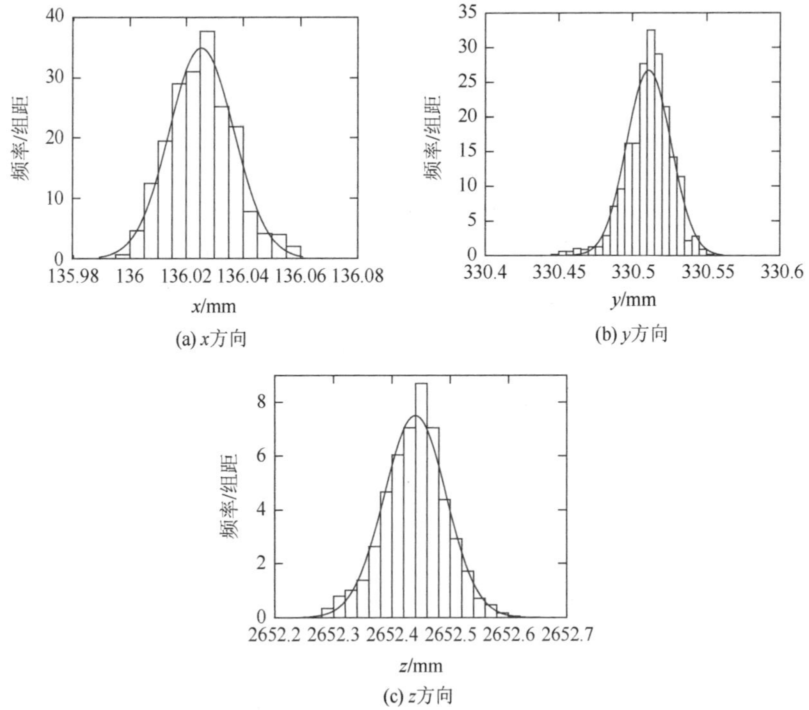


图 8.10　C-Track 位置测量数据概率密度直方图

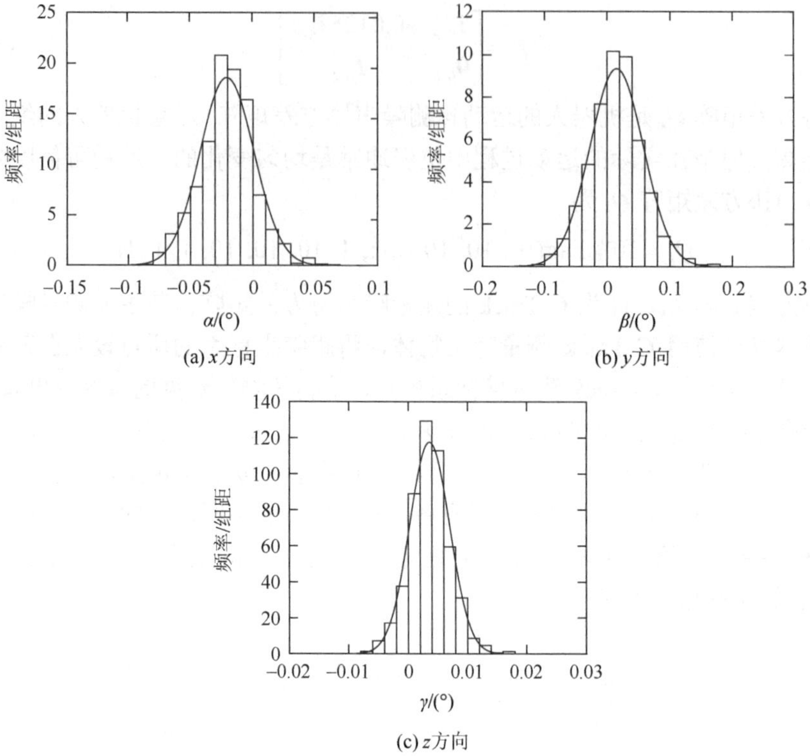


图 8.11　C-Track 姿态测量数据概率密度直方图

使用 C-Track 测量机床末端执行器在直线轨迹运动下的位姿，因为机床具有很高的运动精度，可以认为实际运动轨迹就是理论直线轨迹。通过理论轨迹来计算测量误差，探求被测物体不同速度下对测量误差噪声大小的影响。试验所用机床运动速度范围为 100～1200 mm/min，C-Track 测量的位置与姿态数据标准差与速度的关系如图 8.12 和图 8.13 所示。

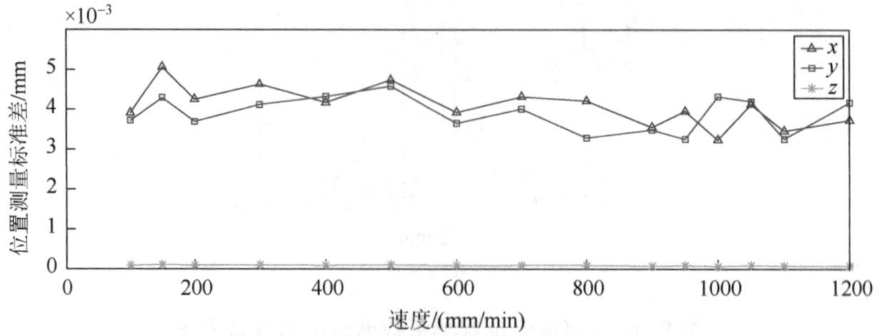


图 8.12　位置测量标准差与速度的关系

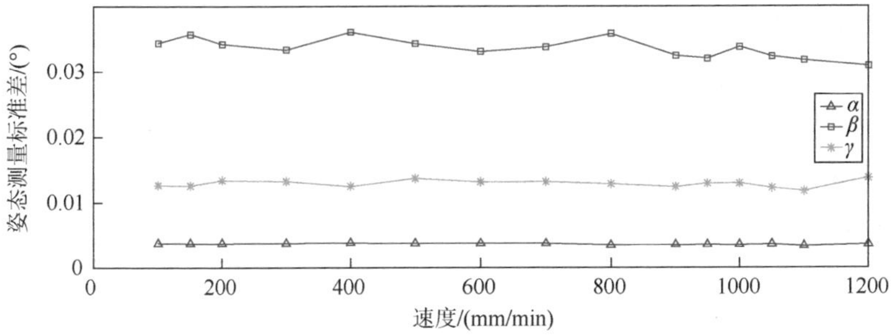


图 8.13　姿态测量标准差与速度的关系

从图 8.12 和图 8.13 可以看出，C-Track 在被测物体以 100～1200 mm/min 速度运动时，测量数据噪声大小与速度无明显关系。在机器人高精度加工时，速度一般不会超过 1200 mm/min，故可以认为机器人的运动速度不会影响 C-Track 的测量噪声大小。对实际的机器人末端执行器跟踪测量，统计各个自由度的标准差，确定 C-Track 的测量噪声协方差矩阵为

$$\boldsymbol{R}_k = 10^{-3}\,\mathrm{diag}(21,\ 17,\ 18,\ 4,\ 3,\ 3) \tag{8.76}$$

**【例 8-1】**　以一条半径为 25 mm 的半圆弧为理论轨迹，在此基础上增加呈正态分布的测量误差（各个误差分量均值为 0，标准差为式（8.76）对角线数据），作为测量轨迹，通过上述 Kalman 滤波器对测量轨迹滤波计算均方根误差（RMSE），并与理论轨迹相比较，分析 Kalman 滤波器的滤波效果。

**解**　仿真结果如图 8.14 所示。从局部放大图可以看出，测量轨迹波动较大，而且由于噪声太大，还存在轨迹倒退的情况。Kalman 滤波器能很好地降低噪声，

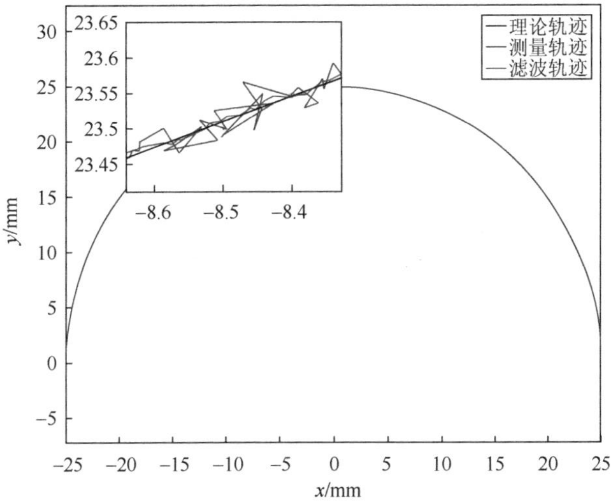


图 8.14　圆弧轨迹 Kalman 滤波器滤波效果仿真对比图（彩图见二维码）

扫一扫　看彩图

也不存在轨迹倒退的情况，能够更加真实地反映被测物体的实际位姿。由于圆弧轨迹运动的运动尺度远高于测量噪声尺度，即使通过局部放大图也很难展示整条轨迹的滤波效果，故采用各个自由度误差随时间变化的表示方式来展示滤波效果，如图 8.15 所示。可以看出，Kalman 滤波器在整条轨迹上都能降低测量噪声，提高测量精度。

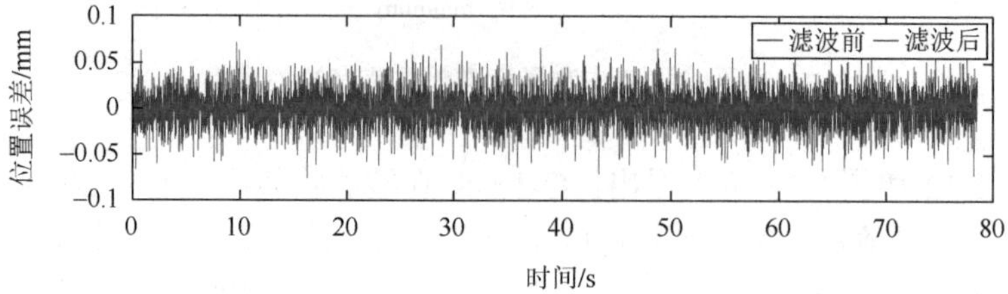


(a) $x$轴线位移

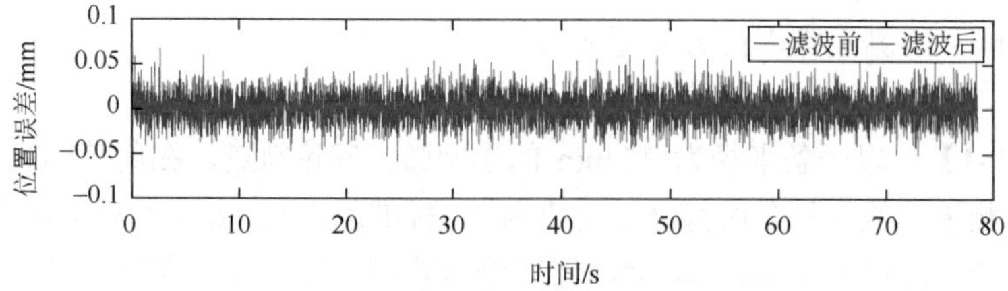


(b) $y$轴线位移

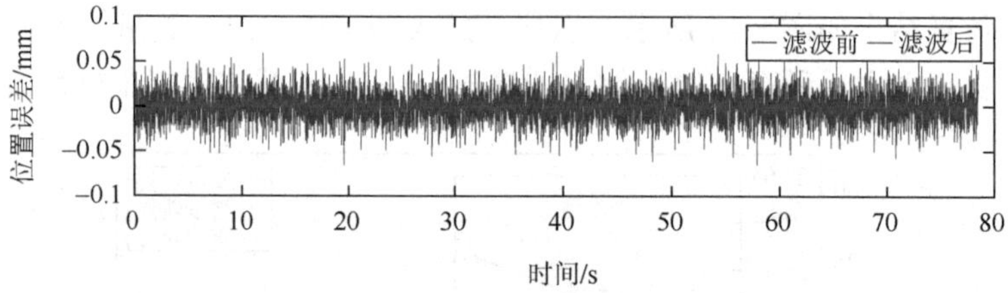


(c) $z$轴线位移

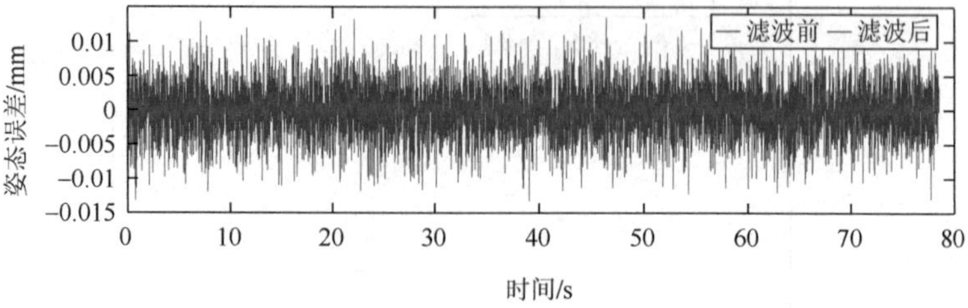


(d) 回转角$\alpha$

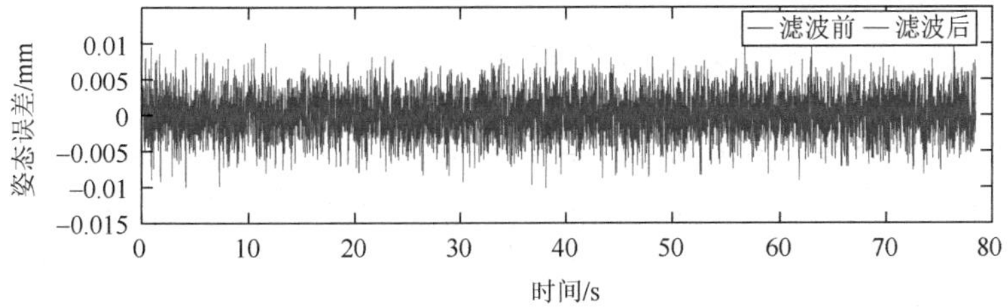


(e) 俯仰角$\beta$

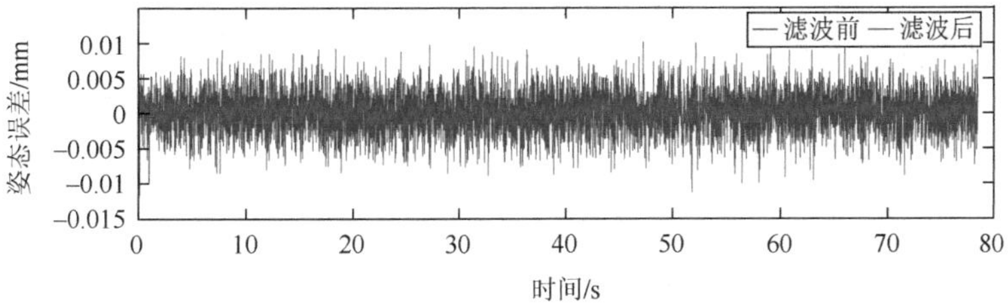


(f) 偏转角$\gamma$

图 8.15　Kalman 滤波前后半圆弧轨迹测量数据误差（彩图见二维码）

扫一扫　看彩图

利用 RMSE 来表示各个自由度的测量精确度，如表 8.1 所示。由表中数据可以看出，Kalman 滤波器能够有效降低测量噪声，提升测量精度。

**表 8.1　测量数据与滤波数据 RMSE 值**

| 项目 | $\Delta x$/mm | $\Delta y$/mm | $\Delta z$/mm | $\Delta\alpha$/(°) | $\Delta\beta$/(°) | $\Delta\gamma$/(°) |
|---|---|---|---|---|---|---|
| 滤波前 | 0.02 | 0.02 | 0.02 | 0.004 | 0.003 | 0.003 |
| 滤波后 | 0.01 | 0.01 | 0.01 | 0.001 | 0.001 | 0.001 |
| 误差降低百分比 | 50% | 50% | 50% | 75% | 67% | 67% |

# 8.5　视觉伺服控制系统设计

本书所使用的 KUKA 工业机器人作为一个成熟的商用系统，具有极大的封闭性，底层控制系统不开放，无法直接控制关节电机对控制系统进行改造和升级。但若要实现机器人末端执行器的位置的运动和修正，需要使用机器人提供内部控制系统与外部控制系统的交互接口 KRL（KUKA robot language）和 RSI（robot sensor interface）。KRL 是外部编程指令控制接口，外部控制指令通过 Ethernet 传输至机器人控制系统控制机器人进行点到点、直线、圆弧等运动，实现机器人的非实时控制；RSI 是外部实时控制接口，能够对外部传输的数据做周期性的处理和响应，控制机器人在笛卡儿空间或关节空间内做微小偏移。

### 8.5.1 机器人视觉伺服控制系统模型设计

本章设计的外部控制系统与机器人内部控制系统相结合的视觉伺服控制原理如图 8.16 所示。在机器人系统中，实际结构尺寸与理论模型存在差异，关节运动结束后产生初始位姿误差。开启外部控制系统后，通过视觉设备实时跟踪测量机器人末端执行器的实际位姿，增加闭环回路形成闭环控制系统。由闭环反馈获得的位姿误差通过视觉伺服控制器处理，得出下一时刻的期望位姿并发送给机器人系统逆解成所需关节角度，根据计算得出的关节值控制电机到达相应位置，减小机器人末端执行器的位姿误差。外部控制系统通过 RSI 交互接口与机器人系统连接，从外部对机器人进行控制。

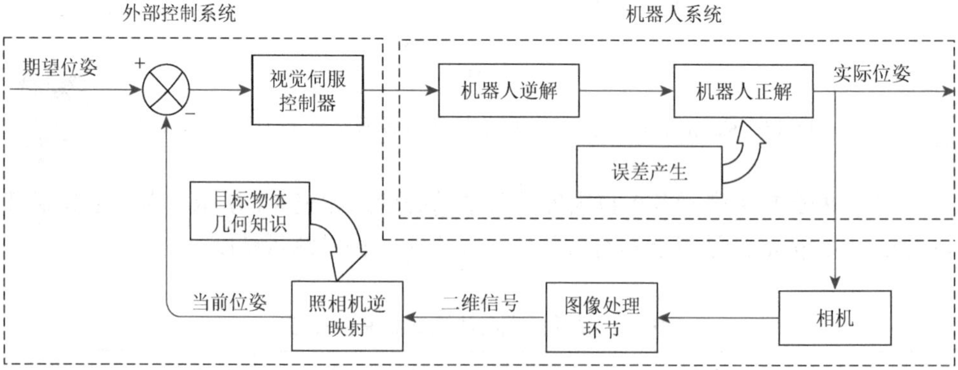


图 8.16 机器人视觉伺服控制框图

### 8.5.2 机器人运动补偿流程与位姿误差计算

机器人视觉伺服控制系统中控制器输入是期望位姿与当前位姿之差，对于机器人不同的运动指令，控制器起作用的时期不同，位姿误差也需采用不同的计算方法。

点到点运动补偿对应机器人的 PTP 指令，误差补偿发生在运动完成之后。原理如下：首先使用 PTP 指令控制机器人进行点到点运动，然后开启机器人视觉伺服控制系统对运动后位姿进行误差补偿。对于 PTP 指令，位姿误差即为期望位姿与当前位姿之差，即

$$\Delta \boldsymbol{PR} = \boldsymbol{PR}_d - \boldsymbol{PR}_c \tag{8.77}$$

式中，$\Delta \boldsymbol{PR}$ 为末端执行器位姿误差；$\boldsymbol{PR}_d$ 为末端执行器期望位姿；$\boldsymbol{PR}_c$ 为末端执行器当前位姿。

对于机器人的 LIN 指令与 CIRC 指令，二者皆为轨迹运动，控制的目的在于保证轨迹的准确性。若要保证机器人运动轨迹达到一定的准确度，起始位姿的准确度必不可少，在轨迹运动开始之前对点位进行一次补偿，保证起始位姿的准确性，然后进行轨迹在线校准控制，轨迹运动中误差计算方法如下所述。

直线轨迹运动对应机器人的 LIN 指令，末端执行器位置误差为实际位置 $P_c$ 到直线上垂足 $P_n$ 的距离，如图 8.17 所示。

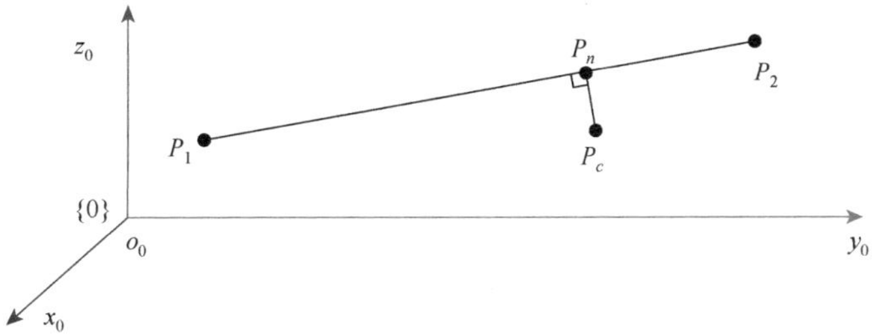


图 8.17　直线轨迹误差求解示意图

记 $\Delta \boldsymbol{P}$ 为末端执行器位置误差，$P_1$ 为直线起点，$P_2$ 为直线终点，由 $\overline{P_cP_n} \perp \overline{P_1P_2}$ 可得

$$(x_n - x_c)(x_2 - x_1) + (y_n - y_c)(y_2 - y_1) + (z_n - z_c)(z_2 - z_1) = 0 \tag{8.78}$$

由点 $P_1$、$P_n$、$P_2$ 共线可得

$$\frac{x_n - x_1}{x_2 - x_1} = \frac{y_n - y_1}{y_2 - y_1} = \frac{z_n - z_1}{z_2 - z_1} = k \tag{8.79}$$

联立式（8.78）和式（8.79）即可求得垂足点坐标为

$$\begin{cases} x_n = k(x_2 - x_1) + x_1 \\ y_n = k(y_2 - y_1) + y_1 \\ z_n = k(z_2 - z_1) + z_1 \end{cases} \tag{8.80}$$

则直线轨迹的位姿误差为

$$\Delta \boldsymbol{PR} = \boldsymbol{PR}_n - \boldsymbol{PR}_c = [\boldsymbol{P}_n \quad \boldsymbol{R}_d]^{\mathrm{T}} - [\boldsymbol{P}_c \quad \boldsymbol{R}_c]^{\mathrm{T}} \tag{8.81}$$

圆弧运动轨迹对应机器人的 CIRC 指令，末端执行器位置误差为当前点 $P_c$ 到圆弧段理论点 $P_d$ 的距离，各点具体位置关系如图 8.18 所示。$P_1$、$P_2$、$P_3$ 是确定圆弧段的三个点，$P_0$ 是圆弧段的圆心，$P_{ct}$ 是当前点在圆弧平面上的投影，$P_d$ 是 $P_0P_{ct}$ 连线与圆弧段的交点。

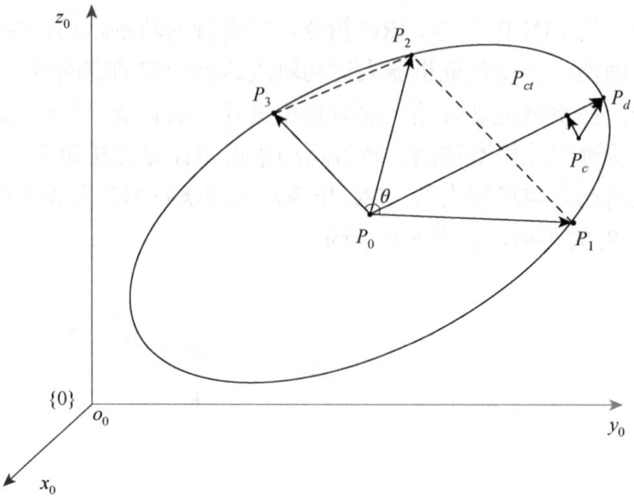


图 8.18　圆弧轨迹误差求解示意图

由 $P_1$、$P_2$、$P_3$ 三点共面可求得圆弧段所在平面的方程为

$$\begin{vmatrix} x & y & z & 1 \\ x_1 & y_1 & z_1 & 1 \\ x_2 & y_2 & z_2 & 1 \\ x_3 & y_3 & z_3 & 1 \end{vmatrix} = 0 \quad \Rightarrow \quad A_1x + B_1y + C_1z + D_1 = 0 \tag{8.82}$$

由圆心 $P_0$ 到圆弧段三点 $P_1$、$P_2$、$P_3$ 的距离相等得

$$\begin{cases} r^2 = (x_1 - x)^2 + (y_1 - y)^2 + (z_1 - z)^2 \\ r^2 = (x_2 - x)^2 + (y_2 - y)^2 + (z_2 - z)^2 \\ r^2 = (x_3 - x)^2 + (y_3 - y)^2 + (z_3 - z)^2 \end{cases} \tag{8.83}$$

联立式中三个方程，得

$$A_2x + B_2y + C_2z + D_2 = 0 \tag{8.84}$$

$$A_3x + B_3y + C_3z + D_3 = 0 \tag{8.85}$$

圆心 $P_0$ 同时满足式（8.82）、式（8.84）和式（8.85），故方程

$$\begin{bmatrix} A_1 & B_1 & C_1 \\ A_2 & B_2 & C_2 \\ A_3 & B_3 & C_3 \end{bmatrix} \begin{bmatrix} x \\ y \\ z \end{bmatrix} + \begin{bmatrix} D_1 \\ D_2 \\ D_3 \end{bmatrix} = 0 \tag{8.86}$$

的解即为圆心 $P_0$ 坐标：

$$\begin{bmatrix} x_0 \\ y_0 \\ z_0 \end{bmatrix} = -\begin{bmatrix} A_1 & B_1 & C_1 \\ A_2 & B_2 & C_2 \\ A_3 & B_3 & C_3 \end{bmatrix}^{-1} \begin{bmatrix} D_1 \\ D_2 \\ D_3 \end{bmatrix} \tag{8.87}$$

当前点 $P_c$ 与投影点 $P_{ct}$ 的连线和圆弧段平面法矢平行，可得直线 $P_cP_{ct}$ 参数方程为

$$\begin{cases} x_{ct} = x_c - A_1 t \\ y_{ct} = y_c - B_1 t \\ z_{ct} = z_c - C_1 t \end{cases} \tag{8.88}$$

投影点 $P_{ct}$ 在平面上，将式（8.88）代入平面方程（8.82），得

$$t = \frac{A_1 x_c + B_1 y_c + C_1 z_c + D_1}{A_1^2 + B_1^2 + C_1^2} \tag{8.89}$$

将 $t$ 代入式（8.88）即可求得投影点 $P_{ct}$ 的坐标。

直线 $P_0P_{ct}$ 与直线 $P_0P_d$ 共线，先求得直线 $P_0P_{ct}$ 方向的单位矢量 $\boldsymbol{l}$:

$$\boldsymbol{l} = \frac{\overline{P_0P_{ct}}}{\left\|\overline{P_0P_{ct}}\right\|} \tag{8.90}$$

在圆弧上的理论点 $\boldsymbol{P}_d$ 即为

$$\boldsymbol{P}_d = \boldsymbol{P}_0 + r\boldsymbol{l} \tag{8.91}$$

则位置误差为

$$\Delta\boldsymbol{P} = \boldsymbol{P}_d - \boldsymbol{P}_c \tag{8.92}$$

与直线轨迹指令 LIN 不同的是，LIN 指令一般不要求姿态变化，而圆弧轨迹指令 CIRC 的姿态有两种情况。一种是在轨迹过程中，期望姿态 $\boldsymbol{R}_d$ 一直保持不变，与起始姿态保持一致。另一种如图 8.19 所示，姿态绕着过圆心 $P_0$ 圆弧段平面法矢的单位矢量 $\boldsymbol{f}$ 旋转。

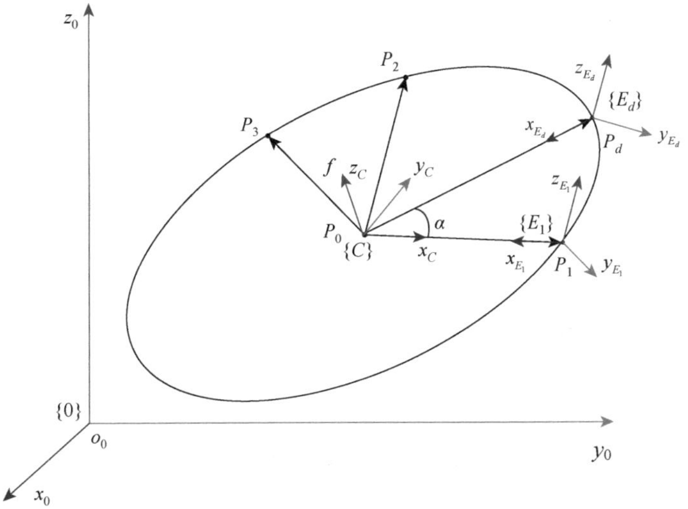


图 8.19　姿态沿圆弧轨迹旋转示意图

令矢量$\boldsymbol{f}$是坐标系$\{C\}$的$z$轴上的单位矢量，等价于绕坐标系$\{C\}$的$z$轴旋转，即

$$\boldsymbol{T}_{\mathrm{rot}}(\boldsymbol{f},\alpha)=\boldsymbol{T}_{\mathrm{rot}}(z,\alpha) \tag{8.93}$$

$$\alpha=\angle P_1P_0P_d=\arccos\left(\frac{\overline{P_0P_1}\cdot\overline{P_0P_d}}{\left\|\overline{P_0P_1}\right\|\cdot\left\|\overline{P_0P_d}\right\|}\right) \tag{8.94}$$

设坐标系$\{C\}$的$x$轴方向为$\overline{P_0P_1}$方向，各轴的单位矢量可由式（8.95）求得：

$$\begin{cases}\boldsymbol{k}_c=\dfrac{\overline{P_1P_2}\times\overline{P_2P_3}}{\left\|\overline{P_1P_2}\right\|\cdot\left\|\overline{P_2P_3}\right\|}\\ \boldsymbol{i}_c=\dfrac{\overline{P_0P_1}}{\left\|\overline{P_0P_1}\right\|}\\ \boldsymbol{j}_c=\boldsymbol{k}_c\times\boldsymbol{i}_c\end{cases} \tag{8.95}$$

坐标系$\{C\}$在基坐标系$\{0\}$下的描述为

$$^{0}\boldsymbol{T}_C=\begin{bmatrix}\boldsymbol{x}_c & \boldsymbol{y}_c & \boldsymbol{z}_c & \boldsymbol{P}_0\\ 0 & 0 & 0 & 1\end{bmatrix} \tag{8.96}$$

对于末端执行器坐标系$\{E\}$，在$P_1$处的位姿在基坐标系$\{0\}$下的描述为${}_1^0\boldsymbol{T}_E$，在坐标系$\{C\}$下的描述为${}_1^C\boldsymbol{T}_E$，则

$${}_1^C\boldsymbol{T}_E={}^B\boldsymbol{T}_C^{-1}\,{}_1^B\boldsymbol{T}_E \tag{8.97}$$

绕$\boldsymbol{f}$轴旋转$\alpha$角度后的末端执行器位姿记为${}_d^0\boldsymbol{T}_E$，即为理论位姿：

$$\begin{aligned}{}_d^0\boldsymbol{T}_E&=\boldsymbol{T}_{\mathrm{rot}}(\boldsymbol{f},\alpha)\,{}_1^0\boldsymbol{T}_E\\&={}^0\boldsymbol{T}_C\boldsymbol{T}_{\mathrm{rot}}(z,\alpha)\,{}_1^C\boldsymbol{T}_E\\&={}^0\boldsymbol{T}_C\boldsymbol{T}_{\mathrm{rot}}(z,\alpha)\,{}^0\boldsymbol{T}_C^{-1}\,{}_1^0\boldsymbol{T}_E\end{aligned} \tag{8.98}$$

进一步将${}_d^0\boldsymbol{T}_E$用欧拉角表示为

$${}_d^0\boldsymbol{T}_E\Rightarrow\boldsymbol{R}_d=[\alpha_d\quad\beta_d\quad\gamma_d]^{\mathrm{T}} \tag{8.99}$$

则两种情况当前点的姿态误差为

$$\Delta\boldsymbol{R}=\boldsymbol{R}_d-\boldsymbol{R}_c \tag{8.100}$$

### 8.5.3 基于模糊 PID 的视觉伺服控制器设计

PID 控制器控制律为

$$u(t)=K_{\mathrm{P}}e(t)+K_{\mathrm{I}}\int_0^t e(\tau)\,\mathrm{d}\tau+K_{\mathrm{D}}\frac{\mathrm{d}e(t)}{\mathrm{d}t} \tag{8.101}$$

式中，$u(t)$为 PID 控制器的输出量；$e(t)$为被控对象的误差；$K_{\mathrm{P}}$、$K_{\mathrm{I}}$、$K_{\mathrm{D}}$分别是

比例系数、积分系数和微分系数。

在实际的控制过程中，外部系统以固定周期对机器人系统发送脉冲信号，需要对式（8.101）进行离散化，即

$$u(k)=K_{\mathrm{P}}e(k)+K_{\mathrm{I}}\sum_{j=0}^{k}e(j)+K_{\mathrm{D}}[e(k)-e(k-1)] \tag{8.102}$$

然而机器人系统作为一个高度非线性、时变的机电系统，需要采用一种适用于高度非线性的控制方法。本节采用模糊 PID 非线性控制器，将误差与误差的变化率输入模糊推理机，根据设定好的模糊规则输出相应的 PID 参数变化量，根据机器人系统不同的状态对 PID 控制参数进行在线调整，模糊 PID 控制器原理如图 8.20 所示。为实现机器人末端执行器的高精度控制，分别需要 6 个控制器，下面以机器人基坐标系 $x$ 轴方向为例设计模糊 PID 控制器。

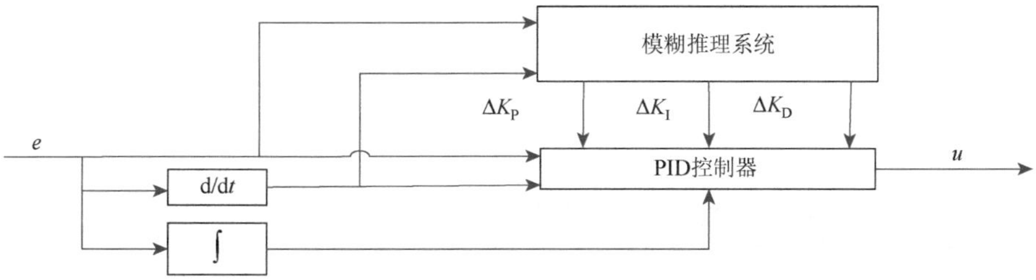


图 8.20　模糊 PID 控制器原理图

模糊 PID 控制中的最主要部分是模糊推理系统，在 Simulink 中，采用模糊推理系统 GUI 设计、建立和分析模糊推理机。GUI 包括 3 个编辑器和 2 个观测器：

（1）FIS Editor（模糊推理系统编辑器）；

（2）Membership Function Editor（隶属函数编辑器）；

（3）Rule Editor（模糊规则编辑器）；

（4）Rule Viewer（模糊规则观测器）；

（5）Surface Viewer（输出量曲面观测器）。

机器人在不同位姿下误差方向不定，故将误差及其变化率取绝对值，将$|e|$和$|ec|$作为模糊控制器的输入，PID 控制器 $K_{\mathrm{P}}$、$K_{\mathrm{I}}$、$K_{\mathrm{D}}$ 的变化量作为输出，选取具有平滑输出的面积重心法进行解模糊，设定完成如图 8.21 所示。

将{Z, S, M, B}设置为输入变量$|e|$与$|ec|$、输出变量 $\Delta K_{\mathrm{P}}$、$\Delta K_{\mathrm{I}}$、$\Delta K_{\mathrm{D}}$ 的模糊子集，描述变量的大小程度，分别代表零、小、中、大，模糊论域取区间[0, 3]。三角形函数在论域范围内分布均匀，且灵敏度较高，将其选作系统的隶属函数，设置完成后如图 8.22 所示。

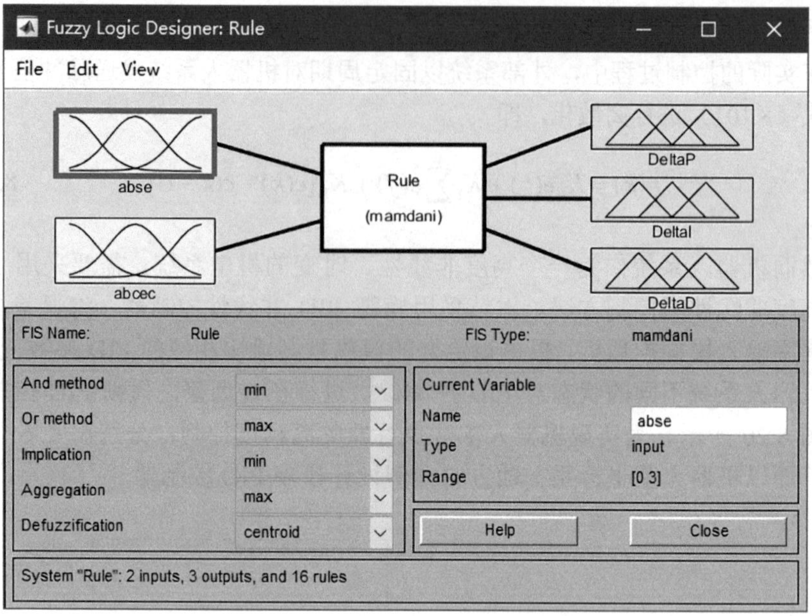


图 8.21　模糊推理系统编辑器

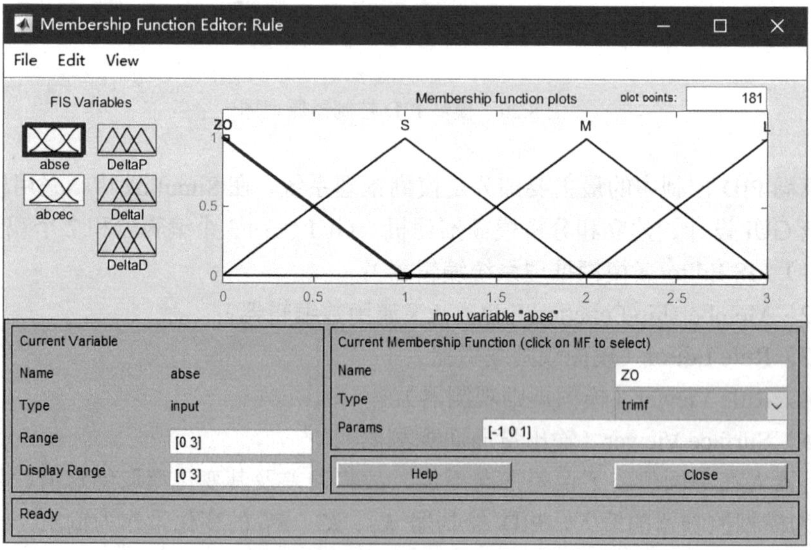


图 8.22　隶属函数编辑器

结合机器人操作实际经验，$|e|$和$|ec|$与 $K_P$、$K_I$、$K_D$ 之间有以下关系。当$|e|$较大时，考虑到 RSI 补偿能力限制，避免末端执行器振动，应取适量的 $K_P$；为避免超调，取 $\Delta K_I$ 为 0；为避免机器人到达指令位姿前提前制动，取较小的 $K_D$。当$|e|$

为中等大小时，不容易超出 RSI 补偿能力限制，适当增加 $K_P$、$K_I$ 和 $K_D$。当$|e|$较小时，为放大控制器控制作用，增大 $K_P$，并增大 $K_I$ 提升机器人控制精度，同时为抑制振荡，$K_D$ 值不应过大。因此得出如表 8.2 所示的模糊控制规则。

**表 8.2　模糊控制规则表**

| $\|e\|$ | $\|ec\|$ | | | |
|---|---|---|---|---|
| | B | M | S | Z |
| B | M\Z\S | S\S\M | M\M\Z | M\L\Z |
| M | L\Z\M | M\S\M | L\L\S | L\L\Z |
| S | L\Z\L | M\Z\L | L\L\S | L\L\S |
| Z | L\Z\L | M\Z\L | L\L\S | Z\Z\Z |

将模糊规则输入模糊规则编辑器（图 8.23）中，至此，模糊推理机设计完毕。为了将模糊推理机与实际控制系统联系起来，需要计算量化因子和比例因子，完成模糊论域与物理论域的转换。设$|e|$与$|ec|$的物理论域分别为[0, 1]和[0, 2]，模糊论域均为[0, 3]，输出量 $\Delta K_P$、$\Delta K_I$、$\Delta K_D$ 的物理论域分别为[0, 0.05]、[0, 0.01]、[0, 0.01]，模糊论域均为[0, 3]。

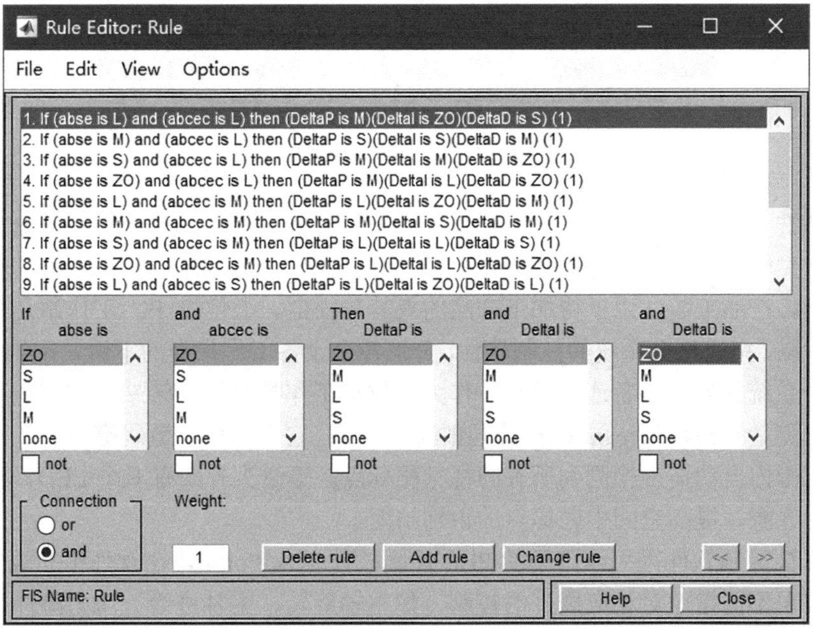


图 8.23　模糊规则编辑器

# 8.6 应用实例

## 8.6.1 试验平台

搭建如图8.24所示的机器人视觉伺服试验平台，开展基于视觉引导的机器人高精度位姿补偿研究。试验平台包括AGV、KR500-3工业机器人及其控制柜、钻铣多功能末端执行器，以及产品工装、C-Track双目视觉设备、PLC和PC工作站等设备。

图8.24 机器人视觉伺服试验平台

钻铣多功能末端执行器是整套系统中的加工核心部件，刀具安装在BT40刀柄上，主轴为电主轴；通过伺服电机驱动滚珠丝杠，可以实现主轴朝刀具轴向进给功能。产品工装，用于待加工产品的夹紧与固定。上位机PC工作站是整个系统的大脑，集成整个系统的控制软件，负责各个设备工作指令的下达，下位机PLC将整个系统的各个设备连接起来，作为上位机工作指令的中转站。本试验所采用的视觉测量设备是Creamform公司的C-Track，它包括两个数码摄像头，可以在视场范围内自动捕捉检测到所有的视觉靶标点。摄像头外圈有多个LED，可以发出主动光源，提高空间中靶标点的识别精度。

PLC控制软件采用西门子的PLC控制软件TIA Portal，在软件中完成I/O映射，实现不同指令对相应硬件的控制，如主轴旋转、主轴进给、压力脚伸出或机器人外部自动开启、子程序运动。机器人软件系统主要调用KRL和RSI接口，实现上位机和PLC控制软件对机器人的控制。PLC控制软件向机器人发送子程序号，机器人控制软件通过 KRL 接口接收，调用不同运动方式的子程序；集成控制软件发送机器人实时控制信息，机器人控制软件通过 RSI 接口接收，实现机器人视觉伺服控制。

## 8.6.2　空载试验

### 1. 点到点运动

在加工空间区域中划分一个 800 mm×800 mm×800 mm 的网格空间，在立方体空间内随机生成 100 个采样点，试验时设定 KUKA 工业机器人移动速度为最大速度的 30%，通过 C-Track 测量出无补偿和基于视觉伺服的精度补偿方法两种情况下末端执行器 TCP 处的定位误差，结果如图 8.25 所示。

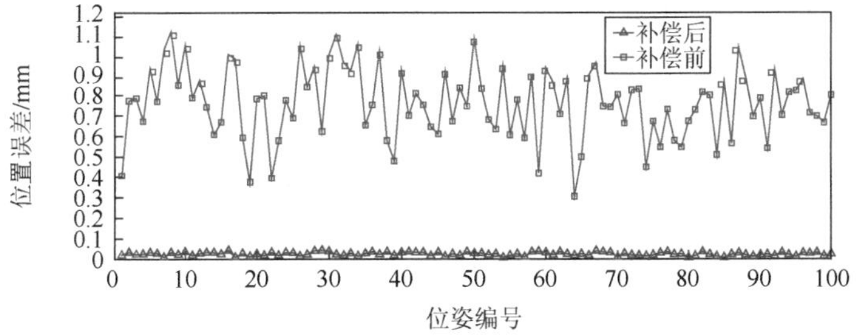


(a) 位置误差

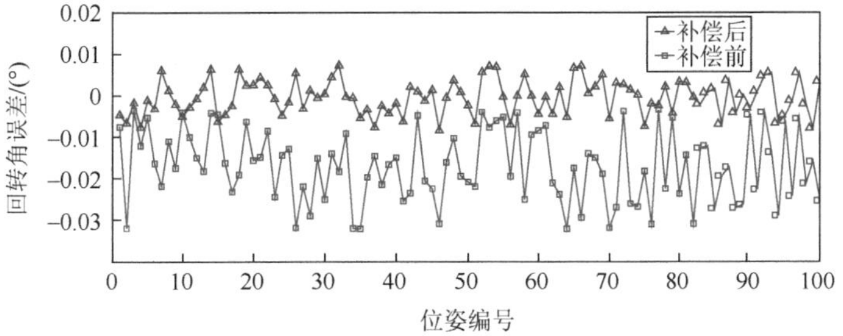


(b) 回转角误差

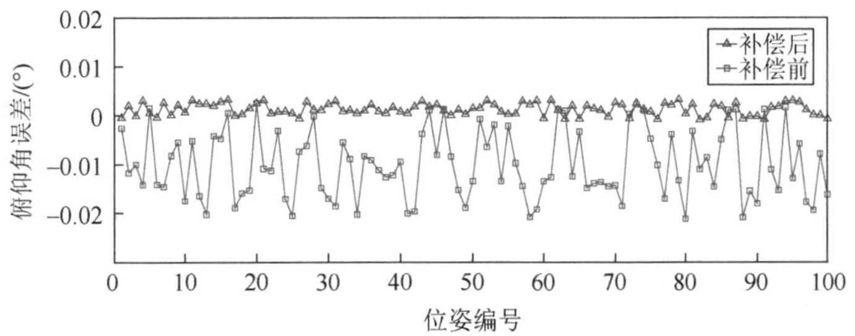


(c) 俯仰角误差

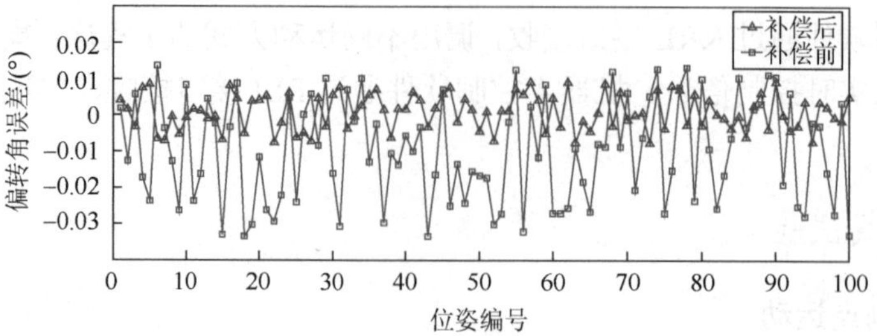


(d) 偏转角误差

图 8.25　100 个随机验证点位姿误差

统计数据如表 8.3 和表 8.4 所示。可以看出，机器人在补偿前最大位置误差为 1.11 mm，显然是无法满足高精度加工要求的。在使用基于视觉引导的全闭环补偿方法后最大位置误差小于 0.04 mm，姿态精度保持在 0.01°以内，各项 RMSE 值也显著降低，极大地提高了机器人的定位精度。

**表 8.3　补偿前统计数据值（一）**

| 误差 | $\Delta p$/mm | $\Delta\alpha$/(°) | $\Delta\beta$/(°) | $\Delta\gamma$/(°) |
|---|---|---|---|---|
| 最大偏差 | 1.11 | 0.03 | 0.02 | 0.03 |
| RMSE | 0.78 | 0.019 | 0.012 | 0.017 |

**表 8.4　补偿后统计数据值（一）**

| 误差 | $\Delta p$/mm | $\Delta\alpha$/(°) | $\Delta\beta$/(°) | $\Delta\gamma$/(°) |
|---|---|---|---|---|
| 最大偏差 | 0.04 | 0.01 | 0.00 | 0.01 |
| RMSE | 0.03 | 0.004 | 0.002 | 0.005 |

### 2. 直线轨迹运动

为了研究控制系统对机器人直线运动的误差补偿效果，在机器人工作区域内规划一条长度为 1000 mm 的期望直线轨迹，通过 C-Track 测量出无补偿和基于视觉伺服的精度补偿方法两种情况下末端执行器 TCP 处的位姿，试验结果如图 8.26 所示。

试验统计数据如表 8.5 和表 8.6 所示，从统计数据可以看出，视觉伺服控制能够大幅提高机器人的直线轨迹精度，经补偿后的直线轨迹位置误差控制在 0.05 mm 以内，姿态误差控制在 0.02°以内，各项 RMSE 值也显著降低，极大地提高了机器人的直线轨迹精度。

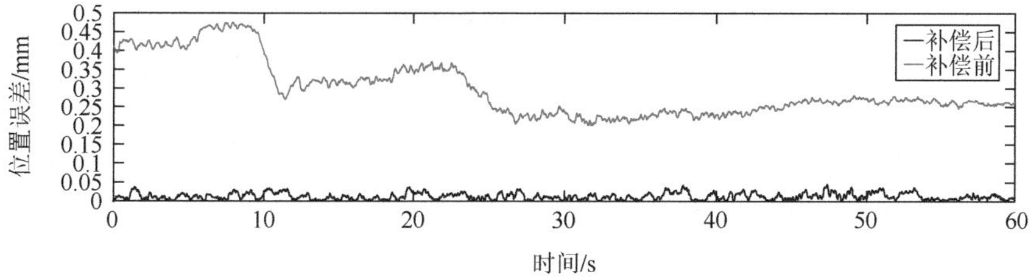


(a) 位置误差

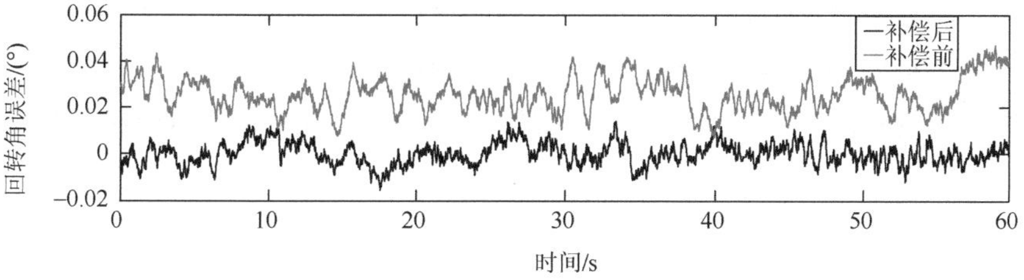


(b) 回转角误差

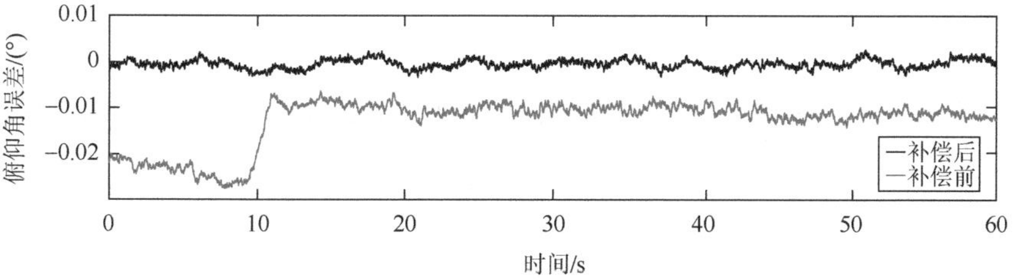


(c) 俯仰角误差

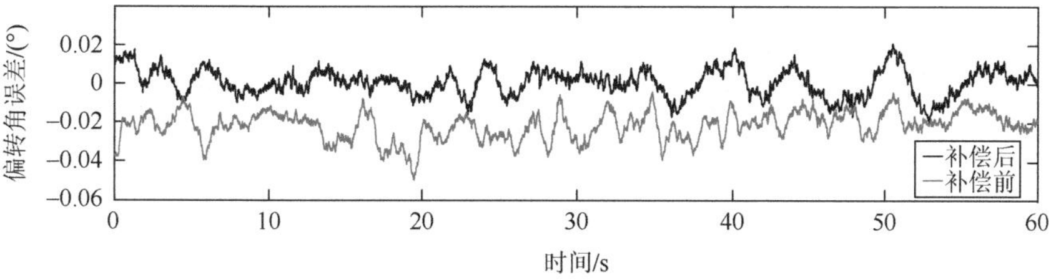


(d) 偏转角误差

图 8.26　直线轨迹位姿误差

**表 8.5　补偿前统计数据值（二）**

| 误差 | $\Delta p$/mm | $\Delta\alpha$/(°) | $\Delta\beta$/(°) | $\Delta\gamma$/(°) |
|---|---|---|---|---|
| 最大偏差 | 0.48 | 0.05 | 0.03 | 0.05 |
| RMSE | 0.31 | 0.027 | 0.014 | 0.023 |

**表 8.6　补偿后统计数据值（二）**

| 误差 | $\Delta p$/mm | $\Delta\alpha$/(°) | $\Delta\beta$/(°) | $\Delta\gamma$/(°) |
|---|---|---|---|---|
| 最大偏差 | 0.05 | 0.02 | 0.00 | 0.02 |
| RMSE | 0.02 | 0.005 | 0.001 | 0.007 |

### 3. 圆弧轨迹运动

为了研究控制系统对机器人圆弧运动的误差补偿效果，在机器人工作区域内规划一条半径为 500 mm 的期望半圆轨迹，通过 C-Track 测量出无补偿和基于视觉伺服的精度补偿方法两种情况下末端执行器 TCP 处的位姿，试验结果如图 8.27 所示。

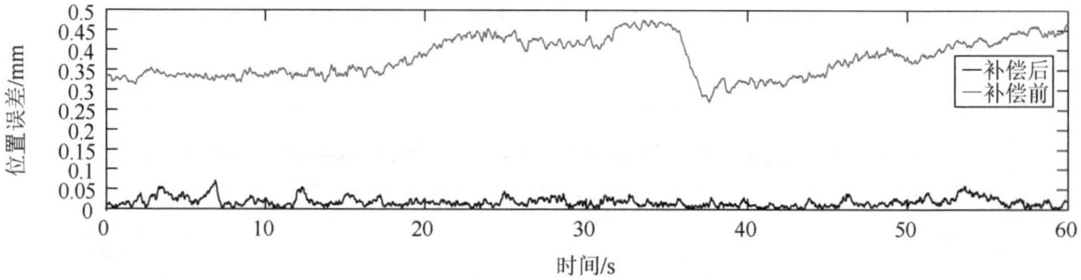


(a) 位置误差

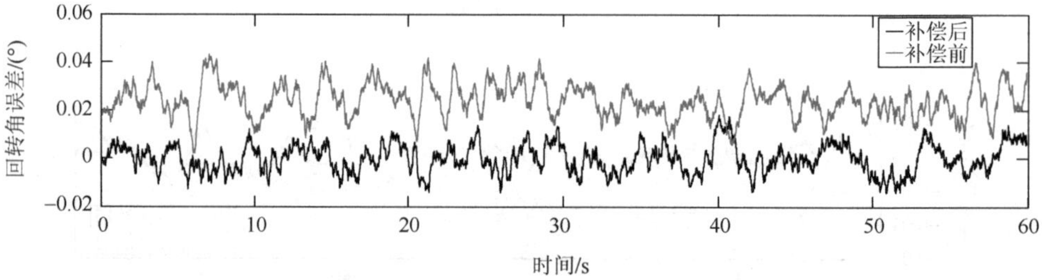


(b) 回转角误差

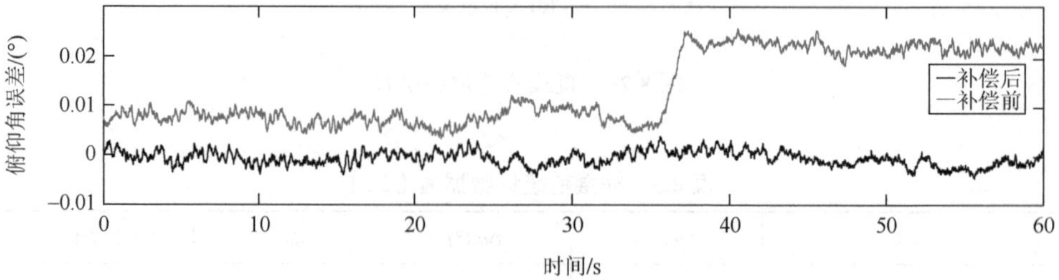


(c) 俯仰角误差

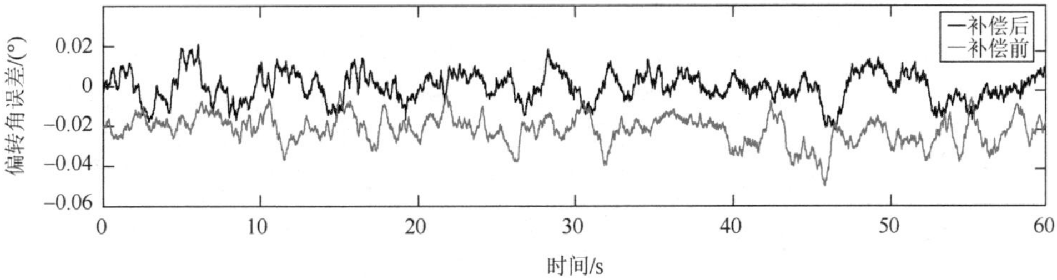


(d) 偏转角误差

图 8.27　圆弧运动轨迹位姿误差

试验统计数据如表 8.7 和表 8.8 所示，从统计数据可以看出，视觉伺服控制能够提高机器人的圆弧轨迹精度，经补偿后的圆弧轨迹的位置误差控制在 0.07 mm 以内，姿态误差控制在 0.02°以内，各项 RMSE 值也显著降低，极大地提高了机器人的圆弧轨迹精度。

**表 8.7　补偿前统计数据值（三）**

| 误差 | $\Delta p$/mm | $\Delta\alpha$/(°) | $\Delta\beta$/(°) | $\Delta\gamma$/(°) |
| --- | --- | --- | --- | --- |
| 最大偏差 | 0.48 | 0.04 | 0.03 | 0.05 |
| RMSE | 0.38 | 0.025 | 0.015 | 0.023 |

**表 8.8　补偿后统计数据值（三）**

| 误差 | $\Delta p$/mm | $\Delta\alpha$/(°) | $\Delta\beta$/(°) | $\Delta\gamma$/(°) |
| --- | --- | --- | --- | --- |
| 最大偏差 | 0.07 | 0.02 | 0.00 | 0.02 |
| RMSE | 0.02 | 0.006 | 0.002 | 0.007 |

## 8.6.3　加工试验

### 1. 钻孔试验

在 120 mm×225 mm 的钣金件上规划 70 个待钻孔，孔间距与孔排距均为 15 mm，孔径为 4 mm，左右两个孔为需预先加工的 4 mm 基准孔，产品数模如图 8.28 所示。分别采用机器人自身控制系统以及机器人视觉伺服控制方法，控制机器人定位至待加工处后，驱动进给主轴完成钻孔。

加工完成后的钣金件如图 8.29 所示。采用三坐标测量仪测量中间 5×14 个验证孔的圆心位置与轴向角度，并与理论值进行比较，得到验证孔的位置和轴向误差，结果如图 8.30 和图 8.31 所示，钻孔精度统计数据如表 8.9 和表 8.10 所示。

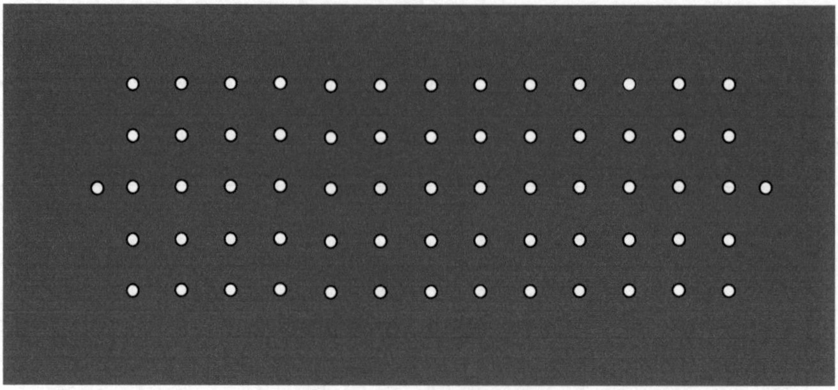

图 8.28　钻孔试验件产品数模

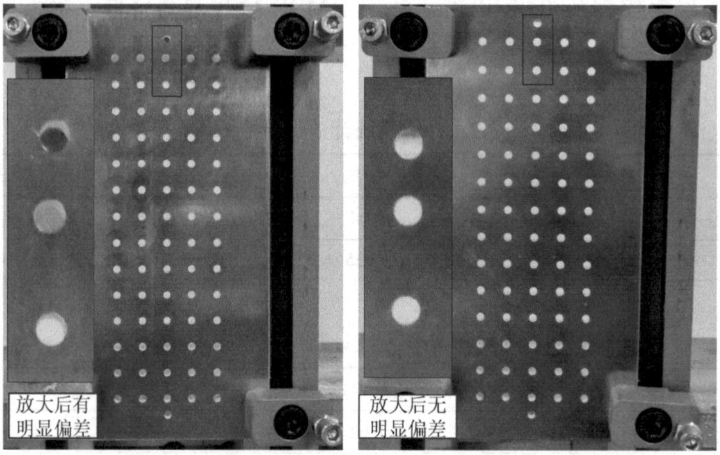


(a) 未补偿　　(b) 补偿后

图 8.29　机器人钣金件钻孔结果

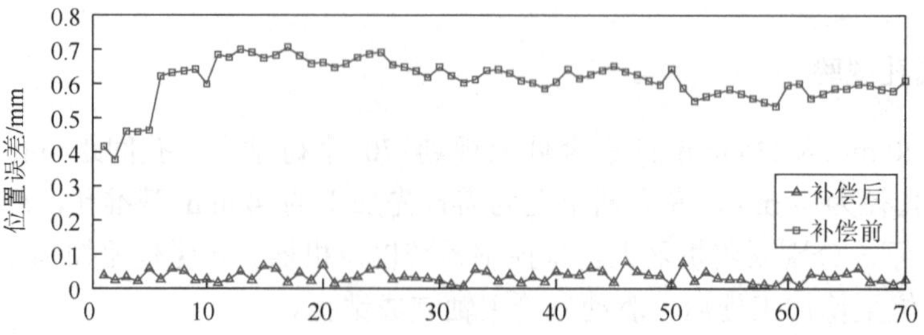


图 8.30　钻孔位置误差分布对比图

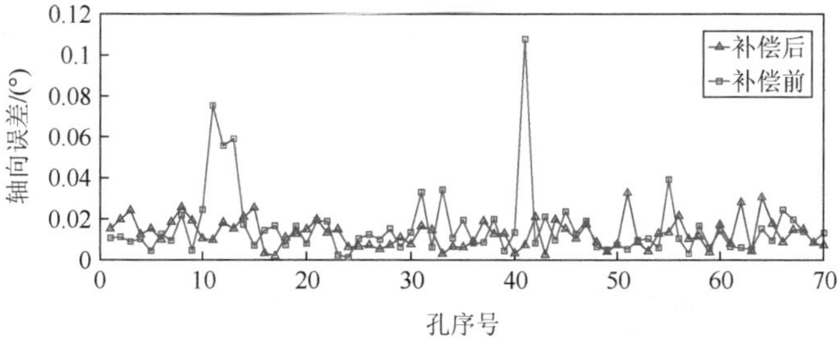


图 8.31　钻孔轴向误差分布对比图

**表 8.9　机器人钻孔位置误差统计数据**　（单位：mm）

| 状态 | 平均值 | 最大值 | 标准差 |
|---|---|---|---|
| 未补偿 | 0.61 | 0.71 | 0.06 |
| 补偿后 | 0.03 | 0.08 | 0.02 |

**表 8.10　机器人钻孔轴向误差统计数据**　（单位：(°)）

| 状态 | 平均值 | 最大值 | 标准差 |
|---|---|---|---|
| 未补偿 | 0.02 | 0.11 | 0.02 |
| 补偿后 | 0.01 | 0.03 | 0.01 |

由钻孔试验结果可以看出，使用视觉引导的闭环伺服控制后，工业机器人钻孔位置最大误差降低了 89%，钻孔轴向最大误差降低了 73%，大幅度提高了机器人的加工精度。

### 2. 直线轨迹铣削试验

在 150 mm×250 mm 的钣金件上规划 10 条直线轨迹，左右两个孔为需预先加工的 4 mm 基准孔，产品数模如图 8.32（a）所示。左右各 5 条轨迹分别采用机器人自身控制系统以及机器人视觉伺服控制方法进行铣削，铣削深度为 0.02 mm，速度为 10 mm/s。加工后工件如图 8.32（b）所示。

(a) 产品数模　　(b) 加工后工件

图 8.32　直线轨迹铣削试验件产品数模与加工后工件

对每一条轨迹取 20 个点验证该条轨迹的精度，计算平均误差、最大误差以及最小误差，统计数据如表 8.11 所示。从统计结果可以看出，补偿后的最大直线误差为 0.12 mm，相比于未补偿的最大直线误差 1.43 mm 降低了 92%，极大地提高了机器人直线加工精度。

**表 8.11　机器人直线铣削位置误差统计数据**　（单位：mm）

| 直线编号 | 是否补偿 | 平均 | 最大 | 最小 |
|---|---|---|---|---|
| 1 | 否 | 1.07 | 1.11 | 1.02 |
| 2 | 否 | 1.28 | 1.32 | 1.21 |
| 3 | 否 | 1.12 | 1.16 | 1.08 |
| 4 | 否 | 1.35 | 1.43 | 1.26 |
| 5 | 否 | 1.11 | 1.16 | 1.05 |
| 6 | 是 | 0.03 | 0.11 | 0.01 |
| 7 | 是 | 0.04 | 0.10 | 0.01 |
| 8 | 是 | 0.03 | 0.12 | 0.01 |
| 9 | 是 | 0.03 | 0.09 | 0.01 |
| 10 | 是 | 0.03 | 0.12 | 0.00 |

### 3. 圆弧轨迹铣削试验

在 150 mm×250 mm 的钣金件上规划 12 条半圆弧轨迹，两两构成一个圆，左右两个孔为需预先加工的 4 mm 基准孔，产品数模如图 8.33（a）所示。上下各 12 条圆弧轨迹分别采用机器人自身控制系统以及机器人视觉伺服控制方法，切削深度为 0.05 mm，速度为 10 mm/s，对钣金件进行圆弧轨迹顺时针铣削，进行对比试验。加工后工件如图 8.33（b）所示。

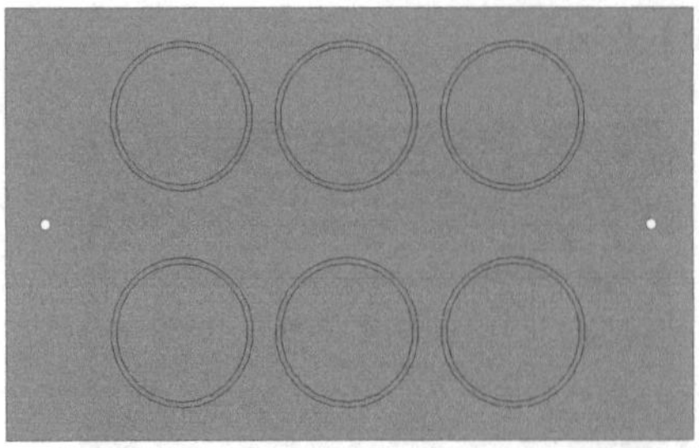

(a) 产品数模

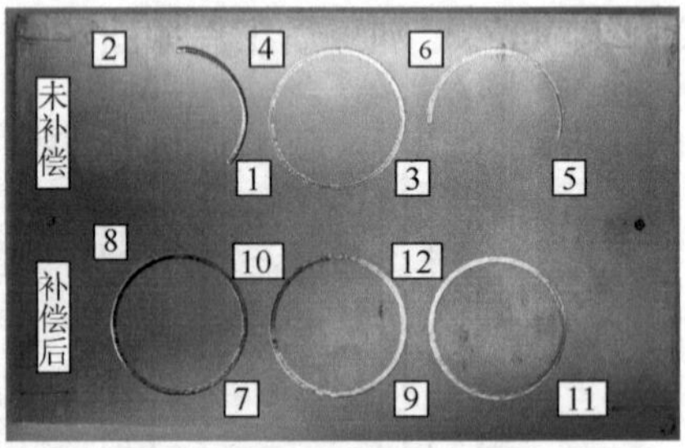


(b) 加工后工件

图 8.33　圆弧轨迹铣削试验件产品数模与加工后工件

从铣削后的钣金件可以明显看出，未补偿的圆弧轨迹与数模不符。轨迹 1 由于切深方向过大，导致铣削过程中断刀，另一半圆弧也未能加工完成。为了研究圆平面上的圆弧轨迹加工误差，安装新的铣刀后采用手动对刀的方式铣削。轨迹 5 和轨迹 6 也未能完成铣削，观察铣削轨迹，整个圆的切深由大变小再变大，导致部分轨迹中铣刀并没有切除材料，产生这种情况的原因是末端执行器存在姿态误差，实际运动的圆平面与钣金件平面并不平行。

对每一条半圆弧轨迹各取 15 个点验证该条轨迹的精度，计算平均误差、最大误差、最小误差、拟合圆心误差以及拟合圆半径误差，统计数据如表 8.12 所示。

**表 8.12　机器人圆弧铣削位置误差统计数据**　（单位：mm）

| 圆弧编号 | 是否补偿 | 平均 | 最大 | 最小 | 拟合圆心位置 | 拟合圆半径 |
|---|---|---|---|---|---|---|
| 1 | 否 | 0.61 | 1.09 | 0.20 | 1.20 | −0.13 |
| 2 | 否 | — | — | — | — | — |
| 3 | 否 | 0.96 | 1.55 | 0.35 | 1.34 | 0.00 |
| 4 | 否 | 0.82 | 1.10 | 0.23 | 0.97 | −0.13 |
| 5 | 否 | 0.54 | 0.98 | 0.20 | 0.73 | −0.26 |
| 6 | 否 | 1.02 | 1.12 | 0.82 | 0.88 | −0.21 |
| 7 | 是 | 0.04 | 0.14 | 0.01 | 0.08 | 0.04 |
| 8 | 是 | 0.03 | 0.13 | 0.02 | 0.06 | 0.05 |
| 9 | 是 | 0.03 | 0.10 | 0.01 | 0.08 | −0.04 |
| 10 | 是 | 0.05 | 0.11 | 0.02 | 0.09 | −0.04 |
| 11 | 是 | 0.04 | 0.10 | 0.00 | 0.10 | 0.03 |
| 12 | 是 | 0.04 | 0.12 | 0.00 | 0.10 | −0.03 |

从统计结果可以看出，补偿后的最大圆弧误差为 0.14 mm、最大拟合圆心位置误差为 0.10 mm、最大拟合圆半径误差为 0.05 mm，相比于未补偿的最大圆弧误差 1.55 mm、最大拟合圆心位置误差 1.34 mm、最大拟合圆半径误差−0.26 mm，分别降低了 91%、93%和 81%，极大地提高了机器人圆弧加工精度。

## 习　题

8-1　双目相机测量误差源包括哪些？

8-2　试阐述 4 种跟踪坐标系位姿对测量精度的影响。

8-3　在笛卡儿空间闭环反馈的精度补偿技术中，用于反馈的测量装置有哪些？

8-4　视觉闭环反馈精度补偿技术相较于离线精度补偿技术和关节空间闭环精度补偿技术有哪些优缺点？

8-5　Kalman 滤波算法的一般流程包括哪些步骤？

8-6　试推导直线轨迹位姿误差和圆弧轨迹位姿误差的求解过程。

8-7　用 Simulink 搭建基于模糊 PID 的视觉伺服控制器和基于 PID 的视觉伺服控制器，并给出两种控制器的对比仿真结果。

8-8　试设计一款其他滤波器，并与卡尔曼滤波器的效果进行比较。

8-9　试比较双目视觉传感器和激光跟踪仪的优劣。

8-10　请简述视觉伺服的含义。

8-11　试推导各误差源对测量结果的误差计算公式。

8-12　分析双目视觉传感器测量延迟对精度补偿的影响，并提出相应的补偿方法。

# 主要参考文献


蔡自兴. 2009. 机器人学[M]. 2 版. 北京：清华大学出版社.

何晓煦，田威，曾远帆，等. 2017. 面向飞机装配的机器人定位误差和残差补偿[J]. 航空学报，38（4）：292-302.

洪鹏，田威，梅东棋，等. 2015. 空间网格化的机器人变参数精度补偿技术[J]. 机器人，37（3）：327-335.

黄杏元，马劲松，汤勤. 2001. 地理信息系统概论[M]. 北京：高等教育出版社.

李宇飞，田威，李波，等. 2022. 机器人铣削系统精度控制方法及试验[J]. 航空学报，43（5）：109-119.

廖文和，田威，李波，等. 2022. 机器人精度补偿技术与应用进展[J]. 航空学报，43（5）：9-30.

刘爱利，王培法，丁园圆. 2012. 地统计学概论[M]. 北京：科学出版社.

秦永元，张洪钺，王叔华. 2012. 卡尔曼滤波与组合导航原理[M]. 西安：西北工业大学出版社.

史峰，王辉，郁磊，等. 2011. MATLAB 智能算法 30 个案例分析[M]. 北京：北京航空航天大学出版社.

史忠植. 2009. 神经网络[M]. 北京：高等教育出版社.

田威，程思渺，李波，等. 2022. 考虑关节回差的工业机器人精度补偿方法[J]. 航空学报，43（5）：85-99.

王远飞，何洪林. 2007. 空间数据分析方法[M]. 北京：科学出版社.

谢涛，陈火旺. 2002. 多目标优化与决策问题的演化算法[J]. 中国工程科学，4（2）：59-68.

熊有伦. 1996. 机器人技术基础[M]. 武汉：华中科技大学出版社.

中华人民共和国国家质量监督检验检疫总局，中国国家标准化管理委员会. 2013. 工业机器人 性能规范及其试验方法（GB/T 12642—2013）[S]. 北京：中国标准出版社.

周炜，廖文和，田威，等. 2012. 面向飞机自动化装配的机器人空间网格精度补偿方法研究[J]. 中国机械工程，23（19）：2306-2311.

周炜，廖文和，田威. 2013. 基于空间插值的工业机器人精度补偿方法理论与试验[J]. 机械工程学报，49（3）：42-48.

朱凯，王正林. 2010. 精通 MATLAB 神经网络[M]. 北京：电子工业出版社：100-101.

Borm J H，Meng C H. 1991. Determination of optimal measurement configurations for robot calibration based on observability measure[J]. The International Journal of Robotics Research，10（1）：51-63.

Craig J J. 1986. Introduction to Robotics：Mechanics and Control[M]. London：Pearson Education，Inc.

Deb K，Pratap A，Agarwal S，et al. 2002. A fast and elitist multiobjective genetic algorithm：NSGA-II[J]. IEEE Transactions on Evolutionary Computation，6（2）：182-197.

Haining R P. 2003. Spatial Data Analysis：Theory and Practice[M]. Cambridge：Cambridge University Press.

Hartenberg R S，Denavit J. 1964. Kinematic Synthesis of Linkages[M]. New York：McGraw-Hill.

Holland J H. 1975. Adaptation in Natural and Artificial Systems：An Introductory Analysis with Applications to Biology，Control，and Artificial Intelligence[M]. Ann Arbor：University of Michigan Press.

Li B，Tian W，Zhang C，et al. 2022. Positioning error compensation of an industrial robot using neural networks and experimental study[J]. Chinese Journal of Aeronautics，35（2）：346-360.

Li B，Zhang W，Li Y，et al. 2022. Positional accuracy improvement of an industrial robot using feedforward compensation and feedback control[J]. Journal of Dynamic Systems，Measurement，and Control，144（7）：071003.

Moré J J. 1978. The Levenberg-Marquardt Algorithm：Implementation and Theory[M]. Berlin：Springer.

Roth Z S，Mooring B，Ravani B. 1987. An overview of robot calibration[J]. IEEE Journal on Robotics and Automation，3（5）：377-385.

Shu T，Gharaaty S，Xie W，et al. 2018. Dynamic path tracking of industrial robots with high accuracy using photogrammetry sensor[J]. IEEE/ASME Transactions on Mechatronics，23（3）：1159-1170.

Tian W，Mei D，Li P，et al. 2015. Determination of optimal samples for robot calibration based on error similarity[J]. Chinese Journal of Aeronautics，28（3）：946-953.

Zeng Y，Tian W，Li D，et al. 2017. An error-similarity-based robot positional accuracy improvement method for a robotic drilling and riveting system[J]. The International Journal of Advanced Manufacturing Technology，88（9）：2745-2755.

Zeng Y，Tian W，Liao W. 2016. Positional error similarity analysis for error compensation of industrial robots[J]. Robotics and Computer-Integrated Manufacturing，42：113-120.